一流本科专业一流本科课程建设系列教材
河南省混合式一流本科课程配套教材

Python 程序设计与项目实践教程

曹 洁 编著

机械工业出版社
China Machine Press

Python 是一门简单易学、功能强大的编程语言，它内建高效的数据结构，拥有丰富的第三方开发库，能够用简单高效的方式编程。本书由浅入深、循序渐进地阐述 Python 语言的基础知识和基本语法。本书以 15 章的篇幅来介绍 Python，具体包括 Python 语言概述，Python 语言基础，字符串和列表，元组、字典和集合，程序流程控制，函数，正则表达式，文件与文件夹操作，面向对象程序设计，模块和包，错误和异常处理，Tkinter 图形用户界面设计，数据可视化，数据库编程及商场信息管理系统设计与实现等项目实训的内容。

本书可作为普通高校计算机、大数据、人工智能、自动化、电子信息等专业的教材，也可作为 Python 软件开发人员的参考资料，还可作为初学者自学 Python 程序设计的参考书。

本书配有电子课件，欢迎选用本书作教材的教师登录 www.cmpedu.com 注册下载，或发邮件至 jinacmp@163.com 索取。

图书在版编目（CIP）数据

Python 程序设计与项目实践教程 / 曹洁编著. —北京：机械工业出版社，2022.11
（2025.1 重印）
一流本科专业一流本科课程建设系列教材
ISBN 978-7-111-71704-1

Ⅰ. ①P… Ⅱ. ①曹… Ⅲ. ①软件工具-程序设计-高等学校-教材 Ⅳ. ①TP311.561

中国版本图书馆 CIP 数据核字（2022）第 178985 号

机械工业出版社（北京市百万庄大街 22 号　邮政编码 100037）
策划编辑：吉　玲　　　　　责任编辑：吉　玲
责任校对：韩佳欣　王明欣　封面设计：张　静
责任印制：张　博
北京雁林吉兆印刷有限公司印刷
2025 年 1 月第 1 版第 4 次印刷
184mm × 260mm · 19.5 印张 · 484 千字
标准书号：ISBN 978-7-111-71704-1
定价：59.00 元

电话服务　　　　　　　　　　网络服务
客服电话：010-88361066　　机 工 官 网：www.cmpbook.com
　　　　　010-88379833　　机 工 官 博：weibo.com/cmp1952
　　　　　010-68326294　　金 　书 　网：www.golden-book.com
封底无防伪标均为盗版　机工教育服务网：www.cmpedu.com

前言

IEEE Spectrum 发布了 2021 年度编程语言排行榜，其中 Python 在总榜单以及其他几个分榜单中依然牢牢占据第一名的位置。Python 语法简洁清晰，代码可读性强，编程模式非常符合人的思维方式，易学易用。对于同样的功能，用 Python 写的代码更短更简洁。Python 拥有很多面向不同应用的开源扩展库，只需把想要的程序代码拿来进行组装便可构建个性化的应用。Python 支持命令式编程和函数式编程，支持面向对象程序设计。

1. 本书编写特色

内容系统全面：全面介绍 Python 的主流知识。

原理浅显易懂：代码注释详尽、零基础入门。

学习实践结合：图像处理、感知器、项目实训。

配套资源丰富：配有教学课件、数据集和源代码。

2. 本书内容组织

第 1 章 Python 语言概述。讲解 Python 语言的特点和应用领域，下载和安装 Python，编写 Python 代码的方式，Anaconda 安装与使用，Python 代码编写规范，程序设计错误，获取 Python 在线帮助的方式。

第 2 章 Python 语言基础。讲解对象和引用，数值数据类型与算术运算符，非算术运算符，库的导入与扩展库的安装，基于 turtle 模块的简单绘图程序设计。

第 3 章 字符串和列表。讲解字符串基础，print()输出函数，字符串运算，字符串对象的常用方法，字符串常量，列表基础，序列数据类型的常用操作，列表对象的常用方法，列表推导式，用于列表的一些常用函数，二维列表，文件的基本操作，用 turtle 绘制文本。

第 4 章 元组、字典和集合。讲解元组创建、访问与修改，字典创建、访问与修改，集合创建、访问与修改，使用 OpenCV 处理图像。

第 5 章 程序流程控制。讲解布尔表达式，选择结构中的单向 if 语句、双向 if-else 语句、嵌套 if-elif-else 语句，条件表达式，while 循环，for 循环及 for 循环与 range()函数的结合使用方法，利用 break、continue 和 else 控制循环的方式。

第 6 章 函数。讲解怎样定义函数，函数的调用方式，函数参数传递，函数参数的类型，lambda 表达式，变量的作用域，函数的递归调用，常用内置函数。

第 7 章 正则表达式。讲解正则表达式的构成，正则表达式的分组、选择和引用匹配，正则表达式的贪婪匹配与懒惰匹配，正则表达式模块 re。

第 8 章 文件与文件夹操作。讲解文本文件的打开、读写以及文件指针的定位，二进制文件的写入和字节数据类型的转换，os、os.path、shutil 对文件与文件夹的操作。

第9章　面向对象程序设计。讲解类的定义与使用，类的实例属性、类属性、私有属性、公有属性以及@property 装饰器，类的实例方法、类方法以及类的静态方法，类的单继承、多重继承，类成员的继承和重写，查看继承的层次关系，所有类的基类 object，自定义矩阵类，使用 Python 实现感知器分类。

第10章　模块和包。讲解模块的创建、模块的导入和使用、模块的主要属性，导入模块时搜索目录的顺序，使用 sys.path.append()临时增添系统目录，使用 pth 文件永久添加系统目录，使用 PYTHONPATH 环境变量永久添加系统目录，包的创建、包的导入与使用。

第11章　错误和异常处理。讲解 Python 程序常犯的错误，异常类型、异常处理结构、主动抛出异常以及自定义异常类，断言定义及使用方法，启用/禁用断言，断言使用场景。

第12章　Tkinter 图形用户界面设计。讲解 Tkinter 主要的构件类，pack 布局管理器，grid 布局管理器，place 布局管理器。

第13章　数据可视化。讲解使用 PyeCharts 类库绘制各种类型的图表，使用 wordcloud 库的 WordCloud()函数绘制词云图。

第14章　数据库编程。讲解使用 Python 操作 SQLite3、Access、MySQL 三种数据库，进行数据库表的查询、插入、更新和删除等操作。

第15章　商场信息管理系统设计与实现。本章通过设计与实现一个商场信息管理系统，以便读者深入理解并实践在 Python 程序设计课程中所学的面向对象的思想和方法、类和对象、用户图形界面等知识。

3. 本书适用读者

（1）普通高等院校学生学习 Python 程序设计课程的教材

（2）Python 软件开发人员的参考资料

（3）自学 Python 程序设计人员的参考书

在本书编著和出版过程中得到了郑州轻工业大学、机械工业出版社的大力支持和帮助，在此表示感谢。

本书在撰写过程中，参考了大量专业书籍和网络资料，在此向这些作者表示感谢。

由于编写时间仓促，编者水平有限，书中难免会有不妥之处，恳请得到专家和读者的批评指正。

编者

于郑州轻工业大学

本书视频与资源下载二维码汇总表

目 录

第1章

Python 语言概述

本章主要讲述 Python 语言的特点、应用领域，下载和安装 Python 软件，编写 Python 代码的方式，Anaconda 安装与使用，Python 代码编写规范，程序设计错误，获取 Python 帮助的方式。

1.1 Python 语言的特点

Python 是从 ABC 语言发展而来的，是一种解释型、面向对象、动态数据类型的高级程序设计语言，具有丰富和强大的库。Python 目前存在两种版本：Python 2 和 Python 3。Python 3 是比较新的版本，但是它不向后兼容 Python 2，也就是说使用 Python 3 编写的程序不能在 Python 2 中执行。本书讲述如何使用 Python 3 来进行程序设计。

Python 语言的特点如下。

（1）简单 Python 编写代码的格式没有 C、C++、Java 等语言要求严格，如 Python 不要求在每个语句的最后写分号，当然写上也没错；定义变量时不需要指明类型，甚至可以给同一个变量赋值不同类型的数据。

（2）开源 官方将 Python 解释器和模块的代码开源，所有 Python 用户都可以参与改进 Python 的性能，弥补 Python 的漏洞。每个月庞大的开发者社区都会为 Python 带来很多改进。

（3）解释性 Python 代码是被 Python 解释器翻译和执行的，每次一句。

（4）面向对象 Python 既支持面向过程的编程，也支持面向对象的编程。Python 中的数据都是由类所创建的对象。在"面向过程"的语言中，程序是由过程或仅仅是可重用代码的函数构建起来的。在"面向对象"的语言中，程序是由数据和功能组合而成的对象构建起来的。

（5）可移植性 Python 具有很高的可移植性。用解释器作为接口读取和执行代码的最大优势就是可移植性。事实上，任何现有操作系统（Linux、Windows 和 Mac OS）安装相应版本的解释器后，Python 代码无须修改就能在其上执行。

（6）可扩展性 Python 的可扩展性体现在它的模块。Python 具有脚本语言中最丰富和强大的类库，这些类库覆盖了正则表达式、（图形用户界面 GUI）、网络编程、数据库访问、文本操作等绝大部分应用场景。

（7）可嵌入性 可以把 Python 嵌入到 C/C++程序中，从而提供脚本功能。

1.2 Python 应用领域

Python 被广泛应用于众多领域。

（1）Web 开发 Python 拥有很多免费数据函数库，免费 Web 网页模板系统，以及与 Web

2

服务器进行交互的库，可以实现 Web 开发以及搭建 Web 框架。目前比较有名的 Python Web 框架为 Django。

（2）爬虫开发　在爬虫领域，Python 几乎是霸主地位，将网络数据作为资源，通过自动化程序进行有针对性的数据采集以及处理。

（3）云计算开发　Python 是从事云计算工作需要掌握的一门编程语言。云计算框架 OpenStack 就是由 Python 开发的。

（4）人工智能　MASA 和 Google 早期大量使用 Python，为 Python 积累了丰富的科学运算库。目前市面上大部分的人工智能的代码都是使用 Python 来编写的，尤其 PyTorch 之后，Python 成为人工智能时代首选语言。

（5）自动化运维　Python 是一门综合性的语言，能满足绝大部分自动化运维需求，前端和后端都可以做。

（6）数据分析　Python 已成为数据分析和数据科学事实上的标准语言和标准平台之一，NumPy、Pandas、SciPy 和 Matplotlib 程序库共同构成了 Python 数据分析的基础。

（7）科学计算　NumPy、SciPy、Matplotlib、Enthought librarys 等众多程序库的开发，使得 Python 越来越适合做科学计算、绘制高质量的 2D 和 3D 图像。

1.3　下载和安装 Python

1.3.1　下载 Python 安装文件

打开 Python 官网，选中 Downloads 下拉菜单中的 Windows，单击 Windows 打开 Python 软件下载页面，根据自己系统选择 32 位或 64 位以及相应的版本号。本书下载的安装文件是 python-3.7.9-amd64.exe。

1.3.2　安装 Python

双击下载的 python-3.7.9-amd64.exe 文件，打开后进入 Python 安装界面，如图 1-1 所示。

图 1-1　Python 安装界面

勾选 Add Python 3.7 to PATH 选项，意思是把 Python 的安装路径添加到系统环境变量的 Path 变量中。安装时不要选择默认，选择 Customize installation（自定义安装）。

　　单击 Customize installation（自定义安装），进入下一个安装界面，在该界面中所有选项全选，如图 1-2 所示。

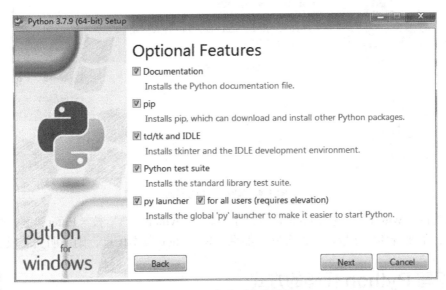

图 1-2　所有选项全选界面

　　单击 Next 按钮，勾选第一项 Install for all users，单击 Browse 按钮选择安装软件的目录。本书选择的是 D:\Python。勾选 Install for all users 选项的安装界面如图 1-3 所示。

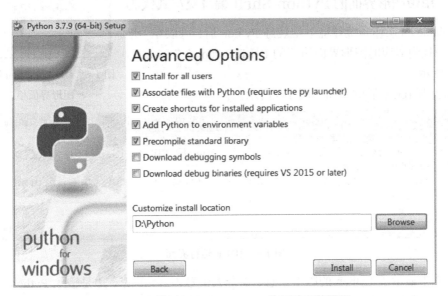

图 1-3　勾选 Install for all users 选项的安装界面

单击 Install 按钮开始安装，安装成功的界面如图 1-4 所示。

4

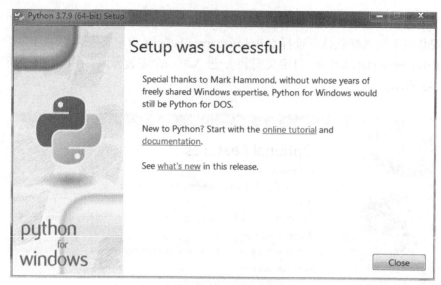

图 1-4　安装成功的界面

按快捷键〈Win+R〉，输入 cmd 进入终端，输入 python，然后按〈Enter〉键，验证安装是否成功，主要看环境变量是否设置好。如果出现 Python 版本信息，则说明安装成功。

1.4　编写 Python 代码的方式

Python 语言包容万象，却不失简洁，用起来非常灵活，具体怎么用取决于开发者的喜好、能力和要解决的任务。

1.4.1　用带图形界面的 Python Shell 编写交互式代码

在 Windows 操作系统环境下安装好 Python 后，可以在"开始"菜单中找到对应的图形界面格式的 IDLE(Python 3.7 64-bit)，如图 1-5 所示。

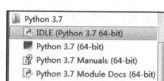

图 1-5　IDLE(Python 3.7 64-bit)
图形界面格式

单击打开 IDLE 后的界面如图 1-6 所示。

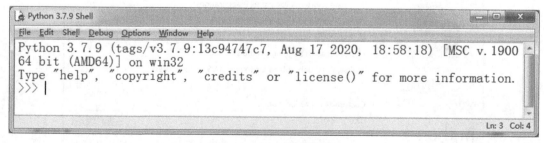

图 1-6　IDLE 运行界面

图 1-6 中显示了 Python 的版本信息，3 个大于号（>>>）的右边是输入 Python 语句的地方。在>>>右边输入 Python 语句后，按〈Enter〉键后就可以运行输入的 Python 语句，并在下方显示出运行结果，具体演示如下。

```
>>> print("Hello World")    #输出字符串"Hello World"的字面值 Hello World
```

```
Hello World
>>> a=12                            #创建变量a，并将12赋值给a，a就代表12
>>> print(a)                        #输出a代表的值
12
```

从上述代码可以看出，输入 print("Hello World")并按〈Enter〉键执行后，在下方显示出代码执行的结果，即 Hello World。由于此处可以直接、交互式地显示出每条 Python 语句的执行结果，这种执行 Python 语句的方式被叫作 Python 交互式的 Shell，简称 Python Shell。

注意：书写 Python 语句时，通常 1 行书写 1 条 Python 语句；如果要在 1 行书写多条 Python 语句，则 Python 语句之间要用英文状态下的分号 ";" 隔开，示例如下。

```
>>> print("Hello World");print(a)
Hello World
12
```

1.4.2　用带图形界面的 Python Shell 编写程序代码

在代码的交互式编写模式下，编写的代码通常都是单行 Python 语句，一行一行地运行。虽然这对于学习 Python 命令以及使用内置函数很有用，但当需要编写大量 Python 代码行时，就很烦琐了。因此，这就需要通过编写程序（也叫脚本）文件来避免一行一行地编写代码、运行代码。运行（或执行）Python 程序文件时，Python 解释器依次解释执行程序文件中的每条语句。

在 IDLE 中编写、运行程序文件的步骤如下。

1）启动 IDLE。

2）选择菜单 File→New File 来创建一个程序文件，输入代码并保存为扩展名为.py 的文件 1.py，如图 1-7 所示。

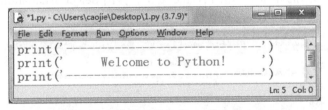

图 1-7　保存为扩展名为 .py 的文件 1.py

3）选择菜单 Run→Run Module F5 运行程序，1.py 运行结果如图 1-8 所示。

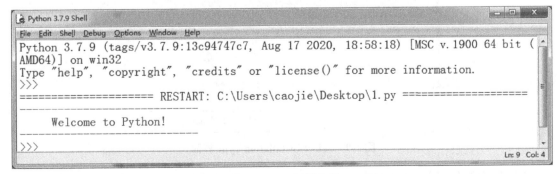

图 1-8　1.py 运行结果

如果能够熟练使用开发环境提供的一些快捷键，将会大幅度提高开发效率。在 IDLE 中一些比较常用的快捷键如表 1-1 所示。

表 1-1　IDLE 常用的快捷键

含 义	快捷键
增加语句块缩进	Ctrl +]
减少语句块缩进	Ctrl + [
注释语句块	Alt + 3
取消代码块注释	Alt + 4
浏览上一条输入的命令	Alt + p
浏览下一条输入的命令	Alt + n
补全单词，列出全部可选单词供选择	Tab

1.5　Anaconda 安装与使用

Anaconda 是一个开源的 Python 发行版本，其包含了 Conda、Python 等 180 多个科学包及其依赖项，支持 Linux、MacOS、Windows 操作系统，可以很方便地解决多版本 Python 并存、切换以及各种第三方包安装问题。只要安装了 Anaconda，就安装了 Conda、Python 和一般可能用到的 NumPy、SciPy、Pandas 等常见的科学计算包，而无须再单独下载配置。

1.5.1　Anaconda 安装步骤

从 Anaconda 官网下载安装包，本书选择下载的是 Windows 操作系统的 64 位图形安装程序 Anaconda3-2020.07-Windows-x86_64.exe。

1）双击已下载的 Anaconda3-2020.07-Windows-x86_64.exe 文件，在弹出的界面中单击 Next 按钮，然后在弹出的界面中单击 I Agree 按钮，弹出 Select Installation Type 界面如图 1-9 所示。在图 1-9 中，选中 All Users 单选按钮，单击 Next 按钮。

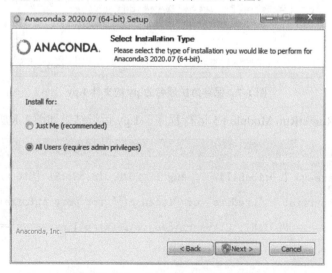

图 1-9　Select Installation Type 界面

2）选择安装位置。在弹出的 Choose Install Location 界面中，Destination Folder 用来指定

安装位置，如图 1-10 所示。默认是安装到 C:\ProgramData\Anaconda3 文件夹下。可以单击 Browse...
按钮，选择想要安装的文件夹。本书选择在 D 盘中新建一个文件夹 Anaconda3，将其作为安
装路径，单击 Next 按钮。

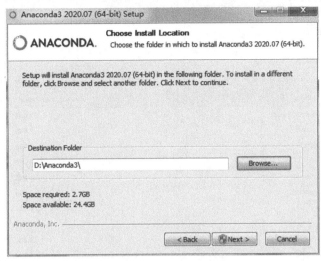

图 1-10　Choose Install Location 界面

3）弹出 Advanced Installation Options 界面，如图 1-11 所示。保持两个选项都在勾选状态，第
一个是加入环境变量，第二个是默认使用 Python 3.8。单击 Install 按钮，开始安装，等待安装完毕。

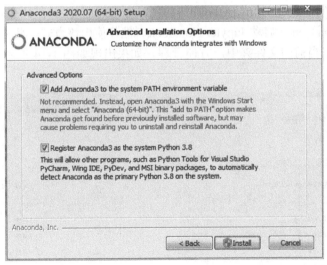

图 1-11　Advanced Installation Options 界面

安装完成后进入 Install Microsoft VSCode 安装界面，这里可单击 Skip 按钮跳过不安装。
在随后出现的界面中，单击 Finish 按钮完成安装。

1.5.2　Anaconda 使用

启动 Jupyter Notebook 有 3 种方式。

1）单击安装后生成的快捷方式，如图 1-12 所示。这
种方式方便，但不推荐使用。

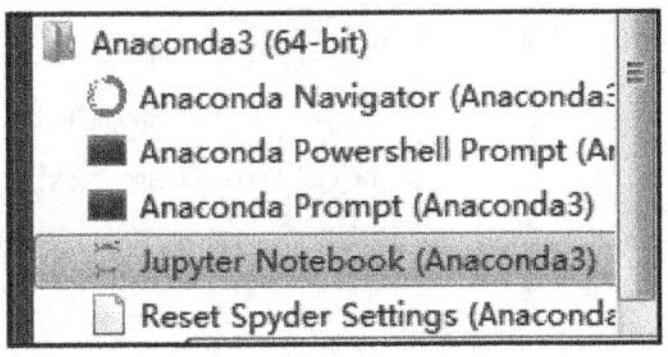

图 1-12　单击安装后生成的快捷方式

2）在 cmd 窗口中执行 jupyter notebook，推荐使用。如果出现如图 1-13 所示的界面就表示 Jupyter Notebook 启动成功。

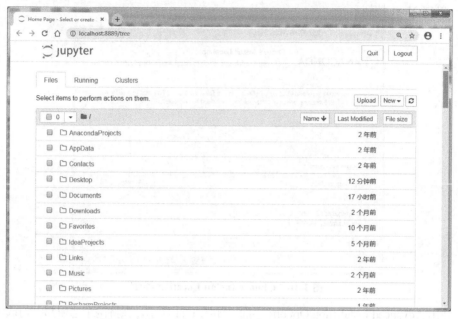

图 1-13　Jupyter Notebook 启动成功的界面（一）

3）在指定文件夹（如 D:\mypython）打开 cmd 窗口，然后在命令窗口中输入 jupyter notebook，按〈Enter〉键，启动 Jupyter Notebook。推荐使用该方式，此方式的好处是形成的 ipynb 文件会保存在当前的文件夹中，方便管理。如果出现如图 1-14 所示界面就表示 Jupyter Notebook 启动成功。

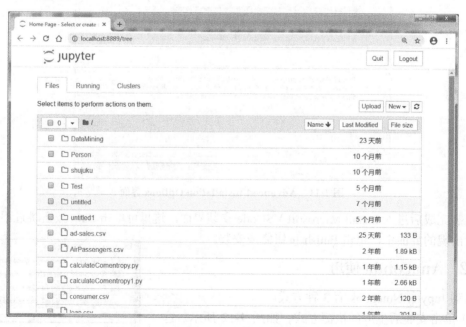

图 1-14　Jupyter Notebook 启动成功的界面（二）

在图 1-14 中，单击 New 下拉菜单，如图 1-15 所示，然后单击 Python 3 新建 ipynb 文件。

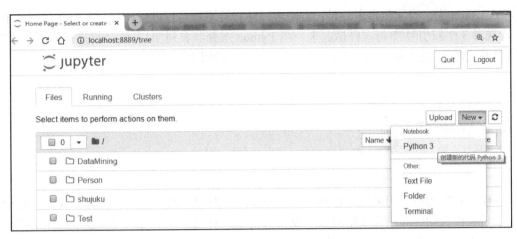

图 1-15　单击 New 下拉菜单

在图 1-15 中，单击 Python 3 出现如图 1-16 所示界面，在代码输入框中输入一条 Python 语句，然后运行。

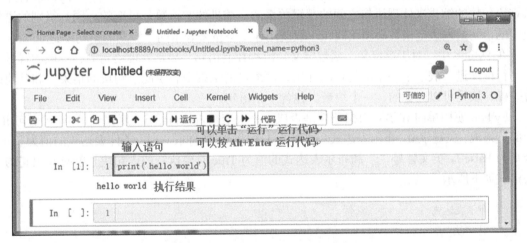

图 1-16　输入 Python 语句并运行

1.6　Python 代码编写规范

1.6.1　Python 单行注释

团队合作的时候，个人编写的代码经常会被多人调用，为了让别人能更容易理解代码的用途，使用注释是非常有效的。Python 中的注释有单行注释和多行注释两种。

#常被用作单行注释符号，程序的一行中#后面的内容被称为注释的内容。当解释器看到#时，就会忽略#之后同一行的所有文本。下面是单行注释的例子。

```
print('Hello world.')  #输出 Hello world.
```

1.6.2　Python 多行注释

在 Python 中，当注释有多行时，需用多行注释符来对多行进行注释。多行注释用 3 个单引号'''或者 3 个双引号"""将注释括起来。当 Python 解释器看到'''时，就会扫描找到下一个''',然后忽略这两个'''之间的任何文本。下面是多行注释的例子。

```
'''
这是多行注释，用 3 个单引号
这是多行注释，用 3 个单引号
这是多行注释，用 3 个单引号
'''
```

在程序开始的地方用多行注释对这个程序做一个总结性的注释是非常有必要的，解释这个程序是干什么的、其主要数据对象以及关键技术，对阅读程序的人理解整个程序是非常有帮助的。注释简洁明了是非常重要的。

1.6.3　Python 语句缩进

Python 最具特色的就是使用缩进来表示语句块，不需要使用大括号"{}"。Python 程序是依靠语句块的缩进来体现语句之间的逻辑关系的。缩进的空格数是可变的，同一级别的语句块中的语句的缩进空格数必须相同，一般使用 4 个空格来表示同一级别的语句缩进。

在 Python 中，对于类定义、函数定义、流程控制语句、异常处理语句等，行尾的冒号和下一行的缩进，表示下一个语句块的开始，而缩进的结束则表示此语句块的结束。和其他语言一样，块是可以嵌套的，一个块最少包含一条语句。

Python 使用单向 if 语句根据条件是否成立来决定是否执行给定的操作。单向 if 语句由 4 个部分组成：关键字 if、布尔表达式（也称条件表达式，条件成立时，条件表达式的值为 True，否则为 False）、英文冒号 ":" 和布尔表达式的值为 True 时要执行的语句块。单向 if 语句的语法格式如下所示。

```
if 布尔表达式 :
    语句块
```

注意：if 与布尔表达式之间至少要有一个空格，单向 if 语句的语句块只有当布尔表达式的值为 True 时，才会被执行；否则，程序就会直接跳过这个语句块，去执行紧跟在这个语句块之后的语句。

【例 1-1】if 语句举例。（1-1.py）

说明：求解例 1-1 的程序文件将被命名为 1-1.py，后面章节会多次使用这种表示方式，不再一一赘述。

1-1.py 程序文件中的代码如下。

```
a=6                    #创建变量 a 来表示 6
if a>3:
    print('a 的值是',a)
```

```
    print(a,'是大于 3 的数')
if a<3:
    print('a 的值是 ',a)
    print(a,'是小于 3 的数')
```

1-1.py 在 IDLE 中执行的结果如图 1-17 所示。

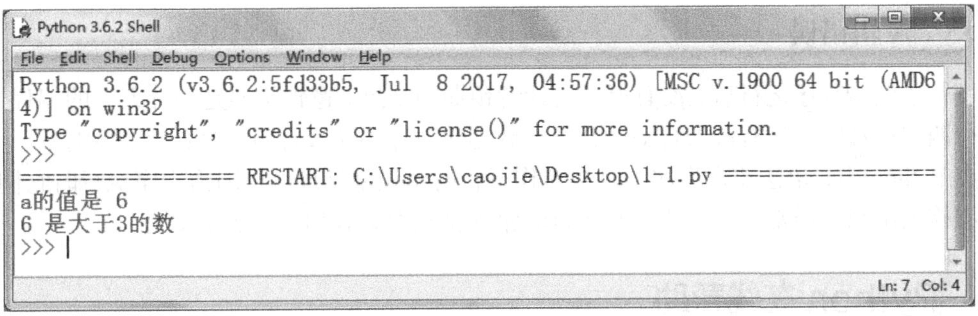

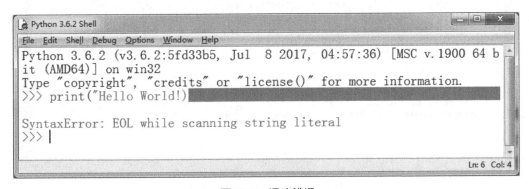

图 1-17　1-1.py 执行的结果

在例 1-1 中，在每个冒号后面紧接着的语句块中的两条 print 语句的缩进空格数必须相同，且相对上面的 if 的 i 至少缩进 1 个空格，否则运行时就会报错。

1.7　程序设计错误

程序设计错误可分为 3 类：语法错误、运行时错误和逻辑错误。

1.7.1　语法错误

和其他程序设计语言一样，Python 也有自己的语法，需要遵循 Python 语法规则编写代码。语法错误指由于编程中输入不符合语法规则而产生的错误。例如：表达式不完整、缺少必要的标点符号、关键字输入错误、循环语句或选择语句的关键字不匹配、不正确的缩进等。语法错误通常很容易被检测到，Python 解释器会指出这些错误在哪里以及是什么原因造成了这些错误。例如，下面的 print 语句有一个语法错误，如图 1-18 所示。

图 1-18　语法错误

在图 1-18 中，字符串"Hello World!"少了右引号。

1.7.2 运行时错误

运行时错误指导致程序运行意外终止的错误。在程序运行过程中，如果 Python 解释器检测到一个不可能执行的操作，如除法运算时除数为 0、数组下标越界等，就会发生运行时错误。

1.7.3 逻辑错误

逻辑错误指程序运行后，没有得到设计者预期的结果。逻辑错误是一种人为的编程错误，如进行四则运算时，没有添加合适的括号导致运算顺序不是设计者预期的计算顺序。

在 Python 中，语法错误事实上是被当作运行时错误来处理的，因为程序执行时它们会被解释器检测出来。通常，语法错误和运行时错误都很容易找出并且容易更正。

1.8　Python 在线帮助

1.8.1　Python 交互式帮助系统

在编写和执行 Python 程序时，人们可能对某些模块、类、函数、关键字等的含义不太清楚，这时就可以借助 Python 内置的帮助系统获取帮助。借助 Python 的 help(object)函数可进入交互式帮助系统来获取 Python 对象（object）的使用帮助信息。

【例 1-2】使用 help(object)获取交互式帮助信息举例。

1）输入 help( )，按〈Enter〉键进入交互式帮助系统，如图 1-19 所示。

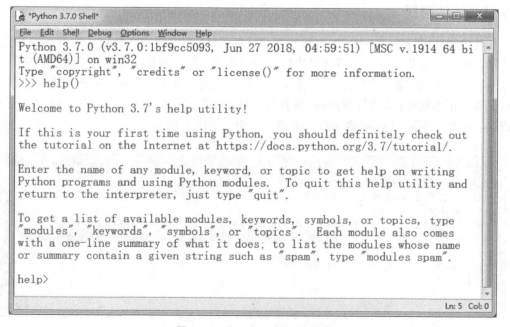

图 1-19　进入交互式帮助系统

2）输入 modules，按〈Enter〉键显示所有安装的模块，如图 1-20 所示。

```
help> modules

Please wait a moment while I gather a list of all available modules...

__future__          cgi                 mmap                statistics
__main__            cgitb               mmapfile            statusbar
_abc                chardet             mmsystem            string
_ast                chunk               modulefinder        stringprep
_asyncio            cmath               msilib              struct
_bisect             cmd                 msvcrt              subprocess
_blake2             code                multicall           sunau
_bootlocale         codecontext         multiprocessing     symbol
_bz2                codecs              netbios             symtable
_codecs             codeop              netrc               sys
_codecs_cn          collections         nntplib             sysconfig
_codecs_hk          colorizer           nt                  tabnanny
_codecs_iso2022     colorsys            ntpath              tarfile
_codecs_jp          commctrl            ntsecuritycon       telnetlib
_codecs_kr          compileall          nturl2path          tempfile
_codecs_tw          concurrent          numbers             test
```

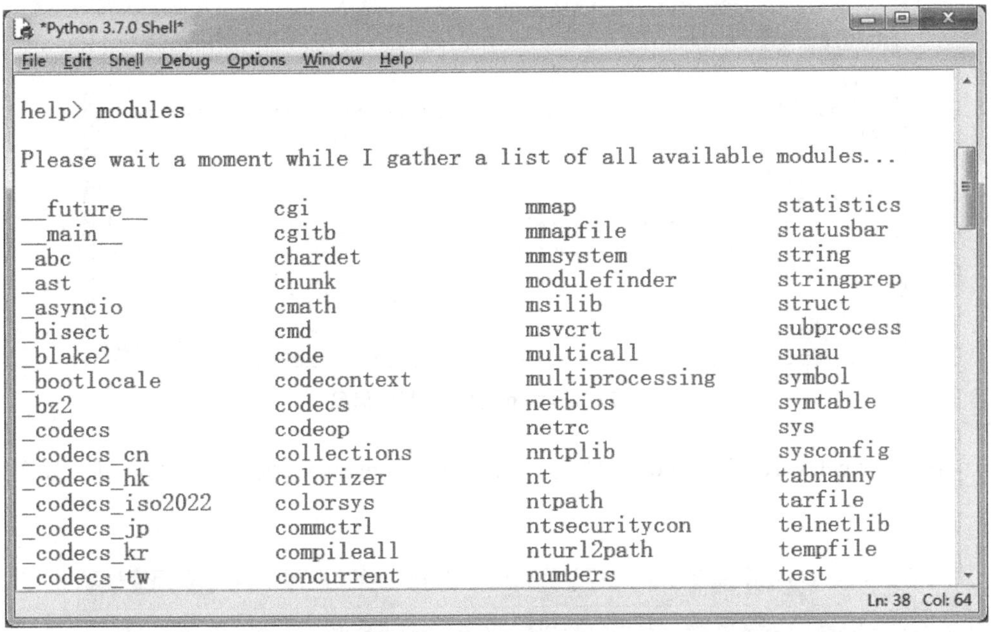

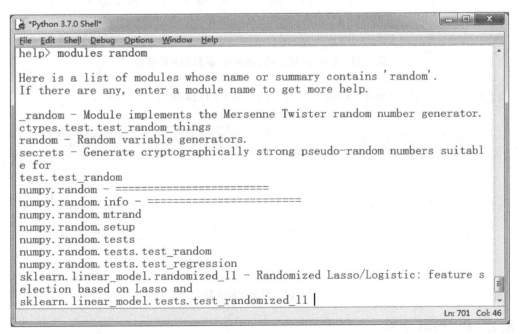

图 1-20　显示所有安装的模块

3）输入 modules random，按〈Enter〉键显示与 random 相关的模块，如图 1-21 所示。

```
help> modules random

Here is a list of modules whose name or summary contains 'random'.
If there are any, enter a module name to get more help.

_random - Module implements the Mersenne Twister random number generator.
ctypes.test.test_random_things
random - Random variable generators.
secrets - Generate cryptographically strong pseudo-random numbers suitabl
e for
test.test_random
numpy.random - ========================
numpy.random.info - ========================
numpy.random.mtrand
numpy.random.setup
numpy.random.tests
numpy.random.tests.test_random
numpy.random.tests.test_regression
sklearn.linear_model.randomized_l1 - Randomized Lasso/Logistic: feature s
election based on Lasso and
sklearn.linear_model.tests.test_randomized_l1
```

图 1-21　显示与 random 相关的模块

4）输入 os，按〈Enter〉键显示 os 模块的帮助信息，如图 1-22 所示。

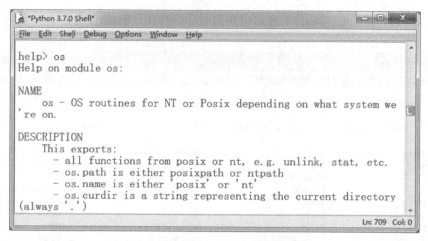

图 1-22　显示 os 模块的帮助信息

5）输入 os.getcwd，按〈Enter〉键显示 os 模块的 getcwd( )函数的帮助信息，如图 1-23 所示。

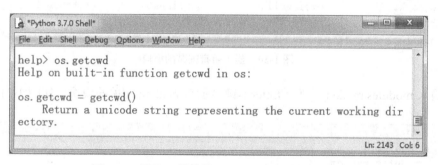

图 1-23　显示 os 模块的 getcwd( )函数的帮助信息

6）输入 quit，按〈Enter〉键退出帮助系统，如图 1-24 所示。

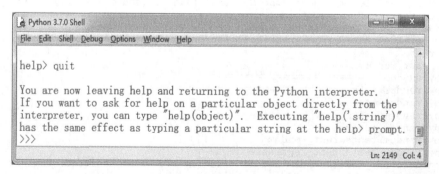

图 1-24　退出帮助系统

1.8.2　Python 文档

Python 文档提供了有关 Python 语言及标准模块的详细说明信息，是学习和进行 Python 语言编程不可或缺的工具，其使用步骤如下。

1）打开 Python 文档。在 IDLE 环境下，按〈F1〉键打开 Python 文档，如图 1-25 所示。

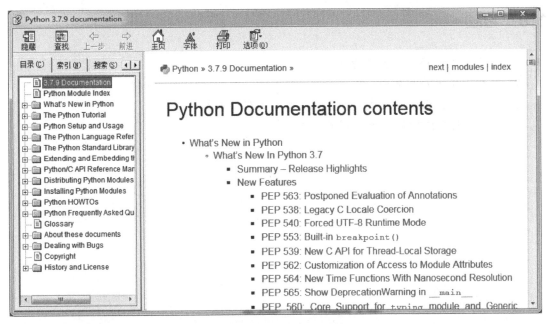

图 1-25　打开 Python 文档

2）浏览模块帮助信息。在左侧的目录树中，展开 The Python Standard Library，在其下面找到所要查看的模块，如选中 math---Mathematical functions 下的 Power and logarithmic functions，在右面可以看到该模块下的函数说明信息，如图 1-26 所示。

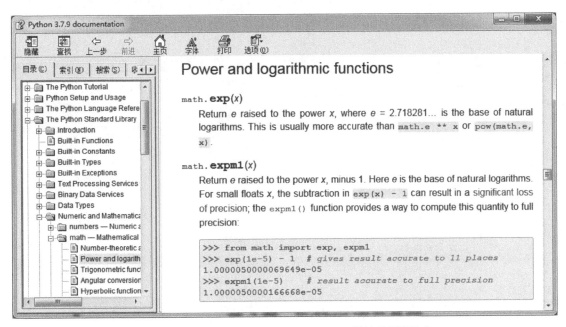

图 1-26　Power and logarithmic functions 模块的说明信息

3）此外，可以通过左侧第二行的工具栏中的"搜索"搜索所有查看的模块。

1.9 习题

1. 简述 Python 语言的主要特点。
2. 简述 Python 应用领域。
3. 如何使用 Python 交互式帮助系统获取相关帮助资源？
4. 简述编写和执行 Python 代码的方式。

第2章

Python 语言基础

本章主要介绍 Python 语言的基础知识，为后续章节学习相关内容做铺垫。内容包括对象和引用，数值数据类型与算术运算符，非算术运算符，库的导入与扩展库的安装，基于 turtle 模块的简单绘图程序设计。

2.1 编写一个简单的程序

编写程序涉及如何设计算法以及如何将算法翻译成程序代码。算法描述的是解决问题所需要执行的动作以及这些动作执行的顺序。算法就是程序员在使用程序设计语言编写程序之前所做的一个规划，一个解决问题的思路，算法可以用自然语言或伪代码（即自然语言与某程序设计代码的混合应用）描述。计算圆周长的程序算法描述如下所示。

1）从用户处获取圆的半径。

2）利用下面的公式计算圆的周长：

$$周长 = 2 * \pi * 半径$$

3）显示结果。

在上述问题中，程序需要读取用户从键盘输入的半径，这就需要读取半径并将读取到的半径存储在程序中。程序中通常用变量存储读取到的半径，在 Python 中，用标识符来表示变量，变量不需要事先声明，需要使用变量时，给变量名进行赋值即创建一个变量。变量是一个指向存储在内存中某个值的名字，可以说变量就代表这个值。变量名尽量做到望名知义，即变量名尽量选择描述性的名字，如半径用英文单词 radius 表示指向半径值的变量，使用名字 circumference 表示指向圆周长值的变量。

通过给 radius 赋值指定圆的半径，然后通过将表达式 $2 * \pi * radius$ 的值赋给 circumference 来实现圆周长值的存放，最后通过 print 语句显示圆周长。

【例 2-1】给出完整的计算圆周长的 Python 程序代码。（2-1.py）

说明：求解例 2-1 的程序文件将被命名为 2-1.py，后面章节会多次使用这种表示方式，不再一一赘述。

2-1.py 程序文件中的代码如下所示。

```
radius = 10                    #通过赋值符号=给 radius 变量赋一个值，指定半径为 10
#在 Python 中，用标识符来表示变量，变量在使用前都必须被赋值，变量被赋值后变量才会被创建
circumference = 2*3.14*radius #计算圆周长
```

```
print("半径为",radius,"的圆周长是",circumference)   #显示结果
```

在 IDLE 中运行程序文件 2-1.py 所得的结果如图 2-1 所示。

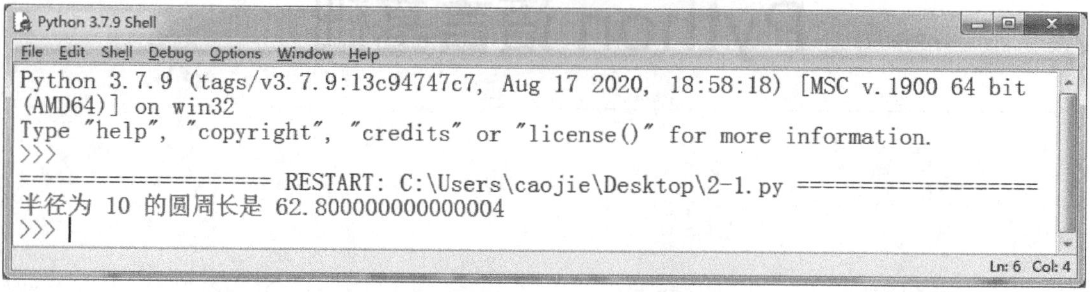

```
Python 3.7.9 Shell
File  Edit  Shell  Debug  Options  Window  Help
Python 3.7.9 (tags/v3.7.9:13c94747c7, Aug 17 2020, 18:58:18) [MSC v.1900 64 bit
(AMD64)] on win32
Type "help", "copyright", "credits" or "license()" for more information.
>>>
==================== RESTART: C:\Users\caojie\Desktop\2-1.py ====================
半径为 10 的圆周长是 62.800000000000004
>>>

                                                                       Ln: 6  Col: 4
```

图 2-1   运行程序文件 2-1.py 所得的结果

在 2-1.py 中，半径的值是在源代码中指定的，为了使用另一个半径值，不得不修改源代码。可以利用 input( )函数让用户从键盘给变量 radius 输入一个半径值。

input( )从标准输入读入一行文本，默认的标准输入是键盘。input( )无论接收何种输入，都会被存为字符串。

```
>>> name = input("请输入姓名：")   #将输入的内容作为字符串赋值给 name 变量
请输入姓名：zhangsan              # "请输入姓名："为输入提示信息
>>> type(name)
<class 'str'>                     #显示 name 的类型为字符串 str
```

eval(str)函数将字符串 str 当成有效的表达式来求值并返回计算结果。比如 eval("123")返回的是 123，eval("123.5")返回的是 123.5，eval("1+2")返回的是 3。

【例 2-2】重写 2-1.py，用 input( )函数让用户从键盘给变量 radius 赋值。(2-2.py)

2-2.py 程序文件中的代码如下所示。

```
radius = eval                          #给半径指定一个值，这里指定的是 10
circumference = 2*3.14*radius   #将 2*3.14*radius 计算的结果赋值给 circumference
print("半径为",radius,"的圆周长是", circumference)   #显示结果
```

在 IDLE 中运行程序文件 2-2.py 所得的结果如图 2-2 所示。

```
==================== RESTART: D:\Python\2-2.py ====================
输入一个数值给radius:10
半径为 10 的圆周长是 62.800000000000004
>>>
```

图 2-2   运行程序文件 2-2.py 所得的结果

如果用户输入的不是数字，这个程序将会以一个运行时错误终止。

input( )结合 eval( )可同时接受多个输入，多个输入之间的间隔符必须是逗号。

```
>>> a,b,c=eval(input())
1,2,3
>>> print(a,b,c)
```

```
1 2 3
```

eval(str)可将字符串 str 当成有效的表达式来求值，将数值构成的字符串转换为数值类型。

```
>>> eval("1+2")
3
```

【例 2-3】密码登录程序，要求：建立一个登录窗口，要求输入账号和密码，设定密码为 "Python3.6.0"。若密码正确，如果是男生，则显示 "祝贺你，某某先生，你已成功登录!"；如果是女生，则显示 "祝贺你，某某女士，你已登录成功!"；若密码不正确，则显示 "对不起，密码错误，登录失败!"。(2-3.py)

2-3.py 程序文件中的代码如下所示。

```
x=input("请输入用户名:")
y=input("请输入密码:")
z=input("请输入性别('男' or '女'):")
if y=="Python3.6.0":
    if z=="男":
        print("祝贺你，%s 先生，你已成功登录!"%x)
    if z=="女":
        print("祝贺你，%s 女士，你已登录成功!"%x)
else:
    print("对不起，密码错误，登录失败!")
```

2-3.py 在 IDLE 中运行的结果如下所示。

```
请输入用户名:李菲菲
请输入密码:Python3.6.0
请输入性别('男' or '女'):女
祝贺你，李菲菲女士，你已登录成功!
```

运行 2-2.py 程序只能求解一个圆的周长，可通过在程序中引入一个 while 循环语句达到运行一次程序文件求解多个圆的周长的目的。

while 循环语句用于在某条件下循环执行某段程序，Python 中 while 语句的语法格式如下。

```
while 循环继续条件:
    循环体
```

说明：循环体可以是一条语句或一组具有统一缩进的多条语句。while 循环包含一个循环继续条件，每次循环执行循环体之前进行条件是否成立的判断，如果条件成立，则执行循环体；否则，终止整个循环并将程序控制权转移到 while 循环后的语句。

【例 2-4】重写 2-2.py，引入 while 循环实现运行一次程序文件计算多个圆的周长。(2-4.py)

2-4.py 程序文件中的代码如下所示。

```
continueLoop='y'                                   #让用户来决定是否继续求解圆周长
```

```
while continueLoop=='y':
    radius = eval(input("输入一个数值给 radius:"))  #提示用户输入一个值给 radius
    circumference = 2*3.14*radius                  #计算圆周长
    print("半径为",radius,"的圆周长是",circumference)   #显示结果
    continueLoop=input('输入 y 继续求解圆周长, 输入其他退出求解:')
```

在 IDLE 中运行程序文件 2-4.py 所得的结果如图 2-3 所示。

```
========================= RESTART: D:\Python\2-4.py ===
输入一个数值给radius:1
半径为 1 的圆周长是 6.28
输入y继续求解圆周长,输入其他退出求解:y
输入一个数值给radius:2
半径为 2 的圆周长是 12.56
输入y继续求解圆周长,输入其他退出求解:3
```

图 2-3 运行程序文件 2-4.py 所得的结果

2.2 对象和引用

Python 程序用于处理各种类型的对象(即数据),Python 中的数据都是由类所创建的对象。类就是一种类型或某个种类, 它能够生成同种类型的对象, 这些对象都具有相同的属性以及相同的操作这些对象的方法 (也称为函数)。数据类型不同, 支持的运算操作也有差异。对象其实就是编程中把数据和功能包装后形成的一个对外具有特定交互接口的内存块。每个对象都有 3 个属性, 分别是身份 (identity), 就是对象在内存中的地址; 类型 (type), 用于表示对象所属的数据类型 (类); 值 (value), 就是对象所表示的数据。

2.2.1 对象的身份

身份用于唯一标识一个对象, 通常对应于对象在内存中的存储位置。任何对象的身份都可以使用内置函数 id( )来得到。

```
>>> a=123          #创建变量 a 来引用（代表）对象 123
>>> a=66           #让变量 a 引用对象 66
>>> id(a)          #获取对象的身份
1702416080         #身份用这样一串数字表示
```

之所以称 a 为变量, 是因为它可能引用不同的值。将一个值通过赋值运算符 "=" 赋给变量的语句称为赋值语句。

变量名的命名规则:

1) 变量名只能是字母、数字或下画线的任意组合。

2) 变量名的第一个字符不能是数字。

3) 以下 Python 关键字不能声明为变量名。

```
['and', 'as', 'assert', 'break', 'class', 'continue', 'def', 'del', 'elif',
'else', 'except', 'exec', 'finally', 'for', 'from', 'global', 'if', 'import', 'in',
```

```
'is', 'lambda', 'not', 'or', 'pass', 'print', 'raise', 'return', 'try', 'while',
'with', 'yield']
```

2.2.2 对象的类型

每个对象都属于某种数据类型，对象的类型决定了对象有哪些属性和方法，可以进行哪些操作。可以使用内置函数 type( ) 来查看变量和对象的类型。

```
>>> type(a)          #查看 a 的类型
<class 'int'>        #a 的类型为 int 类型
>>> type(12.6)       #查看 12.6 的类型
<class 'float'>
```

注意：类型属于对象，变量是没有类型的，变量只是对象的引用。所谓变量的类型指的是变量所引用的对象的类型。变量的类型随着所赋值的类型的变化而改变。

2.2.3 对象的值

对象所表示的数据，可使用内置函数 print( ) 直接打印出变量所表示的对象的值。

```
>>> print(a)
123
```

对象的 3 个特性"身份""类型"和"值"，是在创建对象时设定的。如果对象支持更新操作，则它的值是可变的，否则为只读（数字、字符串、元组对象等均不可变）。只要对象还存在，这 3 个特性就一直存在。

2.2.4 对象的引用

在 Python 中，如果要使用一个变量，不需要提前进行声明，只需要在用的时候，给这个变量赋值即可。在计算机的内存中，系统分配一个空间来存储对象，对象可以是数字或字符串。如果是数字，对象就是 int 类型；如果是字符串，对象就是 str 类型。在 Python 中，赋值语句总是建立对象的引用，而不是复制对象。通过赋值语句建立对象的引用如图 2-4 所示。

从图 2-4 中可看出变量和对象的关系，通过赋值语句使变量指向了某个对象，变量只是对象的引用。所以，严格地讲，只有放在内存空间中的对象才有类型，而变量是没有类型的，所谓变量的类型就是变量所引用的对象的类型。

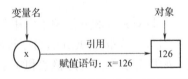

图 2-4　通过赋值语句建立对象的引用

```
>>>x=126
```

简单来看，上边的代码执行了以下操作：

1）创建一个变量 x 来代表对象 126。一个 Python 对象就是位于计算机内存中的一个内存块，为了使用对象，必须通过赋值操作"="把对象赋值给一个变量（也称为把对象绑定到变量），这样便可通过该变量来操作内存块中的数据。

2）如果变量 x 不存在，则创建一个新的变量 x。

3）将变量 x 和对象 126 进行连接，变量 x 成为对象 126 的一个引用，变量可看作指向对象的内存空间的一个指针。

【例 2-5】对象的引用举例 1。

```
>>> a=2
>>> id(a)
1517209296
>>> a = 'banana'
>>> id(a)
49442072
```

在赋值语句 a=2 中，2 是存储在内存中的一个整数对象，通过赋值语句，引用 a 指向了对象 2。在赋值语句 a='banana'中，内存中建立了一个字符串对象'banana'，通过赋值语句，将引用 a 指向了'banana'。同时，整数对象 2 不再有引用指向它，它会被 Python 的内存处理机制当作垃圾回收，释放所占的内存。

可以使用 del 语句删除一个或多个对象引用。

```
>>> del a
>>> a
Traceback (most recent call last):
  File "<pyshell#7>", line 1, in <module>
    a
NameError: name 'a' is not defined
```

【例 2-6】对象的引用举例 2。

```
>>> a=2
>>> b=2
>>> id(a)
1530447568
>>> id(b)
1530447568
```

可以看到 a 和 b 这两个引用都指向了同一个对象 2，称为共享引用。允许两个引用指向同一个对象，这跟 Python 的内存管理机制有关系，由于频繁进行对象的销毁和建立特别浪费性能，所以对于不太大的整数和短小的字符串，Python 都会缓存这些对象，以便能够重复使用。

```
>>> c=123445567778888888
>>> d=123445567778888888
>>> id(c)
51548912
>>> id(d)
51548944              #c 和 d 的 id 不一样
```

【例 2-7】对象的引用举例 3。

这个举例涉及 Python 中的可变数据类型和不可变数据类型。在 Python 中，对象分为两种：

不可变对象和可变对象。不可变对象包括 int，float，long，str，tuple 对象等，可变对象包括 list，set，dict 对象等。

```
>>> list1 = [1, 2, 3]
>>> list2 = list1        #list2 与 list1 指向了[1，2，3]这个列表对象
>>> id(list1)
33349320
>>> id(list2)
33349320
>>> list1.append(4)      #在 list1 所指向的列表的尾部追加了一个元素 4
>>> list1
[1, 2, 3, 4]
>>> id(list1)
33349320      #list1 所指向的列表被修改后，Python 并没有创建新列表，list1 的指向没变
>>> id(list2)            #list2 指向的地址没变
33349320
>>> list2                #list2 指向的存储空间的值变了
[1, 2, 3, 4]
```

从上述代码执行结果可以看出：对可变数据类型对象操作时，不需要再在其他地方申请内存，只需要在此对象后面连续申请存储区域即可，也就是它的内存地址会保持不变，但存储对象的存储区域会变长或者变短。

可以使用 Python 的 is 关键词判断两个引用所指的对象是否相同。

```
>>> a=4
>>> b=a
>>> id(a),id(b)
(1530447632, 1530447632)
>>> a is b
True
>>> a = a + 2
>>> id(a)
1530447696
>>> a is b
False
```

注意：

1）Python 可以同时为多个变量赋值，如 a = b = c = 1。

2）Python 可以同时为多个对象指定变量，如下面代码所示。

```
>>> a, b, c = 1, 2, 3
>>> print(a,b,c)
1 2 3
```

2.3 数值数据类型与算术运算符

在 Python 中，每个对象都有一个数据类型，数据类型定义为一个值的集合以及定义在这个值集上的一组运算操作。一个对象上可执行且只允许执行其对应数据类型所定义的操作。Python 内置的标准数据类型有：数值数据类型，具体包括 int（整型）、float（浮点型）、bool（布尔型）、complex（复数型）；str（字符串）数据类型，如字符串"Python"；list（列表）数据类型，如列表对象"Python"；tuple（元组）数据类型，如元组对象(1,2,3)；dictionary（字典）数据类型，如字典对象{"name":"John","age":18}；set（集合）数据类型，如集合对象{1,2,3}。

2.3.1 数值数据类型

Python 内置的 4 种数值数据类型如下。

1）int（整型）。用于表示整数，如 12，1024，−10。

2）float（浮点型）。用于表示实数，如 3.14，1.2，2.5e2（ $=2.5×10^2=250$ ），−3e−3（ $=−3×10^{-3}=−0.003$ ）。

3）bool（布尔型）。bool（布尔型）对应两个布尔值：True 和 False，分别对应 1 和 0。例如：

```
>>> True+1
2
>>> False+1
1
```

4）complex 复数型。在 Python 中，复数有两种表示方式，一种是 a+bj（a，b 为实数），另一种是 complex(a,b)，例如 3+4j、1.5+0.5j、complex(2,3)都表示复数。

```
>>> a = complex(1, 3)
>>> b = 2 - 4j
>>> a
(1+3j)
>>> b
(2-4j)
```

可以很容易地获取一个复数对应的实部、虚部和共轭复数，示例如下：

```
>>> a.real         #获取复数 a 的实部
1.0
>>> a.imag         #获取复数 a 的虚部
3.0
>>> a.conjugate()  #获取复数 a 的共轭复数
(1-3j)
```

2.3.2 算术运算符

数值数据类型常用的算术运算符如表 2-1 所示，其中变量 a 为 4，变量 b 为 2。

表 2-1　常用的算术运算符

算术运算符	含义	举例
+	加	a + b 的结果为 6
–	减	a – b 的结果为 2, –5 表示 5 的相反数
*	乘	a * b 的结果为 8
/	除	a / b 的结果为 2.0
%	求余	a % b 的结果为 0
**	幂	a**b 的结果为 16
//	取整除	8//3 的结果为 2, –9//2 的结果为–5

　　运算符%是一个求余或取模运算的运算符，即求出除法后的余数。在程序设计中求余运算符非常有用。例如，偶数%2 的结果总是 0，而奇数%2 的结果总是 1。可以用这个特性判断一个数字是奇数还是偶数。如果今天是星期六，那 7 天之后又是星期六。假设两人 16 天后要见面，那么 16 天后是星期几？可以用表达式(6 + 16) % 7 算出是星期一。

　　其中，一周的第一天是星期一，一周的第 0 天是星期日。

2.3.3　增强型赋值运算符

　　经常会出现变量的当前值被修改，然后重新赋值给同一变量的情况。例如，下面的赋值语句就是给变量 count 加 1：

```
count = count + 1
```

　　Python 允许运算符与赋值运算符结合在一起构成增强型赋值运算符来实现变量的修改与赋值操作。例如，前面的语句可以写作：

```
count += 1
```

增强型赋值运算符如表 2-2 所示，其中变量 a 的值为 10，变量 c 的值为 20。

表 2-2　增强型赋值运算符

增强型赋值运算符	描述	实例
+=	加法赋值运算符	c += a 等价于 c = c + a
–=	减法赋值运算符	c –= a 等价于 c = c – a
*=	乘法赋值运算符	c *= a 等价于 c = c * a
/=	除法赋值运算符	c /= a 等价于 c = c / a
%=	取余赋值运算符	c %= a 等价于 c = c % a
**=	幂赋值运算符	c **= a 等价于 c = c ** a
//=	取整除赋值运算符	c //= a 等价于 c = c // a

　　注意：在增强型赋值运算符中没有空格，比如+ =应该是+=。

2.3.4　常见的 Python 数学函数

　　函数是完成一个特殊任务的一组语句。前面已经使用过 eval(x)、input(x)、print(x)等函数，

eval、input、print 为函数名，x 为函数作用的数据对象。这些函数在 Python 编程时可直接使用，使用这些函数时不用导入任何模块，这些函数称为内置函数。常用的 Python 内置数学函数如表 2-3 所示。

表 2-3 常用的 Python 内置数学函数

数学函数	描述
abs(x)	返回 x 的绝对值，如 abs(−10)返回 10
max(x,y,z,…)	返回给定参数序列的最大值
min(x,y,z,…)	返回给定参数序列的最小值
pow(x,y)	返回 x**y 运算后的值，如 pow(2,3)返回 8
round(x[, n])	返回浮点数 x 的四舍五入值，如给出 n 值，则代表舍入到小数点后的位数，round(3.8267,2)返回 3.83

```
>>> pow(2,3)              #返回 2³
8
>>> max(2,5,3,7)          #返回最大值
7
```

此外还可以用 isinstance( )函数来判断一个变量的类型：

```
>>> a=123
>>> isinstance(a, int)
True
```

Python 的 math 模块提供了许多数学函数，如表 2-4 所示。使用 math 模块的函数之前，需要先通过 import math 语句导入 math 模块。

表 2-4 math 模块的数学函数

函数	描述
fabs(x)	将 x 看作一个浮点数，返回其绝对值，如 math.fabs(−2)返回 2.0
ceil(x)	返回 x 向上最接近的整数
floor(x)	返回 x 向下最接近的整数
exp(x)	返回 e 的 x 次幂
gcd(x,y)	返回 x、y 的最大公约数
factorial(n)	返回 n 的阶乘
log(x)	返回 x 的自然对数，如 math.log(8)返回 2.0794415416798357
log10(x)	返回以 10 为基数的 x 的对数，如 math.log10(100)返回 2.0
log(x, base)	返回以 base 为底的 x 的对数值
modf(x)	返回 x 的小数部分与整数部分组成的元组，如 math.modf(3.25)返回(0.25, 3.0)
sqrt(x)	返回 x 的平方根，如 math.sqrt(4)返回 2.0
sin(x)	返回 x 弧度的正弦值
degrees(弧度)	弧度转为角度
radians(角度)	角度转为弧度

```
>>> import math              #导入 math 库
>>> math.ceil(4.12)         #取大于或等于 4.12 的最小的整数值
5
>>> math.floor(4.999)       #取小于或等于 4.999 的最大的整数值
4
```

随机数可以用于数学、游戏、安全等领域，还经常被嵌入到算法中，用以提高算法效率，并提高程序的安全性。Python 中用于生成伪随机数的函数库是 random。random 库的生成随机数的函数如表 2-5 所示。

表 2-5   random 库的生成随机数的函数

函数	含义
choice(seq)	从序列（如列表、元组、字符串等）seq 的元素中随机挑选一个元素，如 random.choice("Python") 从"Python"中随机挑选 1 个字符
random( )	随机生成一个[0,1)范围内的实数
shuffle(seq)	将序列 seq 的所有元素随机排序
uniform(x, y)	随机生成一个[x, y]范围内的实数
randint(x, y)	随机生成一个[x, y]范围内的整数
sample(sequence, k)	返回一个从序列 sequence 中随机选择 k 个元素所组成的列表，sequence 可以是列表、字符串、集合等

```
>>> random.randint(1,10)           #产生 1 到 10 的一个整数型随机数
7
>>> random.random()                #产生 0 到 1 之间的随机浮点数
0.43768035467887634
>>> random.choice('tomorrow')      #从'tomorrow'中随机选取一个字符
'r'
>>> random.choice([1,2,3,4,5,6])   #从列表[1,2,3,4,5,6]中随机选取一个数
5
>>> random.choice((1,2,3,4,5,6))   #从元组(1,2,3,4,5,6)中随机选取一个数
4
>>> random.sample((1,2,3,4,5,6), 3)
[5, 6, 1]
```

【例 2-8】编写小学生 100 以内加减法训练程序，并在学生结束测验后能报告正确答案的个数、正确率、测验所用的时间，并能让用户自己决定随时结束测验。（2-8.py）

```
import random
import time
count = 0                          #用来记录总的答题数目
```

```
right = 0                            #用来记录总的回答正确的数目
continueLoop='y'                     #让用户来决定是否继续答题
startTime=time.time()                #记录开始时间
while continueLoop=='y':
    #创建列表，用来记录加减两个运算符
    op = ['+', '-']
    #随机选择从 op 列表中选择一个元素，也适用于元组或字符串
    s = random.choice(op)
    # 随机生成 0~100 以内的整数，包括 0 和 100
    num1 = random.randint(0,100)
    num2 = random.randint(0,100)
    if num1<num2:
        num1,num2 = num2, num1
    print('%d %s %d = ?' %(num1,s,num2))
    answer = eval(input('请输入您计算的答案：'))


    #判断随机选择的运算符，并计算正确结果
    if s == '+':
        result = num1 + num2
    else:
        result = num1 - num2


    #判断用户输入的答案是否正确
    if answer == result:
        print('回答正确')
        right += 1
        count += 1
    else:
        print('回答错误')
        print(num1,s,num2,'=',result)
        count+=1
    continueLoop=input('输入 y 继续答题，输入 n 退出答题：')
endTime=time.time()                      #记录结束时间
testTime=int(endTime-startTime)
# 计算正确率
if count == 0:
    percent = 0
else:
```

```
percent = right / count
```

print('测试结束，共回答%d 道题，回答正确个数为%d，正确率为%.2f%%，测验所用的时间%.2f'%(count,right,percent*100,testTime))

在 IDLE 中，2-8.py 执行的结果如下。

52 - 32 = ?
请输入您计算的答案:20
回答正确
输入 y 继续答题，输入 n 退出答题: y
77 - 12 = ?
请输入您计算的答案:65
回答正确
输入 y 继续答题，输入 n 退出答题: n
测试结束，共回答 2 道题，回答正确个数为 2，正确率为 100.00%，测验所用的时间 16.00

2.4　非算术运算符

Python 支持的运算符类型有算术运算符、关系运算符、赋值运算符、逻辑运算符、位运算符、成员运算符、身份运算符。

2.4.1　Python 关系运算符

Python 关系运算符比较两边的值，并确定它们之间的关系。关系运算符如表 2-6 所示，其中变量 a 的值是 10，变量 b 的值是 23。

表 2-6　关系运算符

关系运算符	描述	实例
==	等于：比较对象是否相等	(a == b)返回 False
!=	不等于：比较两个对象是否不相等	(a != b)返回 True
>	大于：如 x > y 返回 x 是否大于 y	(a > b)返回 False
<	小于：如 x < y 返回 x 是否小于 y，所有比较运算符返回 1 表示真，返回 0 表示假，这分别与特殊的变量 True 和 False 等价	(a < b)返回 True
>=	大于等于	(a >= b)返回 False
<=	小于等于	(a <= b)返回 True

2.4.2　Python 逻辑运算符

Python 逻辑运算符如表 2-7 所示，其中变量 a 的值为 10，变量 b 的值为 30。

表 2-7　逻辑运算符

逻辑运算符	逻辑表达式	描述	实例
and	x and y	布尔 "与"：如果 x 为 False，x and y 返回 False，否则返回 y 的计算值	a and b 返回 30
or	x or y	布尔 "或"：如果 x 是 True，返回 x 的值，否则返回 y 的计算值	a or b 返回 10
not	not x	布尔 "非"：如果 x 为 True，返回 False；如果 x 为 False，返回 True	not(a and b)返回 False

注意：

1）Python 中的 and 是从左到右计算表达式，若所有值均为真，则返回最后一个值，若存在假，返回第一个假值。

2）or 也是从左到右计算表达式，返回第一个为真的值。

3）在 Python 中，False 和 None、所有类型的数字 0、空序列（如空字符串、元组和列表）以及空的字典都被解释为假，其他都是真。

2.4.3　Python 成员运算符

Python 成员运算符测试给定值是否为序列中的成员，序列如字符串、列表、元组等。两个成员运算符，如表 2-8 所示。

表 2-8　成员运算符

成员运算符	逻辑表达式	描述
in	x in y	如果 x 在 y 序列中，返回 True，否则返回 False
not in	x not in y	如果 x 不在 y 序列中，返回 True，否则返回 False

2.4.4　Python 身份运算符

Python 身份运算符用于比较两个对象的内存位置。常用的两个身份运算符如表 2-9 所示。

表 2-9　常用的身份运算符

身份运算符	描述	实例
is	is 是判断两个标识符是不是引用自同一个对象	x is y，类似 id(x) == id(y)，如果引用的是同一个对象则返回 True，否则返回 False
is not	is not 是判断两个标识符是不是引用自不同对象	x is not y，类似 id(a) != id(b)，如果引用的不是同一个对象则返回 True，否则返回 False

注意： id( )函数用于获取对象内存地址。

以下实例演示了 Python 所有身份运算符的操作。

```
>>> a=20
>>> b=30
>>> c=20
>>> a is b                    #a 和 b 没有引用自同一个对象
```

```
False
>>> a is c                          #a 和 c 引用自同一个对象
True
>>> a is not b
True
>>> id(a)                           #用 id(a) 获取 a 的内存地址
505006352
>>> id(c)                           #用 id(c) 获取 c 的内存地址
505006352
>>> id(b)
505006672
```

可以看出，Python 中变量是以内容为基准，只要数字内容是 20，不管什么名字，这个变量的 ID 是相同的，同时说明了 Python 中一个变量可以以多个名称访问。

is 与 "==" 的区别：is 用于判断两个变量引用对象是否为同一个；== 用于判断引用变量的值是否相等。一个比较的是引用对象，另一个比较的是两者的值。

```
>>>a = [1, 2, 3]
>>> b = a
>>> b is a
True
>>> b == a
True
>>>c = a[:]                         #列表切片返回得到一个新列表
>>> c is a
False
>>> id(a)
51406344
>>> id(c)
51406280
>>> c == a
True
```

2.4.5　运算符的优先级

运算符的优先级和结合方向决定了运算符的计算顺序。假如有如下表达式：

```
1+5*8>3*(3+2)-1
```

它的值是多少？这些运算符的执行顺序是什么？

算术上，最先计算括号内的表达式，括号也可以嵌套，最先执行的是最里面括号中的表达式。当计算不含有括号的表达式时，可以根据运算符优先规则和组合规则使用运算符。表 2-10 列出了从最高到最低优先级的运算符。

表 2-10　从最高到最低优先级的运算符

优先级	运算符	描述
	**	指数（最高优先级）
	~, +, -	按位翻转，一元加号和减号
	*, /, %, //	乘，除，取模和取整除
	+, -	加法，减法
	>>, <<	右移，左移运算符
	&	按位与运算符
	^, |	位运算符
	<=, <, >, >=	比较运算符
	<>, ==, !=	等于运算符
	=, %=, /=, //=, -=, +=, *=, **=	赋值运算符
	is, is not	身份运算符
	in, not in	成员运算符
	not, or, and	逻辑运算符

如果相同优先级的运算符紧连在一起，它们的结合方向决定了计算顺序。所有的二元运算符（除赋值运算符外）都是从左到右的结合顺序。

```
>>> 1+2>2 or 3<2
True
>>> 1+2>2 and 3<2
False
>>> 2*2-3>2 and 4-2>5
False
```

2.5　库的导入与扩展库的安装

Python 启动后，默认情况下它并不会将所有的功能都加载（也称为"导入"）进来，使用某些模块（或库，一般不做区分）之前必须把这些模块加载进来，这样就可以使用这些模块中的函数。此外，有时甚至需要额外安装第三方的扩展库。模块把一组相关的函数或类组织到一个文件中，一个文件即是一个模块。函数是一段可以重复多次调用的代码。每个模块文件可看作一个独立完备的命名空间，在一个模块文件内无法看到其他模块文件定义的变量名，除非它明确地导入了那个文件。

2.5.1　库的导入

Python 本身内置了很多功能强大的库，如与操作系统相关的 os 库、与数学相关的 math 库等。Python 导入库或模块的方式有常规导入、使用 from 语句导入等。

1. 常规导入

常规导入是最常使用的导入方式，导入方式如下所示：

```
import 库名
```

通过这种方式可以一次性导入多个库，如下所示：

```
import os, math, time
```

在导入模块时，还可以重命名这个模块，如下所示：

```
import sys as system
```

上面的代码将导入的 sys 模块重命名为 system。人们既可以按照以前"sys.方法"的方式调用模块的方法，也可以用"system.方法"的方式调用模块的方法。

2. 使用 from 语句导入

很多时候只需要导入一个模块或库中的某个部分，这时可通过联合使用 import 和 from 来实现这个目的。

```
from math import sin
```

之后就可以直接调用 sin：

```
>>> from math import sin
>>> sin(0.5)                    #计算 0.5 弧度的正弦值
0.479425538604203
```

也可以一次导入多个函数：

```
>>> from math import sin, exp, log
```

也可以直接导入 math 库中的所有函数，导入方式如下所示。

```
>>> from math import *
>>> exp(1)
2.718281828459045
>>> cos(0.5)
0.8775825618903728
```

但如果像上述方法大量引入库中的所有函数，容易引起命名冲突，因为不同库中可能含有同名的函数。

2.5.2 扩展库的安装

当前，使用 pip 已成为管理 Python 扩展库的主流方式，使用 pip 不仅可以查看本机已安装的 Python 扩展库，还支持 Python 扩展库的安装、升级和卸载等操作。常用的 pip 操作如表 2-11 所示。

表 2-11 常用的 pip 操作

pip 操作示例	描述
pip install xxx	安装 xxx 模块
pip list	列出已安装的所有模块
pip install --upgrade xxx	升级 xxx 模块
pip uninstall xxx	卸载 xxx 模块

使用 pip 安装 Python 扩展库，需要保证计算机联网，然后在命令提示符环境中通过 pip install xxx 进行安装。这里分两种情况：

1）如果 Python 安装在默认路径下，在命令提示符环境中直接输入"pip install 扩展库名"，按〈Enter〉键进行扩展库安装。

2）如果 Python 安装在非默认环境下，在命令提示符环境中需先进入 pip.exe 所在目录（位于 Scripts 文件夹下），然后输入"pip install 扩展库名"，按〈Enter〉键进行扩展库安装。编者的 pip.exe 所在目录为"D:\Python\Scripts"，如图 2-5 所示。

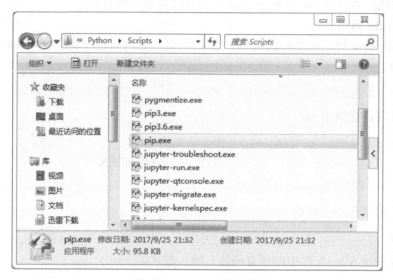

图 2-5　pip.exe 所在目录

此外，可通过在 Python 安装文件夹中的 Scripts 文件夹下，按住〈Shift〉键再右击空白处，选择"在此处打开命令窗口"直接进入 pip.exe 所在目录的命令提示符环境，然后即可通过"pip install 扩展库名"来安装扩展库。

2.6　基于 turtle 模块的简单绘图程序设计

turtle(海龟)是 Python 重要的标准库之一，使用它能够进行基本的图形绘制。所谓海龟绘图，指一只海龟（拉着一支笔）在画布上来回移动，沿直线移动时就会绘制直线，沿曲线运动就会绘制曲线。

2.6.1　画布

画布就是用于绘图的区域，可以设置它的大小和初始位置。turtle 模块提供了两种创建画布的方法：screensize( )和 setup( )。

1. screensize( )方法

turtle 模块的 screensize( )方法的语法格式如下。

```
turtle.screensize(canvwidth=None, canvheight=None, bg=None)
```

方法功能：创建一个画布。

参数说明如下。

canvwidth：指定画布的宽度（单位为像素）。

canvheight：指定画布的高度（单位为像素）。

bg：指定画布的背景颜色。

不设置参数值时，turtle.screensize( )默认创建一个 400 像素×300 像素的白画布。

【例 2-9】创建一个宽为 800、高为 600、背景色为 grey 的画布。

```
>>> import turtle #导入模块
>>> turtle.screensize(800,600,"grey")  #创建画布
```

执行该命令创建的画布如图 2-6 所示。

图 2-6　创建的画布

2. setup( )方法

turtle 模块的 setup( )方法的语法格式如下。

```
setup(width, height, startx, starty)
```

方法功能：创建一个画布。

参数说明如下。

width、height：画布的宽与高。当指定的值为整数时，表示像素长度单位；当指定的值为小数时，表示与屏幕的比例。

startx，starty：一组坐标，表示画布左上角的位置。如果为空，则画布位于屏幕中心。

【例 2-10】创建一个宽为 400、高为 200、画布左上角的位置为(100, 100)的画布。

```
>>> import turtle         #导入模块
>>> turtle.setup(width=400,height=200, startx=100, starty=100) #创建的画布
```

执行该命令创建的画布如图 2-7 所示。

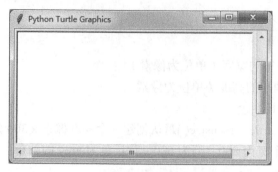

图 2-7　创建的画布

2.6.2　画笔

turtle 模块提供了一个叫作 Turtle( )的函数，利用 Turtle( )函数会创建一个 Turtle 对象，即创建一只画笔。创建 Turtle 对象之后，就可以调用该对象的方法来在画布中移动该对象。方法与函数类似，但是其语法略有不同。

在画布上，默认有一个坐标原点为画布中心的坐标轴(0,0)。创建海龟对象（即画笔）后，默认画笔位于画布中心、笔是向下的（就像真实的笔尖触碰着一张纸）、画笔的方向面朝 x 轴正方向，当移动画笔的时候，它就会绘制出一条从当前位置到新位置的线。

创建画笔的代码如下所示。

```
>>> import turtle              #首先导入模块
>>> pen=turtle.Turtle()        #调用 Turtle()函数创建画笔(即海龟对象)pen
```

这时候，默认画笔 pen 位于画布中心、笔是向下的、画笔的方向面朝 x 轴正方向。

1. 设置画笔的状态（样式、属性）

画笔的状态就是画笔所处的位置及画笔的方向。

```
>>> pen.pensize(1)             #设置画笔 pen 的宽度，参数是一个整数
>>> pen.pencolor("white")      #设置画笔 pen 的颜色为"white"
>>> pen.speed(2)               #设置画笔移动速度，范围[0,10]内的整数，数字越大绘画速度越快
```

2. 操作画笔的命令

pen.forward(distance)：pen 向当前画笔方向移动 distance 像素长度。

pen.backward(distance)：pen 向当前画笔相反方向移动 distance 像素长度。

pen.right(degree)：pen 画笔方向顺时针旋转 degree。

pen.left(degree)：pen 画笔方向逆时针旋转 degree。

pen.penup( )：pen 提起画笔移动，不绘制图形，用于另起一个地方绘制。

pen.pendown( )：放下 pen 绘制图形，创建画笔后默认是放下的。

pen.goto(x,y)：将画笔 pen 移动到坐标为(x, y)的位置。

pen.circle(radius, extent=None, steps=None)：功能是画圆，其中 radius 用来指定半径，半径为正(负)，表示圆心在画笔的左边(右边)画圆；extent 用来指定运动的弧度；设置 steps 时表示画圆内切多边形。比如 pen.circle(80, 180)绘制半径为 80 的半圆。

pen.home( )：设置 pen 画笔位置为原点，面朝 x 轴正方向。

pen.begin_fill( )：准备开始填充图形。

pen.fillcolor(colorstring)：设置绘制图形的填充颜色。

pen.end_fill( )：完成给 pen 所绘制的图形填充颜色。

pen.hideturtle( )：隐藏画笔 pen。

pen.showturtle( )：显示画笔 pen。

pen.write(s, font=("Arial", 8, "normal"))：在 pen 所处的位置编写字符串，字体是由字体名、字体大小和字体类型 3 个部分组成。

2.6.3　绘制太极图

【例 2-11】绘制太极图。(2-11.py)

```python
import turtle
turtle.screensize(400,300,"white")        #创建画布
pen=turtle.Turtle()                        #创建画笔
pen.penup()                                #提起画笔
pen.goto(0,-120)                           #设置画笔起始坐标
pen.pendown()                              #放下画笔
pen.begin_fill()                           #准备开始填充图形
pen.fillcolor('black')                     #设置绘制图形的填充颜色为黑色
pen.circle(160,extent=180)
pen.circle(80,extent=180)                  #半径正负代表逆时针和顺时针画
pen.circle(-80,extent=180)
pen.end_fill()                             #完成给 pen 所绘制的图形填充颜色
pen.circle(-160,extent=180)
pen.penup()
pen.goto(0,90)
pen.pendown()
pen.begin_fill()
pen.fillcolor("white")
pen.circle(30,extent=360)
pen.end_fill()
pen.penup()
pen.goto(0,-70)
pen.pendown()
pen.begin_fill()
pen.fillcolor("black")
pen.circle(30,extent=360)
pen.end_fill()
```

在 IDLE 中运行程序文件 2-11.py 所得的结果如图 2-8 所示。

图 2-8 运行程序文件 2-11.py 所得的结果

2.7 习题

1. 关于 Python 内存管理，下列说法错误的是（   ）。

A. 变量不必事先声明　　　　　　　　B. 变量无须先创建和赋值而直接使用

C. 变量无须指定类型　　　　　　　　D. 可以使用 del 释放资源

2. 下面哪个不是 Python 合法的标识符？（   ）

A. int32　　　　　　B. 40XL　　　　　　C. self　　　　　　D. __name__

3. Python 不支持的数据类型有（   ）。

A. char　　　　　　B. int　　　　　　C. float　　　　　　D. list

4. 下列哪个语句在 Python 中是非法的？（   ）

A. x = y = z = 1　　　　　　　　　　B. x = (y = z + 1)

C. x, y = y, x　　　　　　　　　　　D. x += y

第3章

字符串和列表

本章主要介绍字符串和列表两种数据类型，具体包括字符串基础，print( )输出函数，字符串运算，字符串对象的常用方法，字符串常量，列表基础，序列数据类型的常用操作，列表对象的常用方法，列表推导式，用于列表的一些常用函数，二维列表，文件的基本操作，用 turtle 绘制文本。

3.1 字符串基础

字符串是用单引号（'）、双引号（"）、三单引号（'''）或三双引号（"""）等界定符括起来的字符序列。字符串对象是不可变的，一旦创建了字符串，字符串的内容是不可变的。Python没有单独的字符类型，一个字符就是长度为 1 的字符串。

3.1.1 创建字符串

只要为变量分配一个用字符串界定符括起来的字符序列即可创建一个字符串，括起来的字符序列称为字符串的字面值。例如：

```
>>> var1 = 'Hello World!'    #创建字符串'Hello World!'并通过变量 var1 进行引用
```

也可以使用构造字符串的函数 str( )把非字符串类型的数据，变成字符串类型的数据。

```
>>> var2=str(1234)
>>> print(var2)                #打印出变量 var2 所表示的字符串对象的值
1234
```

注意：对于两个相邻的字符串，如果中间只有空格进行分割，则自动拼接为一个字符串。例如：

```
>>> 'Hello' 'World!'
'HelloWorld!'
```

三引号允许一个字符串跨多行，字符串中可以包含换行符、制表符以及其他特殊字符。

```
>>> str_more_quotes = """Hello
World"""
>>> str_more_quotes
```

```
'Hello\nWorld'
>>> print(str_more_quotes)
Hello
World
```

3.1.2 字符编码

字符是一个信息单位，它是各种文字和符号的统称，比如一个英文字母是一个字符，一个汉字是一个字符，一个标点符号也是一个字符。字节是计算机中数据存储的基本单元，一个字节由 8 位二进制数组成。计算机中的所有数据，不论是保存在磁盘文件上的，还是网络上传输的数据（文字、图片、视频、音频文件）都是由字节组成的。字符码指字符集中每个字符的数字编号，例如，ASCII 字符集用 0 ~ 127 连续的 128 个数字分别表示 128 个字符；"A"的字符码编号是 65。字符编码是将字符集中的字符码映射为字节流的一种具体实现方案，ASCII 字符编码使用 8 位二进制数表示一个字符码。当初英文就是编码的全部，后来其他国家的语言加入进来，ASCII 就不够用了，所以出现统一码（Unicode）。Unicode 字符编码对所有语言的字符使用两个字节编码，部分汉字使用 3 个字节。这就导致一个问题，Unicode 不仅不兼容 ASCII 编码，而且会造成空间的浪费，于是 UTF-8 字符编码应运而生了。UTF-8 字符编码是一种变长的字符编码，可以根据具体情况用 1 ~ 4 个字节来表示一个字符，如对英文使用一个字节编码，对中文字符用 3 个字节编码，一般每个字节都用十六进制来表示，如"中"的 UTF-8 编码是 b'\xe4\xb8\xad'. 编码的过程是将字符转换为字节流，解码的过程是将字节流解析为字符。

可以通过以下代码查看 Python 3 的字符默认编码。

```
>>> import sys
>>> sys.getdefaultencoding()
'utf-8'
```

Python 3.x 默认采用 UTF-8 编码格式，有效地解决了中文乱码的问题。

要将字符串类型转换为字节（bytes）类型，使用字符串对象的 encode( )方法，这个过程称为"编码"；反过来，使用 bytes 对象的 decode( )方法将 bytes 类型的二进制数据转换为字符串类型，这个过程称为"解码"。

【例 3-1】编码与解码举例。

```
>>> str4 = '中国'
>>> bstr4 = str4.encode('utf-8')
>>> bstr4
b'\xe4\xb8\xad\xe5\x9b\xbd'
>>> str5 = bstr4.decode()
>>> str5
'中国'
```

注意：解码时要选择和编码时一样的格式，否则会抛出异常。

此外，Python 提供了内置的 ord( )函数获取字符的整数表示，内置的 chr( )函数把字符的整数转换为对应的字符。

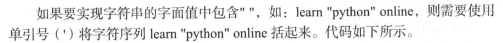

3.1.3　转义字符

如果要实现字符串的字面值中包含" "，如：learn "python" online，则需要使用单引号（'）将字符序列 learn "python" online 括起来。代码如下所示。

```
>>> str1='learn "python" online '
>>> print(str1)
learn "python" online
```

如果要在字符串中既包含'又包含"，如 He said "I'm hungry."，则可在'和"前面各插入一个反斜线（\）进行字符转义，使'和"成为普通字符，即使字符具有特殊的含义。此外，\n 表示换行，\r 表示回车。类似这样的由"\"和普通字符组合而成的、具有特殊意义的字符就是转义字符。

下面的代码演示了转义字符的用法。

```
>>> str2='He said \" I\'m hungry.\"'
>>> print(str2)
He said " I'm hungry."
>>> str_n = "hello\nworld"          #用\n 实现换行
>>> print(str_n)
hello
world
```

Python 中常用的转义字符如表 3-1 所示。

表 3-1　常用的转义字符

转义字符	含义
\	续行符，位于字符串行尾，即一行未完，转到下一行继续写
\\	一个\
\'	单引号
\"	双引号
\b	退格符，将光标位置移到前一列
\n	换行符，将光标位置移到下一行开头
\v	纵向制表符
\t	横向制表符，即〈Tab〉键，一般相当于 4 个空格
\r	回车符
\f	换页符

转义字符在书写形式上由多个字符组成，但 Python 将它们看作一个整体，表示一个字符。

有时人们并不想让转义字符生效，只想让转义字符保持字面样式，这就需要在字符串前面添加 r 或 R。代码如下所示。

```
>>> str3=r'hello\nworld'
>>> print(str3)
hello\nworld                    #没有换行，显示的是原来的字符串
```

【例 3-2】使用\t 实现排版河南和河北的省份、简称、省会。（3-2.py）

3-2.py 程序文件的代码如下。

```
str1 = '省份\t 简称\t 省会'
str2 = '河南\t 豫\t 郑州'
str3 = '河北\t 冀\t 石家庄'
print(str1)
print(str2)
print(str3)
print("----------------------")
```

3-2.py 在 IDLE 中执行的结果如图 3-1 所示。

```
===================== RESTART: D:\Python\3-2.py ======================
省份      简称      省会
河南      豫        郑州
河北      冀        石家庄
```

图 3-1   3-2.py 执行的结果

3.2   print()输出函数

print( )函数的语法格式如下：

```
print([object1,...], sep="", end="\n", file=sys.stdout)
```

参数说明如下：

1）[object1,...]待输出的对象，可以一次输出多个对象。当输出多个对象时，需要用逗号分隔，会依次打印每个 object，遇到逗号会输出一个空格。示例如下。

```
>>> a1, a2, a3="aaa", "bbb", "ccc"
>>> print(a1,a2,a3)   #一次输出多个变量所代表的对象的值
aaa bbb ccc
```

2）sep=" "用来间隔多个对象，默认值是一个空格，还可以设置成其他字符。

```
>>> print(a1, a2, a3, sep="***")
aaa***bbb***ccc
```

3）end="\n"参数用来设定全部输出对象输出后，接着执行什么操作，默认值是换行符，即执行换行操作，也可以换成其他字符串不执行换行操作，如设置 end="@"。示例如下。

```
a1, a2, a3="aaa", "bbb", "ccc"
print(a1 , end="@")
print(a2 , end="@")
print(a3)
```

上述代码作为一个程序文件执行，得到的输出结果如下。

```
aaa@bbb@ccc
```

4）参数 file 设置把 print 中的值打印到什么地方，可以是默认的系统输出 sys.stdout，即默认输出到终端，也可以设置 file=文件存储对象，即把内容存到该文件中。示例如下。

```
>>> f = open(r'a.txt', 'w')
>>> print('python is good', file=f)
>>> f.close()
```

把 python is good 保存到 a.txt 文件中。

3.3　字符串运算

3.3.1　处理字符串的函数

Python 的内置函数 len( )可用来求出一个字符串、列表、元组等序列对象包含的元素个数，也就是得到序列对象的长度。

```
>>> s="welcome"
>>> len(s)          #返回变量 s 所代表的字符串的长度
7
```

内置函数 max( )、min( )可用来求出一个字符串对象包含的最大和最小字符。

```
>>> max(s)
'w'
>>> min(s)
'c'
```

3.3.2　下标运算符

一个字符串是一个字符序列，可用下面的语法格式，通过下标运算符[ ]访问字符串 s 中下标为 index 的字符：

```
s[index]
```

字符串中字符的下标的范围从 0 到 len(s)-1，如图 3-2 所示。

注意：Python 中的字符串有两种索引方式，从左往右以 0 开始，从右往左以–1 开始；Python 中的字符串不能改变，向一个索引位置赋值，比如 str1[0] = 'm'会导致错误。

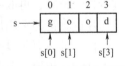

图 3-2　字符串中的字符可用下标运算符访问

【例 3-3】遍历字符串，依次输出字符串中每个字符。（3-3.py）

```
s = "Hello,World"
for i in range(0,len(s)):
    print(s[i],end="-")
```

3-3.py 在 IDLE 中执行的结果如下所示。

```
H-e-l-l-o-,-W-o-r-l-d-
```

注意：range( )函数是 Python 中的内置函数，用于生成一系列连续的整数，如 range(0,5)

生成由 0、1、2、3、4 这些元素所组成的序列，不包括 5。

例 3-3 借助 Python 的 for 循环语句依次输出字符串的每个元素。for 循环语句的语法格式如下：

```
for 控制变量 in 可遍历序列：
    循环体
```

这里的关键字 for、:和 in 都是 for 循环的组成部分。"可遍历序列"可以是字符串、列表（写在方括号[ ]之间、用逗号分隔开的元素序列，如[1, 2, 3, 4]就是一个包含 4 个元素的列表）、元组（写在小括号( )之间、用逗号分隔开的元素序列，如(1,2,3,4)就是一个包含 4 个元素的元组）等类型的对象。"可遍历序列"对象里的元素按照一个接一个的方式存储，也就是元素之间有先后顺序。执行 for 循环时，控制变量首先被"可遍历序列"中的第 1 个元素赋值，然后执行循环体；接着控制变量被"可遍历序列"的第 2 个元素赋值，然后执行循环体；依次执行下去，直到当"可遍历序列"中的元素都被循环体处理，结束 for 循环。

例 3-3 也可使用下面的代码达到同样的效果。

```
s = "Hello,World"
for i in s:
    print(i,end="-")
```

3.3.3 切片运算符

对于一个字符串对象 s，可用切片运算符[start:end:step]返回字符串 s 中的一段，这一段就是 s 中从下标 start 到下标 end-1 的字符所组成的一个字符串。

```
s[start:end:step]
```

参数说明如下。

start：开始元素下标，不指定 start 时，默认的起始下标是 0。

end：结束元素下标，不包括下标为 end 的元素，不指定 end 时，默认的 end 值为 len(s)。

step：切片间隔以及切片方向，也称步长，默认值是 1。实际意义为从开始取一个数据，跳过步长的长度，再取一个数据，一直到结束索引。

切片运算符的常用用法如下。

s[:]：提取 s 从开头到结尾的整个字符串。

s[start:]：提取 s 中下标从 start 到结尾的字符所组成的字符串。

s[:end]：提取 s 中下标从开头到 end-1 的字符所组成的字符串。

s[start:end:step]：从下标 start 提取 s 一个元素，跳过步长 step 的长度，再取一个数据，一直到 end-1。

字符串切片示例如下。

```
>>> s="PythonJavaC"
>>> print(s[0:6])
Python
>>> print(s[0:])
```

```
PythonJavaC
>>> print(s[0:len(s)])
PythonJavaC
>>> print(s[:])
PythonJavaC
>>> s[0:len(s):2]
'PtoJvC'
```

也可以在截取字符串的过程中使用负下标，s[1:-1]和 s[1:-1+len(s)]是一样的。

```
>>> s[::-1]        #字符串逆序
'CavaJnohtyP'
>>> s[-1::-1]
'CavaJnohtyP'      #字符串逆序
```

从上述两条语句可以看出，步长为负数时，表示从右向左取字符串，start 下标也要从负数计算，或者 start 必须大于 end 下标，因为步长为负数时是从右开始截取的。

```
>>> s[len(s)::-1]
'CavaJnohtyP'
```

注意：切片运算符也适用列表、元组类型的对象。

3.3.4　连接运算符和复制运算符

可以使用连接运算符+将两个字符串连接起来得到一个新的字符串，使用复制运算符*将字符串复制多次，得到一个新的字符串。示例如下。

```
>>> s1="Welcome"
>>> s2="Beijing"
>>> s3 = s1+" to "+s2
>>> print(s3)
Welcome to Beijing
>>> s2*3            #将 s2 所表示的字符串复制 3 次
'BeijingBeijingBeijing'
```

注意：s2*3 和 3*s2 具有相同的效果。

3.3.5　in 和 not in 运算符

对字符串对象 s1 和 s2 来说，s1 in s2 表示如果字符串 s1 是 s2 的子字符串返回 True，否则返回 False；s1 not in s2 表示如果字符串 s1 不是 s2 的子字符串返回 True，否则返回 False。示例如下。

```
>>> s1="Shanghai"
>>> "hai" in s1
True
```

```
>>> "hai" not in s1
False
```

3.3.6　格式化字符串运算符

格式化字符串运算符%用一个字符串模板对变量输出进行格式化，字符串模板中有格式符，这些格式符为变量（或为不同类型的具体对象）输出预留位置，说明输出的变量值（或为不同类型的具体对象）在字符串模板呈现的格式。Python 用一个元组将多个变量传递给模板的多个格式符。示例如下。

```
>>> str1='Facts'
>>> str2='words'
>>> print("%s speak plainer than %s." % (str1, str2))
Facts speak plainer than words.
```

在上面示例中，"%s speak plainer than %s."为格式化输出时的字符串模板，%s 为格式符，表示以字符串的格式输出。(str1, str2)的两个元素 str1 和 str2 分别为替换模板中的第一个%s 和第二个%s 格式符的真实值。模板和元组之间的%为格式化字符串运算符。

整个"%s speak plainer than %s." %(str1, str2)实际上构成一个字符串，可以像一个正常的字符串，将它赋值给某个变量。例如：

```
>>> a = "%s speak plainer than %s." % ('Facts', 'words')
```

还可以对格式符进行命名，用字典对象来传递真实值：

```
>>> print("I'm %(name)s. I'm %(age)d year old." % {'name':'Mary', 'age':18})
I'm Mary. I'm 18 year old.
>>> print("%(What)s is %(year)d." % {"What":"This year","year":2022})
This year is 2022.
```

可以看到，对两个格式符进行了命名，命名使用( )括起来，每个命名对应字典的一个键。当格式字符串中含有多个格式字符时，使用字典来传递真实值，可避免为格式符传错值。

Python 支持的格式字符如表 3-2 所示。

表 3-2　格式字符

格式字符	描述
%s	字符串（采用 str( )显示）
%r	字符串（采用 repr( )显示）
%c	单个字符
%b	二进制整数
%d	十进制整数
%o	八进制整数
%x	十六进制整数
%e	指数（基底写为 e）
%f	浮点数
%%	字符"%"

可以用如下的方式，对输出格式进行进一步的控制：

```
'%[(name)][flags][width].[precision]type'%x
```

其中，name 可为空，对格式符进行命名；flags 可以有+、-、''或 0，+表示右对齐，-表示左对齐，''为一个空格，表示在正数的左侧填充一个空格，从而与负数对齐，0 表示使用 0 填充空位；width 表示显示的宽度；precision 表示小数点后精度；type 表示数据输出的格式类型；x 表示待输出的表达式。

```
>>> print("%+10x" % 10)
       +a
>>> print("%04d" % 5)
0005
>>> print("%6.3f%%" % 2.3)
2.300%
```

3.4　字符串对象的常用方法

一旦创建字符串对象 str，可以使用字符串对象 str 的方法来操作字符串。

3.4.1　去除字符串空白符及指定字符

str.strip([chars])：不带参数的 str.strip( )方法，表示去除字符串 str 开头和结尾的空白符，包括\n、\t、\r、空格等。带参数的 str.strip(chars)表示去除字符串 str 开头和结尾指定的 chars 字符序列，只要有就删除。

```
>>> b = '\t\ns\tpython\n'
>>> b.strip()
's\tpython'
>>> c = '16\t\ns\tpython\n16'
>>> c.strip('16')
'\t\ns\tpython\n'
```

str.lstrip( )：去除字符串 str 开头的空白符。

```
>>> d = '  python  '
>>> d.lstrip()
'python  '
```

str.rstrip( )：去除字符串 str 结尾的空白符。

```
>>> d.rstrip()
'  python'
```

注意：str.lstrip([chars])和 str.rstrip([chars])方法的工作原理与 str.strip([chars])一样，只不过它们只针对字符序列的开头或结尾。

```
>>> 'aaaaaaddffaaa'.lstrip('a')
'ddffaaa'
>>> 'aaaaaaddffaaa'.rstrip('a')
'aaaaaaddff'
```

3.4.2　字符串中的字符处理

str.lower( )：将字符串 str 中的大写字母转换为小写字母。

```
>>> 'ABba'.lower()
'abba'
```

str.upper( )：将字符串 str 中的小写字母转换为大写字母。

```
>>> 'ABba'.upper()
'ABBA'
```

str.swapcase( )：将字符串 str 中的大小写互换。

```
>>> 'ABba'.swapcase()
'abBA'
```

str.capitalize( )：返回一个只有首字母大写的字符串。

```
>>> 'ABba'.capitalize()
'Abba'
>>> 'a bB CF Abc'.capitalize()
'A bb cf abc'
```

3.4.3　字符串搜索与替换

1. 字符串搜索

str.find(substr [,start [,end]])：返回字符串 str 中指定范围（默认是整个字符串）第一次出现的 substr 的第一个字母的下标，也就是说从左边算起的第一次出现的 substr 的首字母下标。如果字符串 str 中没有 substr，则返回-1。

```
>>> 'He that can have patience, can have what he will. '.find('can')
8
>>> 'He that can have patience, can have what he will. '.find('can',9)
27
```

str.index(substr [,start, [end]])：在字符串 str 中查找子串 substr 第一次出现的位置，与 find( ) 不同的是，未找到则抛出异常。

```
>>> 'He that can have patience, can have what he will. '.index('good')
ValueError: substring not found
```

2. 字符串替换

str.replace(oldstr, newstr [, count])：把字符串 str 中的 oldstr 字符串替换为 newstr 字符串，

如果指定了 count 参数，则表示替换最多不超过 count 次。如果未指定 count 参数，则表示全部替换。

```
>>> 'aababadssdf56sdabcddaa'.replace('ab','**')
'a****adssdf56sd**cddaa'
>>> str = "This is a string example.This is a really string."
>>> str.replace(" is", " was")
'This was a string example.This was a really string.'
```

str.count(substr[, start, [end]])：在字符串 str 中统计字符串 substr 出现的次数，如果不指定开始位置 start 和结束位置 end，则表示从头统计到尾。

```
>>> 'aadgdxdfadfaadfgaa'.count('aa')
3
```

3.4.4 连接与分割字符串

1. 连接字符串

str.join(sequence)：返回通过指定字符 str 连接序列 sequence 中元素后生成的新字符串。

```
>>> str = "-"
>>> seq = ('a', 'b', 'c','d')
>>> str.join( seq )
'a-b-c-d'
>>> seq4 = {'hello':1,'good':2,'boy':3,'world':4}    #创建了一个字典类型的变量 seq4
>>> '*'.join(seq4)                                   #对字典中的元素的键进行连接操作
'hello*good*boy*world'
>>> ''.join(('/hello/','good/boy/','world'))         #合并目录
'/hello/good/boy/world'
```

2. 分割字符串

str.split(s,num)[n]：按 s 中指定的分隔符（默认为所有的空字符，包括空格、换行符"\n"、制表符"\t"等），返回将字符串 str 分裂成 num+1 个子字符串所组成的列表。所谓列表，是写在方括号[ ]之间、用逗号分隔开的元素序列。若带有[n]，表示选取分割后的第 n 个分片，n 表示返回的列表中元素的下标，列表中元素的下标是从 0 开始的。如果字符串 str 中没有给定的分隔符，则把整个字符串作为列表的一个元素返回。默认情况下，使用空格作为分隔符，分隔后，空串会自动忽略。

```
>>> str='hello   world'
>>> str.split()
['hello', 'world']
>>> s='hello \n\t\r  \t\r\n world  \n\t\r'
>>> s.split()
[' hello ', ' world ']
```

若显式指定空格为分隔符，则不会自动忽略空串。示例如下。

```
>>> str='hello   world'                #包含 3 个空格
>>> str.split(' ')
['hello', '', '', 'world']
>>> str = 'www.baidu.com'
>>> str.split('.')[2]                  #选取分割后的第 2 片作为结果返回
'com'
>>> str.split('.')                     #无参数全部切割
['www', 'baidu', 'com']
>>> str.split('.',1)                   #分隔一次
['www', 'baidu.com']
>>> s1, s2, s3=str.split('.', 2)       #s1, s2, s3 分别被赋值，得到被切割的 3 个部分
>>> s1
'www'
>>> s = 'call\nme\nbaby'               #按换行符 "\n" 进行分割
>>> s.split('\n')
['call', 'me', 'baby']
>>> s="hello world!<[www.google.com]>byebye"
>>> s.split('[')[1].split(']')[0]      #分割 2 次分割出网址
'www.google.com'
```

str.partition(s)：该方法用来根据指定的分隔符 s 将字符串 str 进行分割，返回一个包含 3 个元素的元组。元组是写在小括号( )之间、用逗号分隔开的元素序列。如果未能在原字符串中找到 s，则元组的 3 个元素为：原字符串，空串，空串；否则，从原字符串中遇到的第一个 s 字符开始拆分，元组的 3 个元素为：s 之前的字符串，s 字符，s 之后的字符串。示例如下。

```
>>> str = "http://www.xinhuanet.com/"
>>> str.partition("://")
('http', '://', 'www.xinhuanet.com/')
```

string.capwords(str[, sep])：以 sep 作为分隔符（不带参数 sep 时，默认以空格为分隔符），分割字符串 str，然后将每个字段的首字母换成大写，将每个字段除首字母外的字母均置为小写，最后以 sep 将这些字段连接到一起组成一个新字符串。capwords(str)是 string 模块中的函数，使用之前需要先导入 string 模块，即 import string。示例如下。

```
>>> import string
>>> string.capwords("ShaRP tools make good work.")
'Sharp Tools Make Good Work.'
>>> string.capwords("ShaRP tools make good work.",'oo')   #以 oo 为分隔符
'Sharp tooLs make gooD work.'
```

3.4.5 字符串映射应用实例

str.maketrans(instr, outstr)：用于创建字符映射的转换表（映射表），第一个参数 instr 表示需要转换的字符串，第二个参数 outstr 表示要转换的目标字符串。两个字符串的长度必须相同，为一一对应的关系。

str.translate(table)：使用 str.maketrans(instr, outstr)生成的映射表 table，对字符串 str 进行映射。示例如下。

```
>>> table=str.maketrans('abcdef','123456')  #创建映射表
>>> table
{97: 49, 98: 50, 99: 51, 100: 52, 101: 53, 102: 54}
>>> s1='Python is a greate programming language.I like it.'
>>> s1.translate(table)                    #使用映射表table对字符串s1进行映射
'Python is 1 gr51t5 progr1mming l1ngu1g5.I lik5 it.'
```

3.4.6 字符串判断相关

str1.startswith(substr[, start, [end]])：用于检查字符串 str1 是否以字符串 substr 开头，如果是则返回 True，否则返回 False。如果参数 start 和 end 指定值，则在指定范围内检查。示例如下。

```
>>> s='Work makes the workman.'
>>> s.startswith('Work')                   #检查整个字符串是否以 Work 开头
True
>>> s.startswith('Work',1,8)               #指定检查范围的起始位置和结束位置
False
```

str1.endswith(substr[, start[, end]])：用于检查字符串 str1 是否以字符串 substr 结尾，如果是则返回 True，否则返回 False。如果参数 start 和 end 指定值，则在指定范围内检查。示例如下。

```
>>> s='Constant dropping wears the stone.'
>>> s.endswith('stone.')
True
>>> s.endswith('stone.',4,16)
False
```

【例 3-4】列出指定目录下扩展名为.txt 或.docx 的文件。（3-4.py）

3-4.py 程序文件中的代码如下。

```
import os
#返回指定路径下的文件和文件夹的名字所组成的列表
items = os.listdir("C:\\Users\\caojie\\Desktop")
newlist = []
for names in items:
```

```
    if names.endswith((".txt",".docx")):
        newlist.append(names)
print(newlist)
```

执行上述代码得到的输出结果如下。

```
['hello.txt', '开会总结.docx', '新建 Microsoft Word 文档.docx', '新建文本文档.txt']
```

str1.isalnum( )：str1 字符串中所有字符都是数字或者字母，返回 True，否则返回 False。

str1.isalpha( )：str1 字符串中所有字符都是字母，返回 True，否则返回 False。

str1.islower( )：str1 字符串中所有字符都是小写，返回 True，否则返回 False。

str1.isupper( )：str1 字符串中所有字符都是大写，返回 True，否则返回 False。

str1.istitle( )：str1 字符串中所有单词都是首字母大写，返回 True，否则返回 False。

str.isspace( )：str 字符串中所有字符都是空白字符，返回 True，否则返回 False。

```
>>> "Good Day Day".istitle()
True
```

【例 3-5】编程实现给定一个单词，需要判断单词的大写使用是否正确。定义以下情况时，单词的大写用法是正确的：全部字母都是大写，比如"USA"；单词中所有字母都不是大写，比如"good"；如果单词不只含有一个字母，只有首字母大写，比如"Google"。（3-5.py）
3-5.py 文件中的代码如下。

```
word = input('请输入一个单词：')
if word.islower() or word.isupper() or word.istitle():
    print("True")
else:
    print('False')
```

3.4.7　字符串对齐及填充

str.center(width[, fillchar])：返回一个宽度为 width、str 居中的新字符串。如果 width 小于字符串 str 的宽度，则直接返回字符串 str，否则使用填充字符 fillchar 去填充，默认填充空格。

str.ljust(width[,fillchar])：返回一个指定宽度 width 的左对齐的新字符串。如果 width 小于字符串 str 的宽度，则直接返回字符串 str，否则使用填充字符 fillchar 去填充，默认填充空格。

str.rjust(width[,fillchar])：返回一个指定宽度 width 的右对齐的新字符串。如果 width 小于字符串 str 的宽度，则直接返回字符串 str，否则使用填充字符 fillchar 去填充，默认填充空格。示例如下。

```
>>> 'Hello world!'.center(20)
'    Hello world!    '
>>> 'Hello world!'.center(20,'-')
'----Hello world!----'
>>> 'Hello world!'.ljust(20,'-')
'Hello world!--------'
```

```
>>> 'Hello world!'.rjust(20,'-')
'--------Hello world!'
```

3.4.8　字符串格式化

str.format( )格式化输出使用花括号{}来包围 str 中被替换的字段,也就是待替换的字符串。而未被花括号包围的字符会原封不动地出现在输出结果中。

1. 使用位置索引

以下两种写法是等价的。

```
>>> "Hello, {} and {}!".format("John", "Mary")     #不设置指定位置,按默认顺序
'Hello, John and Mary!'
>>> "Hello, {0} and {1}!".format("John", "Mary")    #设置指定位置
'Hello, John and Mary!'
```

花括号内部可以写上待输出的目标字符串的索引,也可以省略。如果省略,则按 format 后面的括号里的待输出的目标字符串顺序依次替换。示例如下。

```
>>> '{1}{0}{1}'.format('言','文')
'文言文'
>>> print('{0}+{1}={2}'.format(1,2,1+2))
1+2=3
```

2. 使用关键字索引

除了通过位置来指定待输出的目标字符串的索引,还可以通过关键字来指定待输出的目标字符串的索引。示例如下。

```
>>> "Hello, {boy} and {girl}!".format(boy="John", girl="Mary")
'Hello, John and Mary!'
>>> print("{a}{b}".format(b="3", a="Python"))      #输出 Python3
Python3
```

使用关键字索引时,无须关心参数的位置。在以后的代码维护中,能够快速地修改对应的参数,而不用对照字符串挨个去寻找相应的参数。如果字符串本身含有花括号,则需要将其重复两次来转义。例如,字符串本身含有"{",为了让 Python 知道这是一个普通字符,而不是用于包围替换字段的花括号,只需将它改写成"{{"示例如下。

```
>>> "{{Hello}}, {boy} and {girl}!".format(boy="John", girl="Mary")
'{Hello}, John and Mary!'
```

3. 使用属性索引

在使用 str.format( )来格式化字符串时,通常将目标字符串作为参数传递给 format 方法,此外还可以在格式化字符串中访问参数的某个属性,即使用属性索引。示例如下。

```
>>> c = 3-5j
>>> '复数{0}的实部为{0.real},虚部为{0.imag}。'.format(c)
'复数(3-5j)的实部为 3.0,虚部为-5.0。'
```

4. 使用下标索引

示例如下。

```
>>> coord = (3, 5, 7)
>>> 'X: {0[0]};  Y: {0[1]};  Z: {0[2]}'.format(coord)
'X: 3;  Y: 5;  Z: 7'
```

5. 填充与对齐

str.format( )格式化字符串的一般形式如下。

```
"... {field_name:format_spec} ..."
```

格式化字符串主要由 field_name、format_spec 两部分组成，分别对应替换字段名称（索引）、格式描述。

格式描述中主要有 6 个选项，分别是 fill、align、sign、width、precision、type。它们的位置关系如下。

```
[[fill]align][sign][0][width][,][.precision][type]
```

"fill" 代表填充字符，可以是任意字符，默认为空格。

"align" 对齐方式参数，仅当指定最小宽度时有效，align 为 "<" 左对齐（默认选项）；">" 右对齐；"=" 仅对数字有效，将填充字符放到符号与数字间，比如+0001234；"^" 居中对齐。

"sign" 数字符号参数，仅对数字有效，sign 为 "+" 时，所有数字均带有符号；sign 为 "–" 时，仅负数带有符号（默认选项）。

"," 参数自动在每 3 个数字之间添加 "," 分隔符。

"width" 参数针对十进制数字，定义最小宽度。如果未指定，则由内容的宽度来决定。如果没有指定对齐方式，那么可以在 width 前面添加一个 0 来实现自动填充，等价于 fill 设为 0 并且 align 设为=。

"precision" 参数用于指定浮点数的精度，或字符串的最大长度，不可用于整型数值。

"type" 指定参数类型，默认为字符串类型。

示例如下。

```
>>> "{1:>8b}".format("181716",16)          #将 16 以二进制的形式输出
'   10000'
>>> "{:-^8}".format("181716")
'-181716-'
>>> "{:-<25}>".format("Here ")
'Here --------------------->'
```

3.5 字符串常量

Python 标准库 string 中定义了数字、标点符号、英文字母、大写英文字母、小写英文字母等字符串常量。

```
>>> import string
>>> string.ascii_letters          #所有英文字母
'abcdefghijklmnopqrstuvwxyzABCDEFGHIJKLMNOPQRSTUVWXYZ'
>>> string.ascii_lowercase        #所有小写英文字母
'abcdefghijklmnopqrstuvwxyz'
>>> string.ascii_uppercase        #所有大写英文字母
'ABCDEFGHIJKLMNOPQRSTUVWXYZ'
>>> string.digits                 #数字 0~9
'0123456789'
>>> string.hexdigits              #十六进制数字
'0123456789abcdefABCDEF'
>>> string.octdigits              #八进制数字
'01234567'
>>> string.punctuation            #标点符号
'!"#$%&\'()*+,-./:;<=>?@[\\]^_`{|}~'
>>> string.printable              #可打印字符
'0123456789abcdefghijklmnopqrstuvwxyzABCDEFGHIJKLMNOPQRSTUVWXYZ!"#$%&\'()*
+,-./:;<=>?@[\\]^_`{|}~ \t\n\r\x0b\x0c'
>>> string.whitespace             #空白字符
' \t\n\r\x0b\x0c'
```

通过 Python 中的一些随机方法，可生成任意长度和复杂度的密码，代码如下。

```
>>> import random
>>> import string
>>> chars=string.ascii_letters+string.digits
>>> chars
'abcdefghijklmnopqrstuvwxyzABCDEFGHIJKLMNOPQRSTUVWXYZ0123456789'
>>> ''.join([random.choice(chars) for i in range(8)])#随机选择8次生成8位随机密码
'yFWppkvB'
```

3.6　列表基础

列表是写在方括号[ ]之间、用逗号分隔开的元素序列。列表是可变的，创建后允许修改、插入或删除其中的元素。列表中元素的数据类型可以不相同，列表中可以同时存在数字、字符串、元组、字典、集合等数据类型的对象，甚至可以包含列表（即嵌套）。

3.6.1　创建列表

创建列表有以下两种方式。

1）通过赋值创建列表。只要为变量分配一个写在方括号[ ]之间、用逗号分隔开的元素序列即可创建一个列表。示例如下。

```
>>> listb = [ 'good', 123 , 2.2, 'best', 70.2 ]
>>> lista= []                        #创建空列表
```

2）列表构造函数 list( )将元组、字符串、集合等类型的数据转换为列表。示例如下。

```
>>> list1 = list()                   #创建空列表
>>> list2 = list ('chemistry')       #将字符串转换为列表
>>> list2
['c', 'h', 'e', 'm', 'i', 's', 't', 'r', 'y']
>>> list3 = list ((1,2,3,4))         #将元组(1,2,3,4)转换为列表
>>> list3
[1, 2, 3, 4]
```

【例 3-6】如果邀请了一些嘉宾到现场参加活动，请创建一个嘉宾的列表，至少包括 3 个嘉宾的名字，使用这个列表打印消息，向他们的到来表示诚挚感谢。（3-6.py）

3-6.py 程序文件中的代码如下。

```
guests = ["杨枫", "孙雪", "李明"]
for guest in guests:
    print("诚挚感谢"+guest + "的到来，祝您活动期间心情愉快！")
```

执行 3-6.py 程序文件所得的结果如下。

```
诚挚感谢杨枫的到来，祝您活动期间心情愉快！
诚挚感谢孙雪的到来，祝您活动期间心情愉快！
诚挚感谢李明的到来，祝您活动期间心情愉快！
```

3.6.2 修改列表

与字符串相似，可通过下标运算符[ ]获取列表中的元素。对一个列表 list1 来说，list1[index]可看作一个变量，从这个角度理解，列表就是一系列的变量。

1. 替换列表中的元素

```
>>> x = [1,1,3,4, 7, 8]
>>> x[1] = 2               #将列表中索引位置 1 处的 1 改为 2，x[1]可看作一个变量
>>> x
[1, 2, 3, 4, 7, 8]
```

可以切片替换列表的元素，即小列表中的元素替换大列表中的连续几个元素。

```
>>> x[4:5]=[5,6]           #多个元素替换一个元素
>>> x
[1, 2, 3, 4, 5, 6, 8]
>>> x[2:6]=[9]             #一个元素替换多个元素
>>> x
[1, 2, 9, 8]
```

2. 向列表中添加元素

```
>>> y = [1, 2, 3, 4]
>>> y=y+[8]                    #为列表 y 添加一个元素 8，得到一个新列表
>>> y
[1, 2, 3, 4, 8]
>>> y[4:4]=[5,6,7]            #在列表中插入序列
>>> y
[1, 2, 3, 4, 5, 6, 7, 8]
```

3. 删除列表中的元素

```
>>> names = ['one', 'two', 'three', 'four', 'five', 'six']
>>> del names[1]              #删除 names 的第 2 个元素
>>> names
['one', 'three', 'four', 'five', 'six']
>>> names[1:4]=[]            #删除 names 的第 2 至第 4 个元素
>>> names
['one', 'six']
```

当不再使用列表时，可使用 del 命令删除整个列表。代码如下。

```
>>> del names
>>> names
NameError: name 'names' is not defined
```

可见，删除列表 names 后，列表 names 就不存在了，再次访问时抛出异常 NameError，提示访问的 names 不存在。

3.6.3　切片列表

与字符串相似，可通过切片运算符[start:end]截取列表的一个片段，得到一个子列表。使用 list1[start:end]列表切片（也称截取、分片）操作返回列表 list1 中从下标 start 到下标 end-1 的元素所构成的一个列表。

起始下标 start 和结尾下标 end 是可以省略的，在这种情况下，起始下标为 0，结尾下标是 len(list)。如果 start>=end，list[start:end]将返回一个空表。示例如下。

```
>>> list1 = [ 'good', 123 , 2.2, 'best', 70.2 ]
>>> print (list1[1:3]) # 输出第 2 个至第 3 个元素
[123, 2.2]
>>> list1[-3:-1]
[2.2, 'best']
```

列表切片时也可指定步长 step，如 list1[start:end:step]，从下标 start 处提取 list1 一个元素，跳过步长 step 的长度，再取一个数据，一直到 end-1。示例如下。

```
>>> list1[0:4:2]
['good', 2.2]
```

【例 3-7】将一句英文句子单词顺序倒序输出，但是不改变单词结构。例如：'How should I know'，输出为'know I should How'。代码如下。

```
>>> line="How should I know"
>>> ' '.join(line.split(' ')[::-1])
'know I should How'
```

3.7 序列数据类型的常用操作

在 Python 中，字符串、列表和元组都是序列类型。所谓序列，即序列中的每个元素都被分配一个数字——它的位置，称为索引或下标，第 1 个元素的下标是 0，第 2 个元素的下标是 1，依此类推。序列都可以进行的操作包括下标运算、切片运算、加、乘以及检查某个元素是否属于序列的成员。此外，Python 已经内置确定序列的长度以及确定最大和最小的元素的方法。序列的常用操作如表 3-3 所示。

表 3-3 序列的常用操作

操作	描述
x in s	如果元素 x 在序列 s 中，则返回 True
x not in s	如果元素 x 不在序列 s 中，则返回 True
s1 + s2	连接两个序列 s1 和 s2，得到一个新序列
s*n, n*s	序列 s 复制 n 次得到一个新序列
s[i]	得到序列 s 的下标为 i 的元素
s[i:j]	对序列切片，得到序列 s 从下标 i 到 j-1 的片段
len(s)	返回序列 s 包含的元素个数
max(s)	返回序列 s 的最大元素
min(s)	返回序列 s 的最小元素
sum(x)	返回序列 s 中所有元素之和
<、<=、>、>=、==、!=	比较两个序列

示例如下。

```
>>> list1=['C', 'Java', 'Python']
>>> 'C' in list1
True
>>> 'chemistry' not in list1
True
```

3.8　列表对象的常用方法

一旦创建列表对象 list1，就可以使用列表对象 list1 的方法来操作列表 list1。列表对象的常用方法如表 3-4 所示。

表 3-4　列表对象的常用方法

方法	描述
list1.append(x)	在列表 list1 末尾添加新的元素 x
list1.count(x)	返回 x 在列表 list1 中出现的次数
list1.extend(seq)	在列表 list1 末尾一次性追加 seq 序列中的所有元素
list1.index(x)	返回列表 list1 中第一个值为 x 的元素的下标，若不存在，抛出异常
list1.insert(index, x)	在列表 list1 中 index 位置处添加元素 x
list1.pop([index])	删除并返回列表 list1 中指定位置的元素，默认为最后一个元素
list1.remove(x)	移除列表 list1 中 x 的第一个匹配项
list1.reverse( )	反向列表 list1 中的元素
list1.sort(key=None, reverse=None)	对列表 list1 进行排序，key 用来指定一个函数名，此函数只有一个参数且只有一个返回值，此函数将在每个元素排序前被调用，reverse 用来指定是否逆序
list1.clear( )	删除列表 list1 中的所有元素，但保留列表对象
list1.copy( )	用于复制列表，返回复制后的新列表

示例如下。

```
>>> list1=[2,3,7,1,56,4]
>>> list1.append(7)              #在列表 list1 末尾添加新的元素 7
>>> list1
[2, 3, 7, 1, 56, 4, 7]
>>> list1.count(7)               #返回 7 在列表 list1 中出现的次数
2
>>> list2=[66,88,99]
>>> list1.extend(list2)          #在列表 list1 末尾一次性追加 list2 列表中的所有元素
>>> list1
[2, 3, 7, 1, 56, 4, 7, 66, 88, 99]
>>> list1.index(7)               #返回列表 list1 中第一个值为 7 的元素的下标
2
>>> list1.insert(2,6)            #在列表 list1 中下标为 2 的位置处添加元素 6
>>> list1
[2, 3, 6, 7, 1, 56, 4, 7, 66, 88, 99]
>>> list1.pop(2)                 #删除并返回列表 list1 中下标为 2 处的元素
```

```
6
>>> list1
[2, 3, 7, 1, 56, 4, 7, 66, 88, 99]
>>> list1.pop()
99
>>> list1
[2, 3, 7, 1, 56, 4, 7, 66, 88]
>>> list1.remove(7)                    #移除列表 list1 中 7 的第一个匹配项
>>> list1
[2, 3, 1, 56, 4, 7, 66, 88]
>>> list1.reverse()
>>> list1
[88, 66, 7, 4, 56, 1, 3, 2]
>>> list1.sort()
>>> list1
[1, 2, 3, 4, 7, 56, 66, 88]
>>> list2=['a','Andrew', 'is','from', 'string', 'test', 'This']
>>> list2.sort(key=str.lower)   #key 指定按小写排序列表中的元素
>>> print(list2)
['a', 'Andrew', 'from', 'is', 'string', 'test', 'This']
```

【例 3-8】将一个列表中的数进行奇、偶分类，并分别输出所有的奇数和偶数。（3-8.py）
3-8.py 程序文件中的代码如下。

```
numbers=[1,2,4,6,7,8,9,10,13,14,17,21,26,29]
even_number=[]
odd_number=[]
while len(numbers) > 0:
    number=numbers.pop()
    if(number%2 == 0):
        even_number.append(number)
    else:
        odd_number.append(number)
print('列表中的偶数有', even_number)
print('列表中的奇数有', odd_number)
```

执行 3-8.py 程序文件所得的结果如下。

```
列表中的偶数有 [26, 14, 10, 8, 6, 4, 2]
列表中的奇数有 [29, 21, 17, 13, 9, 7, 1]
```

【例 3-9】编写代码从控制台读取 3 个数据存入一个列表。（3-9.py）
3-9.py 程序文件中的代码如下。

```
lst=[]    #创建一个空列表
print("输入3个数值:")
for i in range(0,3):
    print("输入第%d个数值:"%(i+1),end="")
    lst.append(eval(input()))
print("创建的列表是:\n",lst)
```

3-9.py 在 IDLE 中运行的结果如图 3-3 所示。

```
输入3个数值:
输入第1个数值:1
输入第2个数值:2
输入第3个数值:3
创建的列表是:
 [1, 2, 3]
```

图 3-3　3-9.py 在 IDLE 中运行的结果

range( )函数用来生成整数序列，其语法格式如下。

```
range(start, end[, step])
```

参数说明如下。

start：计数从 start 开始，默认从 0 开始。例如，range(5)等价于 range(0, 5)。

end：计数到 end 结束，但不包括 end。range(a, b)函数返回连续整数 a、a+1、…、b-2 和 b-1 所组成的序列。

step：步长，默认为 1。例如，range(0, 5)等价于 range(0, 5, 1)。

Range( )函数用法举例如下。

1）range( )函数内只有一个参数时，表示会产生从 0 开始计数的整数序列。

```
>>> list(range(4))
[0, 1, 2, 3]
```

2）range( )函数内有两个参数时，则将第一个参数作为起始位，第二个参数作为结束位。

```
>>> list(range(0,10))
[0, 1, 2, 3, 4, 5, 6, 7, 8, 9]
```

3）range( )函数内有三个参数时，第三个参数是步长值（步长值默认为 1）。

```
>>> list(range(0,10,2))
[0, 2, 4, 6, 8]
```

4）如果函数 range(a,b,k)中的 k 为负数，则可以反向计数。在这种情况下，序列为 a、a + k、a + 2k 等，但 k 为负数，最后一个数必须大于 b。

```
>>> list(range(10,2,-2))
[10, 8, 6, 4]
>>> list( range(4,-4,-1))
[4, 3, 2, 1, 0, -1, -2, -3]
```

注意：

1）如果直接 print(range(5))，将会得到 range(0, 5)，而不会是一个列表。这是为了节省空间，防止过大的列表产生。虽然在大多数情况下，感觉 range(0, 5)就是一个列表。

2）range(5)的返回值类型是 range 类型。如果想得到一个列表，使用 list(range(5))得到的就是一个列表[0, 1, 2, 3, 4]。如果想得到一个元组，使用 tuple(range(5))得到的就是一个元组(0, 1, 2, 3, 4)。

3.9 列表推导式

列表推导式也叫列表生成式。列表生成式是利用其他列表创建新列表的一种方法，格式为：

[新列表的元素表达式 for 表达式中的变量 in 变量要遍历的序列]

[新列表的元素表达式 for 表达式中的变量 in 变量要遍历的序列 if 过滤条件]

注意：

1）要把生成新列表元素的表达式放到前面，执行的时候，先执行后面的 for 循环。

2）可以有多个 for 循环，也可以在 for 循环后面添加 if 过滤条件。

3）变量要遍历的序列可以是任何方式的迭代器（元组、列表、生成器等）。

示例如下。

```
>>> a = [1,2,3,4,5,6,7,8,9,10]
>>> [2*x for x in a]
[2, 4, 6, 8, 10, 12, 14, 16, 18, 20]
```

如果没有给定列表，也可以用 range( )方法。

```
>>> [2*x for x in range(1,11)]
[2, 4, 6, 8, 10, 12, 14, 16, 18, 20]
```

for 循环后面还可以加上 if 判断。例如，要取列表 a 中的偶数。

```
>>> [2*x for x in a if x%2==0]
[4, 8, 12, 16, 20]
```

从一个文件名列表中获取全部.py 文件，可用列表生成式来实现。

```
>>> file_list = ['a.py', 'b.txt', 'c.py', 'd.doc', 'test.py']
>>> [f for f in file_list if f.endswith('.py')]
['a.py', 'c.py', 'test.py']
```

还可以使用 3 层循环，生成 3 个数的全排列。

```
>>> [i+ j + k for i in '123' for j in '123' for k in '123' if (i != k ) and
(i != j) and (j != k) ]
['123', '132', '213', '231', '312', '321']
```

可以使用列表生成式把一个 list 中所有的字符串变成小写。

```
>>> L = ['Hello', 'World', 'IBM', 'Apple']
>>> [s.lower() for s in L]
['hello', 'world', 'ibm', 'apple']
```

一个由男人列表和女人列表组成的嵌套列表，取出姓名中带有"涛"的姓名，组成列表。

```
>>> names = [['王涛','元芳','吴言','马汉','李光地','周文涛'],
             ['李涛蕾','刘涛','王丽','李小兰','艾丽莎','贾涛慧']]
>>> [name for lst in names for name in lst if '涛' in name]   #注意遍历顺序
['王涛', '周文涛', '李涛蕾', '刘涛', '贾涛慧']
```

3.10　用于列表的一些常用函数

1）reversed( )函数：反转一个序列对象，将其元素从后向前颠倒构建成一个迭代器。示例如下。

```
>>> a=[9, 8, 7, 6, 5, 4, 3, 2, 1, 0]
>>> b = reversed(a)
>>> a
[9, 8, 7, 6, 5, 4, 3, 2, 1, 0]
>>> b
<list_reverseiterator object at 0x0000000002E467B8>
>>> list(b)                                    #将迭代器对象列表化输出
[0, 1, 2, 3, 4, 5, 6, 7, 8, 9]
```

2）sorted(iterable[, key=函数名][, reverse])函数：按 key 指定的函数作用于 iterable 中的每个元素的返回结果排序 iterable 中的元素，得到排序后的新序列。

第一个参数 iterable 是可迭代的对象。

```
>>> sorted([46, 15, -12, 9, -21,30])           #保留原列表
[-21, -12, 9, 15, 30, 46]
```

第二个参数 key 用来指定一个函数的函数名。该函数是只有一个参数的函数，将在每个元素排序前被调用。

```
>>> sorted([46, 15, -12, 9, -21,30],key=abs)   #按绝对值大小进行排序
[9, -12, 15, -21, 30, 46]
```

第三个参数 reverse 用来指定正向还是反向排序。
要进行反向排序，可以传入第三个参数 reverse=True。

```
>>> sorted(['bob', 'about', 'Zoo', 'Credit'])
['Credit', 'Zoo', 'about', 'bob']
>>> sorted(['bob', 'about', 'Zoo', 'Credit'], key=str.lower)#按小写进行排序
```

```
['about', 'bob', 'Credit', 'Zoo']
>>> sorted(['bob', 'about', 'Zoo', 'Credit'], key=str.lower, reverse=True)
#按小写反向排序
['Zoo', 'Credit', 'bob', 'about']
```

3）zip( )打包函数：zip([it0,it1...])返回一个列表，其第一个元素是 it0、it1...这些序列元素的第一个元素组成的一个元组，其他元素依次类推。若传入参数的长度不等，则返回列表的长度和参数中长度最短的对象相同。zip( )的返回值是可迭代对象，对其进行 list 可一次性显示出所有结果。示例如下。

```
>>> a,b,c = [1,2,3],['a','b','c'],[4,5,6,7,8]
>>> list(zip(a,b))
[(1, 'a'), (2, 'b'), (3, 'c')]
>>> list(zip(c,b))
[(4, 'a'), (5, 'b'), (6, 'c')]
>>> str1 = 'abc'
>>> str2 = '123'
>>> list(zip(str1,str2))
[('a', '1'), ('b', '2'), ('c', '3')]
```

4）enumerate( )枚举函数：将一个可遍历的数据对象如列表，组合为一个索引序列，序列中每个元素是由数据对象的元素下标和元素组成的元组。示例如下。

```
>>> seasons = ['Spring', 'Summer', 'Fall', 'Winter']
>>> list(enumerate(seasons))
[(0, 'Spring'), (1, 'Summer'), (2, 'Fall'), (3, 'Winter')]
>>> list(enumerate(seasons, start=1))        #将下标从 1 开始
[(1, 'Spring'), (2, 'Summer'), (3, 'Fall'), (4, 'Winter')]
```

5）shuffle( )函数：random 模块中的 shuffle( )函数可实现随机排列列表中的元素。示例如下。

```
>>> list1=[2,3,7,1,6,12]
>>> import random                            #导入模块
>>> random.shuffle(list1)
>>> list1
[1, 2, 12, 3, 7, 6]
```

3.11 二维列表

当一个列表中的元素全部为列表的时候，称为二维列表，也就是列表的嵌套。可以用列表存储线性的元素集合，也可以用二维列表存储二维数据。

3.11.1　创建二维列表

1. 通过赋值创建二维列表

示例如下。

```
>>> my_list = [[1,2,3],[4,5,6],[7,8,9]]      #通过赋值创建二维列表
>>> print(my_list)
[[1, 2, 3], [4, 5, 6], [7, 8, 9]]
>>> print(my_list[0])                         #my_list[0]对应[1,2,3]
[1, 2, 3]
>>> print(my_list[0][0])                      #my_list[0][0]对应1
1
```

2. 使用 for 循环创建二维列表

【例 3-10】使用 for 循环创建二维列表。（3-10.py）

3-10.py 程序文件中的代码如下。

```
my_list = []                                  #创建主列表
rows = eval(input("请输入行数："))
columns = eval(input("请输入列数："))
for row in range(rows):
  my_list.append([])                          #将一个空列表加入主列表中
  for column in range(columns):
    num = eval(input("请输入数字："))
    my_list[row].append(num)
print("创建的二维列表是:\n",my_list)
```

3-10.py 在 IDLE 中运行的结果如图 3-4 所示。

```
请输入行数：3
请输入列数：3
请输入数字：1
请输入数字：2
请输入数字：3
请输入数字：4
请输入数字：5
请输入数字：6
请输入数字：7
请输入数字：8
请输入数字：9
创建的二维列表是：
 [[1, 2, 3], [4, 5, 6], [7, 8, 9]]
```

图 3-4　3-10.py 在 IDLE 中运行的结果

3. 使用列表推导式创建二维列表

示例如下。

```
>>> my_list = [[i for i in range(1,4)] for j in range(1,4)]
```

```
>>> print(my_list)
[[1, 2, 3], [1, 2, 3], [1, 2, 3]]
```

3.11.2 处理二维列表

1. 对二维列表的所有元素求和

【例 3-11】对二维列表的所有元素求和。(3-11.py)

3-11.py 程序文件中的代码如下所示。

```
my_list = [[1,2,3],[4,5,6],[7,8,9]]          #创建二维列表
total=0
for row in my_list:
  for value in row:
    total+=value
print("二维列表中的所有元素的和是:", total)
```

3-11.py 在 IDLE 中运行的结果如下所示。

```
二维列表中的所有元素的和是: 45
```

2. 随机打乱二维列表中的元素

使用函数 random.shuffle(list)可打乱一维列表中的元素。对于二维列表 my_list,可通过对每一个元素 my_list[row][column],随机生成下标 i 和 j 并且将 my_list[row][column]和 my_list[i][j]进行互换。

【例 3-12】随机打乱二维列表中的元素。(3-12.py)

3-12.py 程序文件中的代码如下所示。

```
import random
my_list = [[1,2,3],[4,5,6],[7,8,9]]          #创建二维列表
for row in range(len(my_list)):
  for column in range(len(my_list[row])):
    i= random.randint(0,len(my_list)-1)
    j= random.randint(0,len(my_list[row])-1)
    my_list[row][column], my_list[i][j]=my_list[i][j],my_list[row][column]
print("打乱后的二维列表:",my_list)
```

3-12.py 在 IDLE 中运行的结果如下所示。

```
打乱后的二维列表: [[6, 4, 7], [5, 8, 2], [9, 3, 1]]
```

3.12 文件的基本操作

文件可以看作数据的集合,一般保存在磁盘或其他存储介质上。内置函数 open( )用于打开或创建文件对象,其语法格式如下。

```
f = open(filename[, mode[, buffering]])
```

返回一个文件对象，方法中的参数说明如下。

filename：是要打开或创建的文件名称，是一个字符串。如果不在当前路径，需要指出具体路径。

mode：是打开文件的方式。打开文件的主要方式如表 3-5 所示。

表 3-5　打开文件的主要方式

方式	描述
'r'	以只读方式打开文件
'w'	打开一个文件只用于写入，如果该文件已存在，则将其覆盖；如果该文件不存在，则创建新文件
'a'	打开一个文件用于追加，如果该文件已存在，文件指针将会放在文件的结尾。也就是说，新的内容将会被写入到已有内容之后。如果该文件不存在，创建新文件进行写入

另外两种可混合使用的模式：二进制模式 b，读写模式+。例如，rb 为二进制读取模式；r+为读写文件模式；w+为读写文件模式。mode 参数是可选的，如果没有默认是只读方式，则打开文件。

buffering：表示是否使用缓存。设置 0 表示不使用缓存，设置 1 表示使用缓存，设置为大于 1 表示缓存大小，默认是缓存模式。

通过内置函数open( )打开或创建文件对象后，可通过文件对象的方法write( )或writelines( )将字符串写入到文本文件；通过文件对象的方法 read( )或 readline( )读取文本文件的内容；文件读写完成后，应该使用文件对象的 close( )方法关闭文件。

f.write(str)：把字符串 str 写到 f 所指向的文件中，write( )并不会在 str 后加上一个换行符。

f.writelines(seq)：把 seq 的内容全部写到文件 f 中（多行一次性写入），不会在每行后面加上任何东西，包括换行符。

f.read([size])：从文件 f 当前位置起读取 size 个字节，若无参数 size，则表示读取至文件结束为止。

f.readline( )：从文件 f 中读取一行，返回一个字符串对象。

f.readlines([size])：从文件 f 读取 size 行，以列表的形式返回，每行为列表的一个元素。若 size 未指定，则返回全部行。

示例如下。

```
>>> str1='生命里有着多少的无奈和惋惜,又有着怎样的愁苦和感伤?雨浸风蚀的落寞与苍楚一定是水,\n 静静地流过青春奋斗的日子和触摸理想的岁月。'
>>> str1
'生命里有着多少的无奈和惋惜,又有着怎样的愁苦和感伤?雨浸风蚀的落寞与苍楚一定是水,\n 静静地流过青春奋斗的日子和触摸理想的岁月。'
>>> f = open('C:\\Users\\caojie\\Desktop\\1.txt','w')
>>> f.write(str1)
```

```
>>> f.close()
>>> g = open('C:\\Users\\caojie\\Desktop\\1.txt','r')
>>> g.readline()
'生命里有着多少的无奈和惋惜,又有着怎样的愁苦和感伤?雨浸风蚀的落寞与苍楚一定是水,\n'
>>> g.close()
```

3.13 用 turtle 绘制文本

【例 3-13】用文本内容画圆并在圆中画五角星。(3-13.py)

3-13.py 程序文件中的代码如下。

```
import turtle
pen=turtle.Turtle()                  #创建画笔
pen.pensize(1)                       #设置画笔 pen 的宽度
pen.pencolor("yellow")               #设置画笔 pen 的颜色为"yellow"
pen.penup()                          #抬起笔
pen.goto(-60,20)                     #将画笔移动到坐标为(-60,100)的位置
pen.pendown()                        #放下笔
pen.begin_fill()                     #开始填充颜色
pen.fillcolor("red")                 #设置填充颜色
i = 0
while i < 5:
    pen.forward(80)
    pen.right(180-36)
    i += 1
pen.end_fill()                       #完成颜色填充
text="为中华崛起而读书! 为中华崛起而读书! 为中华崛起而读书! 为中华崛起而读书! "
pen.pencolor("red")                  #设置画笔的颜色
pen.pu()                             #抬起笔 turtle.penup()
pen.goto(-20,160)                    #将画笔移动到坐标为(-20,240)的位置
x=len(text)                          #x 为文本长度
for i in text:
    pen.speed(1)                     #设置画笔速度
    pen.write(i,font=('华文中宋',20))
    pen.right(360/x)                 #pen 顺时针方向旋转 360/x 度
    pen.penup()                      #抬起笔
    pen.forward(30)                  #向当前画笔方向移动 30 个像素长度, 即相邻两个字的间隔
pen.hideturtle()                     #隐藏画笔
```

3-13.py 在 IDLE 中执行的结果如图 3-5 所示。

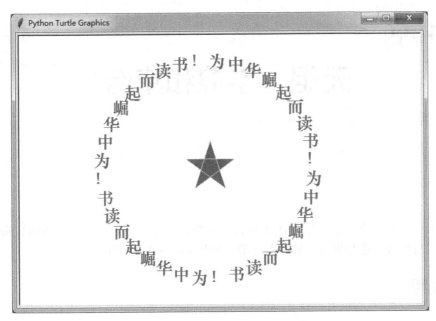

图 3-5　3-13.py 在 IDLE 中执行的结果

3.14　习题

1. 已知一个列表 lst = [1,2,3,4,5]，给出实现下述要求的代码或结果。

（1）求列表的长度。

（2）判断 6 是否在列表中。

（3）lst + [6, 7, 8] 的结果是什么？

（4）lst*2 的结果是什么？

（5）列表里元素的最大值是多少？

（6）列表里元素的最小值是多少？

（7）列表里所有元素的和是多少？

（8）在索引 1 的位置新增一个元素 10。

（9）在列表的末尾新增一个元素 20。

2. 针对 lst = [2, 5, 6, 7, 8, 9, 2, 9, 9]，请写程序完成下列操作。

（1）在列表的末尾增加元素 15。

（2）在列表的中间位置插入元素 20。

（3）将列表 [2, 5, 6] 合并到 lst 中。

（4）移除列表中索引为 3 的元素。

（5）翻转列表里的所有元素。

（6）对列表里的元素进行排序，从小到大一次，从大到小一次。

3. 输入一个字符串，打印所有奇数位上的字符（下标是 1，3，5，7 等位上的字符）。例如：输入 'abcd1234'，输出 bd24。

4. 输入用户名，判断用户名是否合法。用户名必须包含且只能包含数字和字母，并且第一个字符必须是大写字母。

第 4 章

元组、字典和集合

本章主要介绍元组、字典和集合 3 种数据类型，具体包括元组创建、访问与修改，字典创建、访问与修改，集合创建、修改与运算，使用 OpenCV 处理图像。

4.1　元组

元组数据类型 tuple 是 Python 中一个非常有用的内置数据类型。元组是写在小括号( )之间、用逗号分隔开的元素序列，元组中的元素类型可以不相同。元组和列表的区别为：元组的元素是固定的，创建之后就无法向元组添加元素，也无法删除、替换或重新排序元组中的元素；而列表是可变的，创建后允许修改、插入或删除其中的元素。

4.1.1　创建元组

1）通过赋值创建元组。只要为变量分配一个写在小括号( )之间、用逗号分隔开的元素序列即可创建一个元组。

```
>>> tup = ()                        #创建空元组
>>> tup = (1,)                      #创建只有一个元素的元组，在元素后面要加上逗号
>>> tup = (1,2,["a","b","c"],"a")   #创建含有多个元素的元组
```

2）通过元组构造函数 tuple( )将列表、集合、字符串转换为元组。

```
>>> tup1=tuple([1,2,3])             #将列表[1,2,3]转换为元组
>>> tup1
(1, 2, 3)
```

3）任意无符号的对象，以逗号隔开，默认为元组。

```
>>> A='a', 5.2e30, 8+6j, 'xyz'
>>> A
('a', 5.2e+30, (8+6j), 'xyz')
```

4.1.2　访问元组

1）使用索引下标访问元组的元素。

```
>>> tuple1 = ( 'hello', 18 , 2.23, 'world', 2+4j)  #通过赋值操作创建一个元组
```

```
>>> print(tuple1[3])                                    #输出元组中的第 4 个元素
world
```

2）通过切片访问元组中的元素。

```
>>> print(tuple1[1:3])
(18, 2.23)
>>> print(tuple1[::2])                                  #设定切片时的步长为 2
('hello', 2.23, (2+4j))
```

4.1.3　修改元组

元组属于不可变序列，因此元组没有提供 append( )、extend( )、insert( )、remove( )、pop( )方法，也不支持对元组元素进行 del 操作，但能用 del 命令删除整个元组。

因为元组不可变，所以代码更安全。如果能用元组代替列表，则尽量用元组代替列表。例如，调用函数时使用元组传递参数可以防止在函数中修改元组，而使用列表就很难做到。

元组中的元素是不允许修改的，但可以对元组进行连接组合，得到一个新元组。

```
>>> tuple1 = ( 'hello', 18 , 2.23, 'world', 2+4j)
>>> tuple2 = ( 'best', 16)
>>>tuple3 = tuple1 + tuple2                             #连接元组
>>> print(tuple3)
('hello', 18, 2.23, 'world', (2+4j), 'best', 16)
```

元组中的元素是不允许修改的，指的是元组中元素是不可变对象时，该位置处的元素不可以修改；但元素是可变对象时，可改变该可变对象中的元素。

```
>>> tuple4 = ('a', 'b', ['A', 'B'])
>>> tuple4[2][0] = 'X'
>>> tuple4[2][1] = 'Y'
>>> tuple4[2][2:]= 'Z'
>>> tuple4
('a', 'b', ['X', 'Y', 'Z'])
```

表面上看，tuple4 的元素确实变了，但其实变的不是 tuple4 的元素，而是 tuple4 中的列表的元素，tuple4 一开始指向的列表并没有改成别的列表。元组所谓的"不变"是说：元组的每个元素指向永远不变，即指向'a'，就不能改成指向'b'；指向一个列表，就不能改成指向其他列表，但指向的这个列表本身是可变的。

4.1.4　生成器推导式

生成器推导式的结果是一个生成器对象，而不是列表，也不是元组。生成器对象创建与列表推导式不同的地方就是，生成器推导式用圆括号。

```
>>> a = [1,2,3,4,5,6,7,8,9,10]
>>> b =(2*x for x in a)      #(2*x for x in a)就是一个生成器推导式
```

```
>>> b                          #这里 b 是一个生成器对象! 并不是元组!
<generator object <genexpr> at 0x0000000002F3DBA0>
```

生成器是用来创建一个 Python 序列的一个对象。使用它可以迭代庞大序列，且不需要在内存创建和存储整个序列，这是因为它的工作方式是每次处理一个对象，而不是一次处理和构造整个数据结构。在处理大量的数据时，最好考虑生成器推导式而不是列表推导式。

使用生成器对象的元素时，可以根据需要将其转换为列表或元组，然后使用列表或元组下标运算的方法来使用其中的元素。此外，也可以使用生成器对象的__next__ ( )方法或者内置函数 next( )访问生成器对象，或者直接将其作为迭代器对象来使用，使用 for 循环遍历访问。但无论使用哪种方式遍历生成器的元素，当所有元素遍历完之后，如果需要重新访问其中的元素，必须重新创建该生成器对象。

```
>>> list(b)              #将生成器对象转换为列表
[2, 4, 6, 8, 10, 12, 14, 16, 18, 20]
>>> list(b)              #前面生成器对象已遍历完了，没有元素了
[]
>>> c = (x for x in range(11) if x%2==1)
>>> c.__next__ ()        #使用生成器对象的__next__ ( )方法获取元素
1
>>> c.__next__ ()
3
>>> next(c)              #使用内置函数 next( )获取生成器对象的元素
5
>>> [x for x in c]       #使用列表推导式获取生成器对象剩余的元素
[7, 9]
```

4.2 字典

字典数据类型 dict 是 Python 中一个非常有用的内置数据类型。字典是写在花括号{}之间、用逗号分隔开的"键（key）:值（value）"对集合，字典是可变对象。"键（key）"必须使用不可变类型，如整型、浮点型、复数型、布尔型、字符串、元组等，但不能使用诸如列表、字典、集合或其他可变类型作为字典的键。在同一个字典中，"键（key）"必须是唯一的，但"值（value）"是可以重复的。

4.2.1 创建字典

1）使用赋值运算符将使用{ }括起来的"键:值"对集合赋值给一个变量即可创建一个字典类型的变量。

```
>>> dict1 = {'Alice': '2341', 'Beth': '9102', 'Cecil': '3258'}
```

2）使用字典的构造函数 dict( )，利用二元组序列构建字典。

```
>>> items=[('one',1),('two',2),('three',3),('four',4)]
```

```
>>> dict2 = dict(items)
>>> print(dict2)
{'one': 1, 'two': 2, 'three': 3, 'four': 4}
```

3）通过关键字创建字典。

```
>>> dict3 = dict(one=1,two=2,three=3)
>>> print(dict3)
{'one': 1, 'two': 2, 'three': 3}
```

4）使用 zip( )函数创建字典。

```
>>> key = 'abcde'
>>> value = range(1, 6)
>>> dict(zip(key, value))
{'a': 1, 'b': 2, 'c': 3, 'd': 4, 'e': 5}
```

5）用字典数据类型 dict 的 fromkeys(iterable[,value=None])方法创建一个新字典，以可迭代对象 iterable（如字符串、列表、元组、字典）中的元素作为字典中的键，以 value 为字典所有键对应的值，默认为 None。

```
>>> iterable1 = "abcdef"                      #创建一个字符串
>>> v1 = dict.fromkeys(iterable1, '字符串')
>>> v1
{'a': '字符串', 'b': '字符串', 'c': '字符串', 'd': '字符串', 'e': '字符串', 'f': '字符串'}
>>> iterable2 = [1,2,3,4,5,6]                  #列表
>>> v2 = dict.fromkeys(iterable2,'列表')
>>> v2
{1: '列表', 2: '列表', 3: '列表', 4: '列表', 5: '列表', 6: '列表'}
>>> iterable3 = {1:'one', 2:'two', 3:'three'}  #字典
>>> v3 = dict.fromkeys(iterable3, '字典')
>>> v3
{1: '字典', 2: '字典', 3: '字典'}
```

4.2.2　访问字典

1）通过"dict1[key]"的方法返回字典 dict1 中键（key）对应的值（value）。

```
>>> dict1 = {'Alice':18, 'Beth': 19, 'Cecil': 20}  #创建变量dict1,引用字典对象
>>> print (dict1['Beth'])                          #输出键为'Beth'的值
19
```

2）通过 dict1.get(key)返回字典 dict1 中键（key）的值。
get( )方法的语法格式如下。

```
dict1.get(key, default=None)
```

功能：返回指定键的值，如果指定键的值不存在，则返回 default 指定的默认值。

参数说明：

key：字典中要查找的键。

default：如果指定键的值不存在时，则返回该默认值。

```
>>> dict1.get('Alice')   #通过字典对象的get()方法获取'Alice'对应的值
18
>>> dict1.get("a", 9)    #返回不存在的键"a"对应的值
9
```

3）通过 dict1.keys( )返回字典 dict1 的所有的键组成的列表。

```
>>> dict1.keys()
dict_keys(['Alice', 'Beth', 'Cecil'])
```

4）通过 dict1.values( )返回字典 dict1 的所有的值组成的列表。

```
>>> dict1.values()
dict_values([18, 19, 20])
```

5）通过 dict1.items( )返回字典 dict1 的(键, 值)二元组组成的列表。

```
>>> dict1.items()
dict_items([('Alice', 18), ('Beth', 19), ('Cecil', 20)])
```

【**例 4-1**】使用 for 循环输出每个字典元素的键和值。（4-1.py）

4-1.py 程序文件中的代码如下所示。

```
dict1 = {'Alice':18, 'Beth': 19, 'Cecil': 20}
print("每个字典元素的键和值:")
for key,values in dict1.items():    #遍历字典
    print(key,values)
```

4-1.py 在 IDLE 中执行的结果如下所示。

每个字典元素的键和值:

```
Alice 18
Beth 19
Cecil 20
```

【**例 4-2**】使用 for 循环输出每个字典元素的键和值所组成的二元组。（4-2.py）

4-2.py 程序文件中的代码如下所示。

```
dict1 = {'Alice':18, 'Beth': 19, 'Cecil': 20}
print("每个字典元素的键和值所组成的二元组:")
for item in dict1.items():              #遍历 dict1.items 返回的列表
    print(item)
```

4-2.py 在 IDLE 中执行的结果如下所示。

每个字典元素的键和值所组成的二元组：

```
('Alice', 18)
('Beth', 19)
('Cecil', 20)
```

4.2.3　添加与修改字典元素

1）使用[ ]运算符添加字典元素。

```
>>> school={'class1': 60, 'class2': 56, 'class3': 68, 'class4': 48}
>>> school['class5']=70        #不存在键'class5'，为字典 school 添加元素'class5':70
>>> school
{'class1': 60, 'class2': 56, 'class3': 68, 'class4': 48, 'class5': 70}
>>> school['class1']=62        #存在键'class1'，修改键 class1 所对应的值
>>> school
{'class1': 62, 'class2': 56, 'class3': 68, 'class4': 48, 'class5': 70}
```

由上可知，当以指定"键"作为索引为字典元素赋值时，有两种含义：①若该"键"不存在，则表示为字典添加一个新元素，即一个"键:值"对；②若该"键"存在，则表示修改该"键"所对应的"值"。

2）使用字典对象 school1 的 update(school2)方法，可以将字典对象 school2 的元素一次性全部添加到 school1 字典对象中。如果两个字典中存在相同的"键"，则只保留字典对象 school2 中的键值对，此时相当于实现了字典元素的修改。

```
>>> school1={'class1': 62, 'class2': 56, 'class3': 68, 'class4': 48, 'class5': 70}
>>> school2={ 'class5': 78,'class6': 38}
>>> school1.update(school2)
>>> school1      #'class5'所对应的值取 school2 中'class5'所对应的值 78
{'class1': 62, 'class2': 56, 'class3': 68, 'class4': 48, 'class5': 78, 'class6': 38}
```

3）使用字典对象 school1 的 update(关键字)方法，将关键字转换为"键:值"对添加到字典 school1 中。

```
>>> school2.update(class9=60,class10=50)
>>> school2
{'class5': 78, 'class6': 38, 'class9': 60, 'class10': 50}
```

【例 4-3】找出一句英文中出现次数最多的字符，并输出其出现的位置。（4-3.py）
4-3.py 程序文件中的代码如下所示。

```
s = "Great works are performed not by strength but by perseverance."
s="".join(s.split())
letter_count_dict=dict()                #创建空字典，用于记录字符出现的次数
for i in s:
```

75

```
    if i in letter_count_dict:              #判断 i 是否是字典的键，是则次数加 1
        letter_count_dict[i]+=1
    else:                                   #没出现过就是 1
        letter_count_dict[i] = 1
print("字符串中各字符出现的次数是:",end="")
print(letter_count_dict)

max_letter_occurrence=max(letter_count_dict.values())
print("最多的字符出现次数是:"+str(max_letter_occurrence))

#创建空列表，存储出现次数最多的字符，因为有可能是 1 个或多个
max_occurrence_letters=[]
for k,v in letter_count_dict.items():
    if v==max_letter_occurrence:            #找到出现次数最多的字符，存到列表中
        max_occurrence_letters.append(k)
print("出现次数最多的字符是:"+str(max_occurrence_letters))

for i in max_occurrence_letters:
                                            #创建记录出现次数最多的字符的出现位置的变量
    max_occurrence_letter_positions = []
    start_postion=0                         #从 0 开始找
    while True:
        postion=s.find(i,start_postion)
        if postion!=-1:                     #!=-1 表示找到了
            max_occurrence_letter_positions.append(postion)
            start_postion=postion+1         #更新下次查找的起始位置
        else:                               #当查找不到 i 所表示的字母的位置时,说明位置都找到了
            print("%s 字符出现的位置:%s" %(i,max_occurrence_letter_positions ))
            break                           #终止 while 循环的执行
```

4-3.py 在 IDLE 中执行的结果如图 4-1 所示。

```
============================= RESTART: D:/Python/4-3.py =============================
字符串中各字符出现的次数是:{'G': 1, 'r': 8, 'e': 9, 'a': 3, 't': 5, 'w': 1, 'o':
3, 'k': 1, 's': 3, 'p': 2, 'f': 1, 'm': 1, 'd': 1, 'n': 3, 'b': 3, 'y': 2, 'g':
1, 'h': 1, 'u': 1, 'v': 1, 'c': 1, '.': 1}
最多的字符出现次数是:9
出现次数最多的字符是:['e']
e字符出现的位置:[2, 12, 14, 20, 30, 41, 44, 46, 51]
```

图 4-1　4-3.py 在 IDLE 中执行的结果

4-3.py 程序文件使用了双向 if-else 选择语句，其语法格式如下所示。

```
if 布尔表达式:
```

```
    语句块 1
else:
    语句块 2
```

if-else 选择语句的含义是：当布尔表达式的值为 True 时，执行语句块 1；当布尔表达式的值为 False 时，执行语句块 2。

4.2.4 删除字典元素

1）使用 del 命令删除字典中指定键的字典元素，也可以删除整个字典。

```
>>> dict3 = dict([('one', 1), ('two', 2), ('three', 3),('four', 4)])#创建字典
>>> dict3
{'one': 1, 'two': 2, 'three': 3, 'four': 4}
>>> del dict3[ 'four']        #删除键是 'four'的字典元素
>>> dict3
{'one': 1, 'two': 2, 'three': 3}
```

2）用字典对象的 pop( )方法删除指定键的字典元素，并返回该键所对应的值。

```
>>> x=dict3.pop('three')      #删除键'three'所对应的字典元素，返回'three'所对应的值
>>> print(x)
3
>>> dict3
{'one': 1, 'two': 2}
```

3）用字典对象的 popitem( )方法随机删除字典中的元素，并返回该元素的键和值组成的二元组。一般删除末尾字典对象的末尾元素。

```
>>> dict3.popitem()
('two', 2)
```

4）利用字典对象的 clear( )方法清空字典的所有元素。

```
>>> dict3.clear()
>>> dict3
{}
```

4.2.5 复制字典

先创建字典。

```
>>> dict1={'Jack': 18, 'Mary': 16, 'John': 20}  #创建字典
```

1）浅复制。调用字典对象的 copy( )方法返回字典的浅复制。

执行 dict2=dict1.copy( )语句后，dict2 和 dict1 指向不同的内存空间，当对 dict1 进行增删改查操作时，dict2 不会改变，反之亦然。但是，当字典里包含列表时，修改列表中的值，对应字典中的列表值也会改变。

```
>>> dict2=dict1.copy()
>>> print("dict1 的 id 是%s,dict2 的 id 是%s"%(id(dict1),id(dict2)))
dict1 的 id 是 48563616,dict2 的 id 是 48751816
>>> dict1['Jack']=28
>>> dict1
{'Jack': 28, 'Mary': 16, 'John': 20}
>>> dict2
{'Jack': 18, 'Mary': 16, 'John': 20}
>>> dict3={'Jack': [18,19], 'Mary': 16, 'John': 20}
>>> dict4=dict3.copy()
>>> dict3["Jack"].append(20)
>>> dict3
{'Jack': [18, 19, 20], 'Mary': 16, 'John': 20}
>>> dict4
{'Jack': [18, 19, 20], 'Mary': 16, 'John': 20}
```

2）深复制。需导入 copy 模块，执行 dict4 = copy.deepcopy(dict3)语句后，dict3、dict4 指向的不是同一内存空间，对 dict3 做任何修改，dict4 的值都不会变化。

```
>>> import copy
>>> dict3={'Jack': [18,19], 'Mary': 16, 'John': 20}
>>> dict4 = copy.deepcopy(dict3)
>>> dict4
{'Jack': [18, 19], 'Mary': 16, 'John': 20}
>>> dict3["Jack"].append(20)
>>> dict3
{'Jack': [18, 19, 20], 'Mary': 16, 'John': 20}
>>> dict4
{'Jack': [18, 19], 'Mary': 16, 'John': 20}
```

4.2.6　字典推导式

字典推导（生成）式和列表推导式的用法是类似的。

```
>>> dict6 = {'physics': 1, 'chemistry': 2, 'biology': 3, 'history': 4}
#把 dict6 的每个元素键的首字母大写、键值 2 倍
>>> dict7 = { key.capitalize(): value*2 for key,value in dict6.items() }
>>> dict7
{'Physics': 2, 'Chemistry': 4, 'Biology': 6, 'History': 8}
```

4.3　集合数据类型

集合数据类型 set 是 Python 的一种内置数据类型。集合是写在花括号{}之间、用逗号分

隔开的元素集，集合中的元素互不相同。集合中的元素可以是不同的类型（如数字、元组、字符串等），但是集合不能有可变元素（如列表、集合或字典）。

4.3.1 创建集合

1）使用赋值操作直接将一个集合赋值给变量来创建一个集合。

```
>>> student = {'Tom', 'Jim', 'Mary', 'Tom', 'Jack', 'Rose'}
```

2）使用集合的构造函数 set( )将列表、元组等其他可迭代对象转换为集合，如果原来的数据中存在重复元素，则在转换为集合时只保留一个。

```
>>> set1 = set('cheeseshop')
>>> set1
{'s', 'o', 'p', 'c', 'e', 'h'}
```

注意：创建一个空集合必须用 set( )而不是{ }，因为{ }是用来创建一个空字典。

4.3.2 集合添加元素

1. 集合单个添加元素

虽然集合不能有可变元素，但是集合本身是可变的。也就是说，可以添加或删除集合中的元素。可以使用集合对象的 add( )方法向集合添加单个元素。

```
>>> set3 = {'a', 'b'}
>>> set3.add('c')                    #添加一个元素
>>> set3
{'b', 'a', 'c'}
```

2. 集合批量添加元素

使用集合对象的 update( )方法向集合批量添加元素。

```
>>> set3.update(['d', 'e', 'f'])              #将列表中的元素添加到集合中
>>> set3
{'a', 'f', 'b', 'd', 'c', 'e'}
>>> set3.update(['o', 'p'], {'l', 'm', 'n'})#一次将列表和集合中的元素添加到set3集合中
>>> set3
{'l', 'a', 'f', 'o', 'p', 'b', 'm', 'd', 'c', 'e', 'n'}
```

4.3.3 集合元素删除

1）使用集合对象的 discard(x)方法删除集合中的元素 x。如果元素 x 不存在集合中，则 discard(x)方法不会抛出 KeyError；如果 x 存在集合中，则会移除 x 并返回 None。

```
>>> set4 = {1, 2, 3, 4,5}
>>> set4.discard(4)
>>> set4
{1, 2, 3, 5}
```

2）使用集合对象的 remove(x) 方法删除集合中的元素 x。如果元素 x 不存在集合中，则会抛出 KeyError；如果 x 存在集合中，则会移除 x 并返回 None。

```
>>> set4.remove(6)
Traceback (most recent call last):
  File "<pyshell#29>", line 1, in <module>
    set4.remove(6)
KeyError: 6
```

3）使用集合对象的 pop( ) 方法从左边删除集合中的元素并返回删除的元素。

```
>>> set4.pop()
1
```

4）使用集合对象的 clear( ) 方法删除集合的所有元素。

```
>>> set4.clear()
>>> set4
set()
```

4.3.4　集合运算

Python 集合支持交集、并集、差集、对称差集等运算。

```
>>>A={1,2,3,4,6,7,8}
>>>B={0,3,4,5}
```

1. 交集

两个集合 A 和 B 的交集是由所有既属于 A 又属于 B 的元素所组成的集合，使用 "&" 操作符执行交集操作，也可使用集合对象的方法 intersection( ) 完成，如下所示。

```
>>>A&B              #求集合 A 和 B 的交集
{3, 4}
>>> A.intersection(B)
{3, 4}
```

2. 并集

两个集合 A 和 B 的并集是由这两个集合的所有元素构成的集合，使用操作符 "|" 执行并集操作，也可使用集合对象的方法 union( ) 完成，如下所示。

```
>>> A | B
{0, 1, 2, 3, 4, 5, 6, 7, 8}
>>> A.union(B)
{0, 1, 2, 3, 4, 5, 6, 7, 8}
```

3. 差集

集合 A 与集合 B 的差集是所有属于 A 且不属于 B 的元素构成的集合，使用操作符 "−" 执行差集操作，也可使用集合对象的方法 difference( ) 完成，如下所示。

```
>>> A - B
{1, 2, 6, 7, 8}
>>> A.difference(B)
{1, 2, 6, 7, 8}
```

4. 对称差集

集合 A 与集合 B 的对称差集是由只属于其中一个集合，而不属于另一个集合的元素组成的集合，使用 "^" 操作符执行对称差集操作，也可使用集合对象的方法 symmetric_difference( ) 完成，如下所示。

```
>>> A ^ B
{0, 1, 2, 5, 6, 7, 8}
>>> A.symmetric_difference(B)
{0, 1, 2, 5, 6, 7, 8}
```

5. 子集

集合 A 与集合 B 的子集是由集合中一部分元素所组成的集合，使用操作符 "<" 判断 "<" 左边的集合是否是 "<" 右边的集合的子集，也可使用集合对象的方法 issubset( ) 完成，如下所示。

```
>>> C={1,3,4}
>>> C < A        #C集合是A集合的子集，返回 True
True
>>> C.issubset(A)
True
>>> C < B
False
```

4.3.5　集合推导式

集合推导式与列表推导式类似，区别在于：不使用方括号，使用花括号；得到的集合中无重复元素。

```
>>> a = [1, 2, 3, 4, 5]
>>> squared = {i**2 for i in a}
>>> print(squared)
{1, 4, 9, 16, 25}
>>> strings = ['All','things','in','their','being','are','good','for','something']
>>> {len(s) for s in strings}        #长度相同的只留一个
{2, 3, 4, 5, 6, 9}
>>> {s.upper() for s in strings}
{'THINGS', 'ALL', 'SOMETHING', 'THEIR', 'GOOD', 'FOR', 'IN', 'BEING', 'ARE'}
```

4.4　序列解包

创建列表、元组、集合、字典以及其他可迭代对象，称为序列打包，因为值被打包到序列中。序列解包是指将多个值的序列解开，然后放到变量的序列中。序列解包由一个"*"和一个序列连接而成，Python 解释器自动将序列解包成多个元素。下面用序列解包的方法将一个元组的 3 个元素同时赋给 3 个变量，注意变量的数量和序列元素的数量必须一样多。

```
>>> x, y, z = (1,2,3)                          #元组解包赋值
>>> print('x:%d, y:%d, z:%d'%(x, y, z))
x:1, y:2, z:3
>>>range(*(1,6))                               #将(1,6)解包成range()函数的2个参数
range(1, 6)
>>> list1 = ['春', '夏', '秋', '冬']              #list1 中有 4 个元素
>>> Spring, Summer, Autumn, Winter = list1    #列表解包赋值
>>> print(Spring, Summer, Autumn, Winter)
春夏秋冬
>>> dict1 = {"one":1,"two":2,"three":3}
>>> x,y,z = dict1                              #字典解包默认的是解包字典的键
>>> print(x,y,x)
one two one
```

4.5 使用 OpenCV 处理图像

OpenCV 于 1999 年由 Intel 公司开发，如今由 Willow Garage 提供支持。OpenCV 是一个基于 BSD 许可（开源）发行的跨平台计算机视觉库，可以运行在 Linux、Windows、Mac OS 操作系统上。它提供了 Python、C++、Java、MATLAB 等语言的接口，实现了图像处理和计算机视觉方面的很多通用算法。

4.5.1 安装 OpenCV

在 Python 的安装文件的 Scripts 文件夹下直接使用"pip install opencv-python"命令安装 OpenCV。安装 opencv-python 库的命令界面如图 4-2 所示。

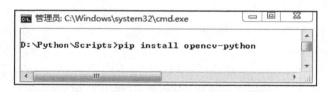

图 4-2 安装 opencv-python 库的命令界面

安装完成之后在命令行格式的 Python 的>>>提示符后面输入"import cv2"，按〈Enter〉键执行后，若没有提示 no module 错误，则表示安装成功。

OpenCV 已经进入 4.0 时代。在 2.2 版本之后 OpenCV 包含 12 个模块，具体介绍如下。

opencv_core：核心功能模块，包括基本结构、算法、线性代数、离散傅里叶变换、XML 和 YML 文件 I/O 等。

opencv_imgpro：图像处理模块，包括滤波、高斯模糊、形态学处理、几何变换、颜色空间转换及直方图计算等。

opencv_highgui：高层用户交互模块，包括 GUI、图像与视频 I/O 等。

opencv_ml：机器学习模块，包括支持向量机、决策树、boosting 方法（一种用来提高弱分类器准确度的算法）。

opencv_features2d：二维特征检测与描述模块，包括图像特征检测、描述、匹配等。

opencv_video：视频模块，包括光流法、背景减除、目标跟踪等。

opencv_objdetect：目标检测模块，包括基于哈尔特征（Haar-like features）或局部二值模式（Local Binary Pattern，LBP）特征的人脸检测，基于方向梯度直方图（Histogram of Oriented Gradient，HOG）的行人、汽车等目标检测。

opencv_calib3d：3D 模块，包括摄像机标定、立体匹配、3D 重建等。

opencv_flann：flann（Fast Library for Approximate Nearest Neighbors）为一个用于高维空间数据的近似最近邻搜索的算法库。

opencv_contrib：新贡献的模块，包含一些开发者新贡献出来的尚不成熟的代码。

opencv_legacy：遗留模块，包括一些过期的代码，用于保持前后兼容。

opencv_gpu：GPU 加速模块，包括一些可以利用统一计算设备架构（Compute Unified Device Architecture，CUDA）进行加速的函数。

4.5.2　读入、显示与保存图像

1. 读入图像

使用函数 cv2.imread(filepath, flags)读入一副图片。

参数说明如下。

filepath：要读入的图片的路径。

flags：读入图片的方式。cv2.IMREAD_COLOR，默认参数，以彩色形式读入，将图像调整为 3 通道的 BGR 图像；cv2.IMREAD_GRAYSCALE，以灰度形式读入；cv2.IMREAD_UNCHANGED，以原图形式读入。注意：如果觉得以上标识太麻烦，可以简单地使用 1，0，-1 代替。

```
>>> import cv2
#以灰度形式加载一张彩色照片
>>> img = cv2.imread('lena.jpg',cv2.IMREAD_GRAYSCALE)
>>> cv2.imshow('image',img)     #显示加载的灰度图像如图 4-3 所示。
```

2. 显示图像

使用函数 cv2.imshow(wname,img)显示图像，第一个参数指定显示图像的窗口的名字，第二个参数是要显示的图像（imread 读入的图像），窗口大小自动调整为图片大小。

使用函数 cv2.waitkey(delaytime)指定 cv2.imshow(wname, img)显示图像的时间，等待键盘输入，单位为毫秒，即等待指定的毫秒 delaytime 内是否有键盘输入。若在 delaytime 内按键，则返回按键的 ASCII 码；若未在 delaytime 内按任何键，则返回-1。参数为 0 表示无限等待，按任意键退出。

cv2.destroyAllWindow( )表示销毁所有窗口。

cv2.destroyWindow(wname)表示销毁指定窗口。

cv2.destroyAllWindow( )使用的示例代码如下。

图 4-3　灰度图像

```
import cv2
img= cv2.imread(r"D:\Python\lena.jpg")
cv2.imshow("Image",img)
cv2.waitKey(0)
#释放窗口
cv2.destroyAllWindows()
```

3. 保存图像

使用函数 cv2.imwrite(file, img, num)保存一个图像。第一个参数表示保存的路径及图片名。第二个参数是要保存的图像。第三个参数可选，它针对特定的格式：对于 JPEG，其表示的是图像的质量，用 0~100 的整数表示，默认为 95；对于 PNG，其表示的是压缩级别，默认为 3。

注意：

cv2.IMWRITE_JPEG_QUALITY 类型为 long，必须转换为 int。

cv2.IMWRITE_PNG_COMPRESSION，从 0～9 压缩级别越高图像越小。

```
cv2.imwrite('1.png',img, [int( cv2.IMWRITE_JPEG_QUALITY), 95])
cv2.imwrite('1.png',img, [int(cv2.IMWRITE_PNG_COMPRESSION), 9])
```

【例 4-4】显示并保存彩色图片。代码如下所示。

```
import cv2
img=cv2.imread('test.jpg',cv2.IMREAD_COLOR)        #读入彩色图片
cv2.imshow('image',img)                            #建立 image 窗口显示图片
cv2.imwrite('test.png',img)                        #保存图片
```

【例 4-5】读入一副图像，按〈s〉键保存后退出，其他任意键则直接退出不保存。代码如下所示。

```
import cv2
img = cv2.imread('test.jpg',cv2.IMREAD_UNCHANGED)
cv2.imshow('image',img)
k = cv2.waitKey(0)
if k == ord('s'): # wait for 's' key to save and exit
    cv2.imwrite('test.png',img)
    cv2.destroyAllWindows()
else:
    cv2.destroyAllWindows()
```

4.5.3 图像颜色变换

图像的颜色变换有很多种，比如可以对彩色图片进行灰度化处理，调节图片的亮度和对比度，将图片转换为负片的形式等。这些操作都表现在对图片的颜色处理上，下面给出图片的几种常用颜色变换。

1. 颜色空间转换

OpenCV 中有多种色彩空间，包括 RGB、GRAY、HSV、YCrCb、HLS、XYZ、YUV、

LAB 8 种。使用中经常要遇到色彩空间的转换，这是因为在图像处理时，有些图像可能在 RGB 颜色空间信息不如转换到其他颜色空间更清晰。可以使用色彩空间转换函数 cv2.cvtColor( )进行色彩空间的转换，cvtColor 取 convert color 之意。函数的语法格式如下。

```
cv2.cvtColor(p1,p2)
```

参数说明如下。

p1 是需要转换的图片。

p2 是转换成何种格式。

【例 4-6】图片颜色格式转换。代码如下所示。

```
import matplotlib.pyplot as plt
import cv2
plt.figure(num="颜色转换")              #创建一个名为"颜色转换"的绘图对象
img_BGR = cv2.imread('lena.jpg')       #读入后的图像格式为 BGR
plt.subplot(3,3,1)                     #在 3×3 画布中第 1 块区域显示图像
plt.imshow(img_BGR)
plt.axis('off')                        #不显示坐标尺寸
plt.title('BGR')                       #给第 1 块区域添加标题 BGR
#将 BGR 格式转换成 RGB 格式
img_RGB = cv2.cvtColor(img_BGR, cv2.COLOR_BGR2RGB)
plt.subplot(3,3,2)                     #在 3×3 画布中第 2 块区域显示图像
plt.imshow(img_RGB)
plt.axis('off')
plt.title('RGB')
#将 BGR 格式图片转换成灰度图片
img_GRAY = cv2.cvtColor(img_BGR, cv2.COLOR_BGR2GRAY)
plt.subplot(3,3,3)                     #在 3×3 画布中第 3 块区域显示图像
plt.imshow(img_GRAY)
plt.axis('off')
plt.title('GRAY')
img_HSV = cv2.cvtColor(img_BGR, cv2.COLOR_BGR2HSV)
plt.subplot(3,3,4)                     #在 3×3 画布中第 4 块区域显示图像
plt.imshow(img_HSV)
plt.axis('off')
plt.title('HSV')
img_YCrCb = cv2.cvtColor(img_BGR, cv2.COLOR_BGR2YCrCb)
plt.subplot(3,3,5)                     #在 3×3 画布中第 5 块区域显示图像
plt.imshow(img_YCrCb)
plt.axis('off')
plt.title('YCrCb')
```

```
img_HLS = cv2.cvtColor(img_BGR, cv2.COLOR_BGR2HLS)
plt.subplot(3,3,6)                      #在 3×3 画布中第 6 块区域显示图像
plt.imshow(img_HLS)
plt.axis('off')
plt.title('HLS')
img_XYZ = cv2.cvtColor(img_BGR, cv2.COLOR_BGR2XYZ)
plt.subplot(3,3,7)                      #在 3×3 画布中第 7 块区域显示图像
plt.imshow(img_XYZ)
plt.axis('off')
plt.title('XYZ')
img_LAB = cv2.cvtColor(img_BGR, cv2.COLOR_BGR2LAB)
plt.subplot(3,3,8)                      #在 3×3 画布中第 8 块区域显示图像
plt.imshow(img_LAB)
plt.axis('off')
plt.title('LAB')
img_YUV = cv2.cvtColor(img_BGR, cv2.COLOR_BGR2YUV)
plt.subplot(3,3,9)                      #在 3×3 画布中第 9 块区域显示图像
plt.imshow(img_YUV)
plt.axis('off')
plt.title('YUV')
plt.show()
```

运行上述代码，输出不同格式的图片，如图 4-4 所示。

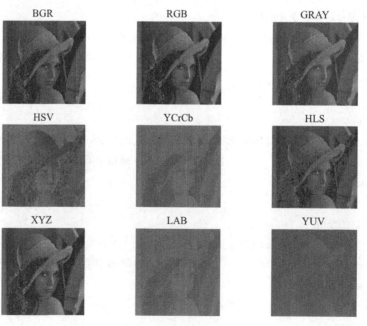

图 4-4　不同格式的图片

存储彩色图片的颜色模型大多都是 RGB 模型，将 3 个颜色通道的数据分别用矩阵来存储。对于灰度图像来讲，没有 RGB3 个不同的颜色通道，只有一个颜色通道，它的表现形式是一个矩阵。

彩色图片可以转换为灰度图片，虽然在转换为灰度图片的过程中会丢失颜色信息，但是保留了图片的纹理、线条、轮廓等特征，这些特征往往比颜色特征更重要。

将彩色图片转换为灰度图片后，存储灰度图片所需的存储空间将会减少。相对于彩色图片，对灰度图片进行处理时的计算量将会减少很多，这在工程实践中非常重要。下面给出彩色图片与灰度图片的存储维度对比。

```
>>> import cv2
>>> img = cv2.imread(r"D:\Python\lena.jpg")
>>> img.shape                    #查看 img 数据的存储维度
(512, 512, 3)
#将 BGR 形式的图片转换为灰度图片
>>> gray_img=cv2.cvtColor(img,cv2.COLOR_BGR2GRAY)
>>> gray_img.shape               #查看 gray_img 数据的存储维度
(512, 512)
#将灰度图片转换为 BGR 形式的图片
>>> img2 = cv2.cvtColor(gray_img,cv2.COLOR_GRAY2BGR)
>>> img2.shape
(512, 512, 3)
>>> print(img)
[[[ 76 113 197]
  [ 76 113 197]
  [ 77 114 198]
  ...
  [ 37  38  72]
  [ 37  39  74]
  [ 41  43  78]]]
#输出将灰度图片重新转换为 BGR 形式图片后的内容
>>> print(img2)
[[[134 134 134]
  [134 134 134]
  [135 135 135]
  ...
  [ 48  48  48]
  [ 49  49  49]
  [ 53  53  53]]]
```

从 print(img)和 print(img2)的输出结果可以看出：将灰度图片 gray_img 再次转换为 BGR 形式的彩色图片后，发现转换后的图片无法恢复原先不同颜色通道的数值。OpenCV 所采用的方法是将所有的颜色通道全都置成相同的数值，这个数值就是该点的灰度值。

2. 负片转换

负片转换在很多图像处理软件中也称为反色，其明暗与原图像相反，其色彩则为原图像的补色。例如，颜色值 A 与颜色值 B 互为补色，其数值的和为 255，即 RGB 图像中的某点颜色为(0,0,255)，则其补色为(255,255,0)。

由于负片的操作过程比较简单，OpenCV 并没有单独封装负片函数，这里需要将一张图片拆分为各个颜色通道矩阵，然后分别对每一个颜色通道矩阵进行处理，最后将其重新组合为一张图片。示例代码如下。

```python
import numpy as np
import cv2
img = cv2.imread(r"D:\Python\lena.jpg")  # 读入图片
#获取高度和宽度，注意索引是高度在前，宽度在后
height = img.shape[0]
width = img.shape[1]
#生成一个空的三维数组，用于存放后续 3 个通道的数据
negative_file = np.zeros((height,width,3))
#将 BGR 形式存储的图片拆分成 3 个颜色通道，注意颜色通道的顺序是蓝、绿、红
b,g,r = cv2.split(img)
#进行负片化处理，求每个通道颜色的补色
r = 255 - r
b = 255 - b
g = 255 - g
#将处理后的结果赋值到前面生成的三维数组中
negative_file[:,:,0] = b
negative_file[:,:,1] = g
negative_file[:,:,2] = r
#将生成的反色图片数据保存为 ".jpg" 形式的图片
cv2.imwrite(r"D:\Python\lena1.jpg",negative_file)
```

原始图像 lena.jpg 如图 4-5 所示。运行上述代码，负片转换后的图像如图 4-6 所示。

图 4-5　原始图像 lena.jpg

图 4-6　负片转换后的图像

【例 4-7】OpenCV 通道的拆分/合并。代码如下所示。

```
import cv2
import matplotlib.pyplot as plt
plt.figure(num="通道的拆分/合并")          #创建一个名为"通道的拆分/合并"的绘图对象
img = cv2.imread('lena.jpg')
b,g,r = cv2.split(img)
merged = cv2.merge((b,g,r))
plt.subplot(2,3,1)                        #在 2×3 画布中第 1 块区域显示图像
plt.imshow(img)
plt.title('BGR')                          #给第 1 块区域添加标题 BGR
plt.subplot(2,3,2)                        #在 2×3 画布中第 2 块区域显示图像
plt.imshow(b)
plt.title('Blue')                         #给第 2 块区域添加标题 Blue
plt.subplot(2,3,3)                        #在 2×3 画布中第 3 块区域显示图像
plt.imshow( g)
plt.title('Green')                        #给第 3 块区域添加标题 Green
plt.subplot(2,3,4)                        #在 2×3 画布中第 4 块区域显示图像
plt.imshow(r)
plt.title('Red')                          #给第 4 块区域添加标题 Red
plt.subplot(2,3,5)                        #在 2×3 画布中第 5 块区域显示图像
plt.imshow(merged)
plt.title('Merged')                       #给第 5 块区域添加标题 Merged
#将 BGR 格式转换成 RGB 格式
merged_RGB = cv2.cvtColor(merged, cv2.COLOR_BGR2RGB)
plt.subplot(2,3,6)                        #在 2×3 画布中第 6 块区域显示图像
plt.imshow(merged_RGB)
plt.title('merged_RGB')                   #给第 6 块区域添加标题 merged_RGB
plt.show()
```

运行上述代码，各通道图像显示结果如图 4-7 所示。

4.5.4　图像裁剪

图像裁剪是在图像数据的矩阵中裁剪出部分矩阵作为新的图像数据，从而实现对图像的裁剪。

【例 4-8】图片裁剪。

```
import cv2
import numpy as np
img = cv2.imread('changcheng.jpg')
print(img.shape)                          #输出的结果为 (216, 279, 3)
new_img = img[20:210,40:270]
cv2.imwrite('changcheng1.jpg',new_img)
```

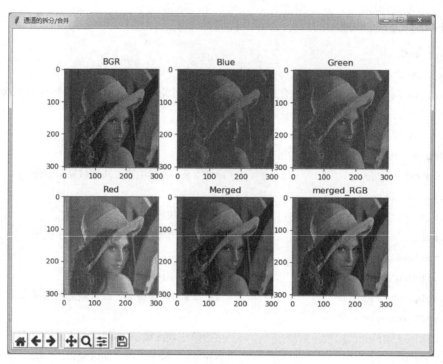

图 4-7　各通道图像显示结果

上述代码实现的过程是将原始的图像从第(20, 40)个像素点的位置，裁剪到(210, 270)处，裁剪的形状是矩形的。原始图像如图 4-8 所示，裁剪后的图像如图 4-9 所示，图像尺寸变小了。

图 4-8　原始图像

图 4-9　裁剪后的图像

4.5.5　图像的几何变换

图像的几何变换是指对图像中的图像像素点的位置进行变换的一种操作，它将一幅图像中的坐标位置映射到新的坐标位置，即改变像素点的空间位置。经过几何变换的图片，直观来看就是其图像的形态发生了变化，比如常见的图像缩放、平移、旋转等都属于几何变换。

1. 图像缩放

假设一幅图像是 100 像素 × 100 像素大小，放大一倍后是 200 像素 × 200 像素大小。图像中的每一个像素点位置可以看作一个点，也可以看作二维平面上的一个矢量。图像缩放本质上就是将每个像素点的矢量进行缩放，也就是将矢量 x 方向和 y 方向的坐标值缩放。即$[x, y]$变成了$[k_x x, k_y y]$，一般情况下 $k_x = k_y$，但很多时候可以不相同，如将 100 像素 × 100 像素的图像变成 400 像素×300 像素的图像。图像缩放可表示为如下矩阵乘法的形式：

$$\begin{bmatrix} u \\ v \end{bmatrix} = \begin{bmatrix} k_x & 0 \\ 0 & k_y \end{bmatrix} \begin{bmatrix} x \\ y \end{bmatrix}$$

通过上述矩阵乘法，就把原图像上的每一个像素点映射到新图像上相应的像素点了。

OpenCV 提供的 resize( )函数可实现图像缩放，函数的语法格式如下。

```
cv2.resize(src, dsize[, dst[, fx[, fy[, interpolation]]]])
```

各参数的含义如下。

src：原图像。

dsize：输出图像尺寸。当 dsize 为 0 时，它可以通过以下公式计算得出：

```
dsize=Size(round(fx*src.cols),round(fy*src.rows))
```

所以，参数 dsize 和参数(fx, fy)不能够同时为 0。

dst：输出图像。当参数 dsize 不为 0 时，dst 的大小为 dsize；否则，它的大小需要根据 src 的大小、参数 fx 和 fy 来决定。dst 的类型（type）和 src 图像相同。

fx：沿水平轴的比例因子。

fy：沿垂直轴的比例因子。

interpolation：插值方法。插值方法共有 5 种：①cv.INTER_NEAREST，最近邻插值法，它是最简单的插值算法，当然效果也是最差的，该插值法的思想就是四舍五入，浮点坐标的像素值等于距离该点最近的输入图像的像素值，会造成图像的马赛克、锯齿等现象；②cv.INTER_LINEAR，双线性插值法（默认），它的插值效果比最近邻插值要好很多，主要思想是计算出浮点坐标像素近似值，计算方法是将包围浮点坐标的 4 个整数坐标的像素值按照一定的比例混合，混合比例为距离浮点坐标的距离；③cv.INTER_CUBIC，基于 4 像素 × 4 像素邻域的 3 次插值法；④cv.INTER_AREA，基于局部像素的重采样（resampling using pixel area relation），对于图像抽取（image decimation）来说，这是一个好方法，但如果是放大图像，它和最近邻插值法的效果类似；⑤cv2.INTER_LANCZOS4，8 像素 × 8 像素邻域的 Lanczos 插值。

【例 4-9】使用 OpenCV 实现图像缩放。

```
import cv2
img = cv2.imread("lena.jpg")
height, width = img.shape[:2]
#缩小图像
dsize = (int(width*0.5), int(height*0.5))
shrink = cv2.resize(img, dsize, interpolation=cv2.INTER_AREA)
cv2.imwrite('shrink.jpg', shrink)
#放大图像
fx = 1.3
fy = 1.1
enlarge = cv2.resize(img, (0, 0), fx=fx, fy=fy, interpolation=cv2.INTER_CUBIC)
```

```
cv2.imwrite('enlarge.jpg', enlarge)
```

lena.jpg 与运行上述代码所得到的 shrink.jpg、enlarge.jpg 分别如图 4-10、图 4-11、图 4-12 所示。

图 4-10　lena.jpg　　　　图 4-11　shrink.jpg　　　　图 4-12　enlarge.jpg

2. 图像平移与旋转

图像平移、旋转通过 cv2.warpAffine( ) 函数来实现，旋转时可以自定义或者利用 cv2.getRotationMatrix2D( ) 函数获得旋转矩阵。

```
cv2.warpAffine(src,M,dsize,flags,borderMode,borderValue)
```

各参数的含义如下。

src：输入图像。

M：变换矩阵，反映平移或旋转的关系，为 InputArray 类型的 2×3 的变换矩阵。

dsize：输出图像的大小。

flags：插值方法。

borderMode：边界像素模式（int 类型）。

borderValue：边界填充值，默认值为 0。

【例 4-10】图像平移。

在对图像作平移操作时，需创建如下 2 行 3 列的变换矩阵 M，M 矩阵表示水平方向上的平移距离为 x，竖直方向上的平移距离为 y。

$$M = \begin{bmatrix} 1 & 0 & x \\ 0 & 1 & y \end{bmatrix}$$

```
import cv2
import numpy as np
img = cv2.imread('lena.jpg',1)
rows,cols,channels = img.shape
M = np.float32([[1,0,100],[0,1,50]])
dst = cv2.warpAffine(img,M,(cols,rows))
cv2.imshow('img',img)
cv2.imshow('dst',dst)
cv2.waitKey(0)
cv2.destroyAllWindows()
```

运行上述程序代码得到的 img 窗口和 dst 窗口分别如图 4-13 和图 4-14 所示。

图 4-13　img 窗口

图 4-14　dst 窗口

【例 4-11】图像旋转。

```
import cv2
import matplotlib.pyplot as plt
img = cv2.imread('lena.jpg')
img_RGB = cv2.cvtColor(img, cv2.COLOR_BGR2RGB)
rows,cols = img_RGB.shape[:2]
#第一个参数为旋转中心，第二个参数为旋转角度，第三个参数为缩放比例
M = cv2.getRotationMatrix2D((cols/2,rows/2),45,1)
#获得旋转矩阵，通过这个矩阵再利用 warpAffine 来进行变换
res = cv2.warpAffine(img_RGB,M,(cols, rows))    #(cols,rows)代表输出图像的大小
plt.subplot(121)
plt.imshow(img_RGB)
plt.axis('off')
plt.subplot(122)
plt.axis('off')
plt.imshow(res)
plt.show()
```

运行上述代码得到的 img_RGB 图及旋转图 res 分别如图 4-15 和图 4-16 所示。

图 4-15　img_RGB 图

图 4-16　旋转图 res

4.6 习题

1.（填空题）在 Pyhon 中，字典和集合都是用一对（　　　）作为定界符，字典的每个元素由两部分组成，即键和值，其中键不允许重复。

2. 假设有列表 a=['Python','C','Java']和 b=[1, 3, 2]，请使用一个语句将这两个列表的内容转换为字典，并且以列表 a 中的元素为键，以列表 b 中的元素为值。

3. 设计一个字典，并编写程序，以用户输入内容作为键，然后输出字典中对应的值。如果用户输入的键不存在，则输出"您输入的键不存在！"

4. 字典内容如下所示。

```
dic = {
    'Python': 91,
    'Java': 94,
    'C': 99
}
```

用程序解答下面的题目：

（1）字典的长度是多少？

（2）将'Java'这个 key 对应的 value 值改为 98。

（3）删除 C 这个 key。

（4）增加一个 key-value 对，key 为 Scala，value 是 90。

（5）获取所有的 key 值，存储在列表里。

（6）获取所有的 value 值，存储在列表里。

（7）判断 C++是否在字典中。

（8）获得字典里所有 value 的和。

（9）获取字典里最大的 value。

（10）字典 dic1 = {'C++': 97}，将 dic1 的数据更新到 dic 中。

## 第 5 章

程序流程控制

本章主要讲解布尔表达式，选择结构中的单向 if 语句、双向 if-else 语句、嵌套 if-elif-else 语句，条件表达式，while 循环，for 循环及其与 range( ) 函数的结合使用方法，利用 break，continue 和 else 控制循环的方式。

5.1 布尔表达式

Python 程序中的语句默认是按照书写顺序依次被执行的，称这样的语句之间的结构是顺序结构。在顺序结构中，各语句是按自上而下的顺序执行的，执行完上一条语句就自动执行下一条语句，语句之间的执行是不做任何判断的、无条件的。仅有顺序结构是不够的，因为有时人们需要根据特定的情况，有选择地执行某些语句，这时就需要一种选择结构的语句。另外，有时人们还需要在给定条件下重复执行某些语句，称这些语句是循环结构。

选择结构和循环结构都会使用布尔表达式作为选择的条件和循环的条件。布尔表达式是由关系运算符和逻辑运算符按一定的语法规则组成的式子。关系运算符有<（小于）、<=（小于等于）、==（等于）、>（大于）、>=（大于等于）、!=（不等于）。逻辑运算符有 and、or、not。

在 Python 中，False、None、0、""、( )、[ ]、{}作为布尔表达式时，会被解释器接收为假（False）。也就是特殊值 False 和 None、所有类型（包括浮点型、长整型和其他类型）的数字 0、空序列（比如空字符串、元组和列表）以及空的字典都被解释为 False。其他的对象都被解释为 True。

布尔数据类型（bool）的数据只有两个，即 True 和 False。一个布尔类型的变量的值只能是 True 或 False。Bool( )函数可以用来（和 list、str 以及 tuple 一样）将其他类型的数据转换为布尔类型的数据。示例如下。

```
>>> type(True)
<class 'bool'>
>>> bool('Practice makes perfect.')      #转换为布尔值
True
>>> bool(101)                             #转换为布尔值
True
>>> bool('')                              #转换为布尔值
```

```
False
>>> print(bool(4))
True
```

5.2 选择结构

选择结构通过判断某特定条件是否成立来决定下一步执行哪些语句，选择结构也叫分支结构。Python 使用 if 语句来实现选择结构，具体的选择结构有 if 单分支选择结构、if-else 双分支选择结构、if-elif-else 多分支选择结构以及条件表达式形式的双分支选择结构。

5.2.1 if 单分支选择结构

if 单分支选择结构的语法格式如下所示。

```
if 布尔表达式:
    语句块
```

if 单分支选择结构由 3 个部分组成：关键字 if、布尔表达式和布尔表达式结果为真时要执行的语句块。if 单分支选择结构的执行流程如图 5-1 所示。

注意：布尔表达式后面的冒号 ":" 是不可缺少的，是 if 语句的一部分。从图 5-1 可以看出，if 单分支选择结构中的语句块只有在布尔表达式的值为 True（真）时，才会被执行；否则，解释器就会跳过这个语句块，去执行紧

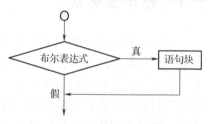

图 5-1 if 单分支选择结构的执行流程

跟 if 单分支选择结构之后的语句。这里的语句块既可以包含多条语句，也可以只有一条语句。当语句块由多条语句组成时，要有统一的缩进形式，相对于 if 向右至少缩进一个空格，否则就会报错。

【例 5-1】定义一个整数变量来保存用户输入的年龄值，判断年龄是否满 18 岁，如果满 18 岁，输出 "您已成年，欢迎进入网吧！"

```
age=eval(input("请输入您的年龄:"))
if age>=18:
    print("您已成年，欢迎进入网吧！")
```

5.2.2 if-else 双分支选择结构

if-else 双分支选择结构的语法格式如下所示。

```
if 布尔表达式:
    语句块 1
else:
    语句块 2
```

if-else 双分支选择结构的执行流程如图 5-2 所示。

从图 5-2 可以看出：当布尔表达式的值为 True（真）时，执行语句块 1；当布尔表达式的值为 False（假）时，执行语句块 2。无论布尔表达式取何种值，if-else 双分支选择结构总要在两个语句块中选择一个语句块执行。

【例 5-2】由用户输入一元二次方程的系数，计算一元二次方程的根。（5-2.py）

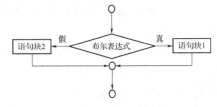

图 5-2　if-else 双分支选择结构的执行流程

```python
import math
print("----计算一元二次方程的根----")
a = float(input("请输入 a 的值: "))
b = float(input("请输入 b 的值: "))
c = float(input("请输入 c 的值: "))
if b**2-4*a*c>=0:
    x1=(-b+math.sqrt(b**2-4*a*c))/(2*a)
    x2=(-b-math.sqrt(b**2-4*a*c))/(2*a)
    print("x1="+str(x1),"\nx2="+str(x2))
else:
    print("方程无解")
```

5-2.py 执行的结果如下所示。

```
----计算一元二次方程的根----
请输入 a 的值: 1
请输入 b 的值: 4
请输入 c 的值: 3
x1=-1.0
x2=-3.0
```

5.2.3　if-elif-else 多分支选择结构

有时人们需要在多组操作中选择一组执行，这时就会用到多分支选择结构，对于 Python 语言来说就是 if-elif-else 语句。if-elif-else 多分支选择结构的语法格式如下所示。

```
if 布尔表达式 1 :
    语句块 1
elif 布尔表达式 2 :
    语句块 2
......
elif 布尔表达式 m :
    语句块 m
else :
    语句块 m+1
```

if-elif-else 多分支选择结构的执行流程如图 5-3 所示。

从图 5-3 可以看出：当布尔表达式 1 的值为 True（真）时，执行语句块 1；当布尔表达式 1 的值为 False（假）时，判断布尔表达式 2 的值，如果为真，执行语句块 2，否则判断下一个布尔表达式的值，依此类推，直到某个布尔表达式（设为布尔表达式 k）的值为真，执行语句块 k；若所有的布尔表达式的值都为 False（假），则执行语句块 m+1。

注意： 一个条件只有在这个条件之前的所有条件都变成 False 之后才被测试，虽然 if-elif-else 语句的备选操作较多，但是有且只有一个语句块被执行。

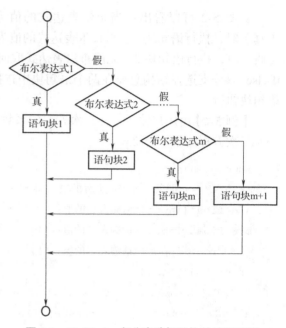

【例 5-3】 利用多分支选择结构将成绩从百分制变换到等级制。（score_degree.py）

图 5-3　if-elif-else 多分支选择结构的执行流程

```python
score=float(input('请输入一个分数：'))
if score>=90.0:
        grade='A'
elif score>=80.0:
        grade='B'
elif score>=70.0:
        grade='C'
elif score>=60.0:
        grade='D'
else:
        grade='F'
print(grade)
```

5.3　条件表达式

在 Python 中，可以使用条件表达式来实现双向选择的功能。条件表达式的语法结构如下所示。

表达式 1 if 布尔表达式 else 表达式 2

条件表达式的功能说明：如果布尔表达式为真，那么这个条件表达式的值就是表达式 1 的值；否则，就是表达式 2 的值。

条件表达式等于如下 if-else 语句。

```
if 布尔表达式:
    表达式 1
else:
    表达式 2
```

将变量 number1 和 number2 中较大的值赋给 max，可以使用下面的条件表达式简洁地完成。

```
max=number1 if number1>number2 else number2
```

判断一个数 number 是偶数还是奇数，并在是偶数时输出"number 这个数是偶数"，是奇数时输出"number 这个数是奇数"，可用一个条件表达式简单地编写一条语句来实现。

```
print(' number 这个数是偶数' if number%2==0 else ' number 这个数是奇数')
```

5.4　while 循环结构

所谓循环结构，就是在给定的条件为真的情况下，重复执行某些操作。Python 语言提供了两种类型的循环结构，分别是 while 循环结构和 for 循环结构。

while 循环结构用于在某条件成立时循环执行某段程序代码。while 循环结构的语法格式如下。

```
while 循环继续条件:
    循环体
```

while 循环流程如图 5-4 所示。while 循环包含一个循环继续条件，即控制循环是否执行的布尔表达式，每次执行循环体之前都计算该布尔表达式的值，如果它的计算结果为真，就执行循环体；否则，终止循环并将程序控制权转移到 while 循环后的语句。while 循环是一种条件控制式循环，它是根据循环继续条件的真假来控制是否执行循环体。使用 while 循环语句通常会遇到两种类型的问题：一种是循环次数事先确定的问题；另一种是循环次数事先不确定的问题。循环体可以是一个单一的语句或一组具有统一缩进的语句。

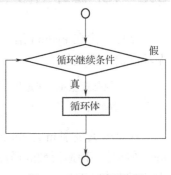

图 5-4　while 循环流程

【例 5-4】打印出所有的"水仙花数"。"水仙花数"是指一个 3 位的十进制数，其各位数字立方和等于该数本身。例如：153 是一个"水仙花数"，因为 $153 = 1^3 + 5^3 + 3^3$。（5-4.py）

问题分析如下。

1）"水仙花数"是一个 3 位的十进制数，因而本题需要对 100～999 范围内的每个数判断是否是"水仙花数"。

2）每次需要判断的数是有规律的，后一个数比前一个数多 1。这样在判断完上一个数 i 后，使 i 加 1 就可以得到下一个数，因而变量 i 既是循环变量，也是被判断的数。

```
i = 100                          #为变量 i 赋初始值
print('所有的水仙花数是: ', end='')
```

```
while i <= 999:                  #循环继续的条件
    c = i%10                     #获得个位数
    b = i//10%10                 #获得十位数
    a = i//100                   #获得百位数
    if a**3+b**3+c**3==i:        #判断是否是"水仙花数"
        print(i,end=' ')         #打印水仙花数
    i = i+1                      #变量 i 增加 1
```

在 IDLE 中，5-4.py 运行的结果如下所示。

所有的水仙花数是：153 370 371 407

注意： 确保循环继续条件最终变成 False，以便结束循环。编写循环程序时，常见的程序设计错误是循环继续条件总是为 True，循环变成无限循环。如果一个程序执行后，经过相当长的时间没有结束，那么它可能就是一个无限循环，可按〈Ctrl+C〉组合键来停止程序的执行。无限循环在服务器上响应客户端的实时请求时非常有用。

要想编写一个能够正确工作的 while 循环，需要考虑以下 3 步：

第 1 步：确认需要循环的循环体语句，即确定重复执行的语句序列。

第 2 步：把循环体语句放在循环内。

第 3 步：编写循环继续条件，并添加合适的语句以控制循环能在有限步内结束，即能使循环继续条件的值变成 False。

5.5　for 循环结构

循环结构在 Python 语言中有两种表现形式：一种是 while 循环；另一种是 for 循环。for 循环的语法格式如下。

```
for 控制变量 in 可遍历序列:
    循环体
```

这里的关键字 in 是 for 循环的组成部分，而非运算符 in。for 循环是一种遍历型的循环，因为它会依次遍历可遍历序列中的元素，每遍历一个元素就执行一次循环体，遍历完所有元素之后便退出循环。可遍历序列可以是列表、元组、字符串、字典、集合等。for 循环的流程如图 5-5 所示。

for 循环可遍历的对象包括列表、元组、字典、集合、文件，甚至可以是自定义类或者函数。举例如下。

【例 5-5】向姓名列表添加姓名。（5-5.py）

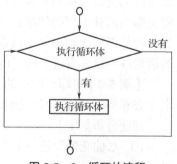

图 5-5　for 循环的流程

```
Names = ['宋爱梅','王志芳','于光','贾隽仙','贾燕青','刘振杰','郭卫东','崔红宇','马福平']
print("-----添加之前，列表 Names 的数据-----")
for Name in Names:
    print( Name,end=' ')
```

```
print('')
continueLoop='y'                                    #让用户来决定是否继续添加
while continueLoop=='y':
    temp = input('请输入要添加的学生姓名:')        #提示并添加姓名
    Names.append(temp)
    continueLoop=input('输入 y 继续添加，输入 n 退出添加：')
print ("-----添加之后，列表 Names 的数据-----")
for Name in Names:
    print(Name, end=' ')
```

在 IDLE 中，5-5.py 执行的结果如下所示。

-----添加之前，列表 A 的数据-----
宋爱梅王志芳于光贾隽仙贾燕青刘振杰郭卫东崔红宇马福平
请输入要添加的学生姓名:李明
输入 y 继续添加，输入 n 退出添加：y
请输入要添加的学生姓名:刘涛
输入 y 继续添加，输入 n 退出添加：n
-----添加之后，列表 A 的数据-----
宋爱梅王志芳于光贾隽仙贾燕青刘振杰郭卫东崔红宇马福平李明刘涛

【例 5-6】for 循环遍历输出字符串中的汉字，遇到标点符号换行输出。（5-6.py）

```
import string
str1 = "大梦谁先觉?平生我自知,草堂春睡足,窗外日迟迟."
for i in str1:
    if i not in string.punctuation:
        print(i,end='')
    else:
        print(' ')
```

在 IDLE 中，5-6.py 执行的结果如下所示。

大梦谁先觉
平生我自知
草堂春睡足
窗外日迟迟

【例 5-7】for 循环遍历输出字典元素。（5-7.py）

```
person={'姓名':'李明', '年龄':'26', '籍贯':'北京'}
#items()方法把字典中每对 key 和 value 组成一个元组，并把这些元组放在列表中返回
for key,value in person.items():
    print('key='+str(key)+',value='+str(value))
for x in person.items():        #只有一个控制变量时，返回每一对 key,value 对应的元组
    print(x)
```

```
for x in person:                  #不使用 items(),只能取得每一对元素的 key 值
    print(x)
```

在 IDLE 中,5-7.py 执行的结果如下所示。

```
key=姓名,value=李明
key=年龄,value=26
key=籍贯,value=北京
('姓名', '李明')
('年龄', '26')
('籍贯', '北京')
姓名
年龄
籍贯
```

【例 5-8】for 循环遍历文件,打印文件的每一行。(5-8.py)

```
文件 1.txt 存有两行文字:
向晚意不适,驱车登古原。
夕阳无限好,只是近黄昏。
fd = open('D:\\Python\\1.txt')        #打开文件,创建文件对象
for line in fd:
    print(line,end='')
fd.close()
```

在 IDLE 中,5-8.py 执行的结果如下所示。

```
向晚意不适,驱车登古原。
夕阳无限好,只是近黄昏。
```

很多时候,for 语句都是和 range( )函数结合使用的,比如利用两者来输出 0 ~ 20 之间的偶数,代码如下所示。

```
for x in range(21):
    if x% 2 == 0:
        print(x,end=' ')
```

在 IDLE 中,上述程序代码执行的结果如下所示。

```
0 2 4 6 8 10 12 14 16 18 20
```

现在解释程序的执行过程。首先,for 语句开始执行时,range(21)会生成一个由 0 ~ 20 这 21 个值组成的序列;然后,将序列中的第一个值即 0 赋给变量 x,并执行循环体。在循环体中,x% 2 为取余运算,得到 x 除以 2 的余数,如果余数为零,则输出 x 值;否则跳过输出语句。执行循环体中的选择语句后,序列中的下一个值将被装入变量 x,继续循环,以此类推,直到遍历完序列中的所有元素为止。

【例 5-9】输出斐波那契数列的前 n 项。斐波那契数列以兔子繁殖为例子而引入,故又称为"兔子数列",指的是这样一个数列:1,1,2,3,5,8,13,21,34,…,可通过递归的

方法定义：F(1)=1, F(2)=1, F(n)=F(n−1)+F(n−2)（n>=3, n∈N*）。(5-9.py)

问题分析：从斐波那契数列可以看出，从第三项起每一项的数值都是前两项（可分别称为倒数第二项、倒数第一项）的数值之和。斐波那契数列每增加一项，对下一个新的项来说，刚生成的项为倒数第一项，其前面的项为倒数第二项。

```
a=1
b=1
n=int(input('请输入斐波那契数列的项数(>2 的整数)：'))
print('前%d 项斐波那契数列为：'%(n),end='')
print(a,b,end=' ')
for k in range(3,n+1):
    c=a+b
    print(c,end=' ')
    a=b
    b=c
```

在 IDLE 中，5-9.py 执行的结果如下所示。

```
请输入斐波那契数列的项数(>2 的整数)：8
前 8 项斐波那契数列为：1 1 2 3 5 8 13 21
```

【例 5-10】输出斐波那契数列的前 n 项也可以用列表更简单地实现。(5-10.py)

```
fibs = [1, 1]
n=int(input('请输入斐波那契数列的项数(>2 的整数)：'))
for i in range(3,n+1):
    fibs.append(fibs[-2] + fibs[-1])
print('前%d 项斐波那契数列为：'%(n),end='')
print(fibs)
```

在 IDLE 中，5-10.py 执行的结果如下所示。

```
请输入斐波那契数列的项数(>2 的整数)：8
前 8 项斐波那契数列为：[1, 1, 2, 3, 5, 8, 13, 21]
```

5.6　循环中的 break，continue 和 else

break 语句和 continue 语句提供了另一种控制循环的方式。break 语句用来终止循环语句，即循环条件没有 False 或者序列还没被完全遍历完，就会停止执行循环语句。如果使用嵌套循环，break 语句将停止执行最深层的循环，并开始执行下一行代码。continue 语句终止当前迭代而进行循环的下一次迭代。Python 的循环语句可以带有 else 子句，else 子句在序列遍历结束（for 语句）或循环条件为假（while 语句）时执行，但循环被 break 语句终止时不执行。

5.6.1　用 break 语句提前终止循环

可以使用 break 语句跳出最近的 for 或 while 循环。下面的 TestBreak.py 程序演示了在循环中使用 break 语句的效果。

```
TestBreak.py
1.  sum=0
2.  for k in range(1, 30):
3.      sum=sum + k
4.      if sum>=200:
5.          break
6.
7.  print('k 的值为', k)
8.  print('sum 的值为', sum)
```

TestBreak.py 程序运行的结果如下所示。

```
k 的值为 20
sum 的值为 210
```

这个程序从 1 开始，把相邻的整数依次加到 sum 上，直到 sum 大于或等于 200。如果没有第 4 到第 5 行，这个程序将会计算 1~29 的所有数的和。但有了第 4 到第 5 行，循环会在 sum 大于或等于 200 时终止，跳出 for 循环。若没有第 4 到第 5 行，输出如下所示。

```
k 的值为 29
sum 的值为 435
```

5.6.2 用 continue 语句提前结束本次循环

有时并不希望终止整个循环的操作，而只希望提前结束本次循环，并接着执行下次循环，这时可以用 continue 语句。当 continue 语句在循环结构中执行时，并不会退出循环结构，而是立即结束本次循环，重新开始下一轮循环。也就是说，跳过循环体中在 continue 语句之后的所有语句，继续下一轮循环。continue 语句退出一次迭代，而 break 语句退出整个循环。下面通过例子来说明循环中使用 continue 语句的效果。

【例 5-11】要求输出 100~200 之间的不能被 7 整除的数以及不能被 7 整除的数的个数。（TestContinue.py）

问题分析。本题需要对 100~200 之间的每一个整数进行遍历，这可通过一个循环来实现；对遍历中的每个整数，判断其能否被 7 整除，如果不能被 7 整除，就将其输出。

```
1.  n = 0
2.  for k in range(100, 201):
3.      if k%7==0:
4.          continue
5.      print(k, end=' ')
6.      n+=1
7.
8.  print('\n100~200 之间不能被 7 整除的整数一共有%d 个'%(n))
```

TestContinue.py 程序运行的结果如下所示。

```
100 101 102 103 104 106 107 108 109 110 111 113 114 115 116 117 118 120 121
122 123 124 125 127 128 129 130 131 132 134 135 136 137 138 139 141 142 143 144
145 146 148 149 150 151 152 153 155 156 157 158 159 160 162 163 164 165 166 167
169 170 171 172 173 174 176 177 178 179 180 181 183 184 185 186 187 188 190 191
192 193 194 195 197 198 199 200
100～200 之间不能被 7 整除的整数一共有 87 个
```

程序分析：有了第 3 到第 4 行，当 k 能被 7 整除时，执行 continue 语句，流程跳转到表示循环体结束的第 7 行，第 5 到第 6 行不再执行。

5.6.3　循环语句的 else 子句

Python 的循环语句可以带有 else 子句。在循环语句中使用 else 子句时，else 子句只有在序列遍历结束（for 语句）或循环条件为假（while 语句）时才执行，但循环被 break 语句终止时不执行。带有 else 子句的 while 循环语句的语法格式如下所示。

```
while 循环继续条件:
    循环体
else:
    语句体
```

当 while 语句带有 else 子句时，如果 while 子句内嵌的"循环体"在整个循环过程中没有执行 break 语句（"循环体"中没有 break 语句，或者"循环体"中有 break 语句但是始终未执行），那么循环过程结束后，就会执行 else 子句中的语句体。否则，如果 while 子句内嵌的"循环体"在循环过程一旦执行 break 语句，那么程序的流程将跳出循环结构。因为这里的 else 子句也是该循环结构的组成部分，所以 else 子句内嵌的"语句体"也就不会执行了。

带有 else 子句的 for 循环语句的语法格式如下所示。

```
for 控制变量 in 可遍历序列:
    循环体
else:
    语句体
```

与 while 循环语句类似，如果 for 循环语句在遍历所有元素的过程中，从未执行 break 语句，则在 for 循环语句结束后，else 子句内嵌的语句体将得以执行；否则，一旦执行 break 语句，程序流程将连带 else 子句一并跳过。下面通过例子来说明循环中使用 else 子句的效果。

【例 5-12】判断给定的自然数是否为素数。（DeterminingPrimeNumber.py）

```python
import math
number = int(input('请输入一个大于 1 的自然数: '))
# math.sqrt(number)返回 number 的平方根
for i in range(2, int(math.sqrt(number))+1):
    if number % i == 0:
```

```
        print(number, '具有因子', i, ',', 所以', number,'不是素数')
        break                        #跳出循环，包括 else 子句
    else:                            # 如果循环正常退出，则执行该子句
        print(number, '是素数')
```

DeterminingPrimeNumber.py 执行结果如下所示。

```
请输入一个大于 1 的自然数: 28
28 具有因子 2 , 所以 28 不是素数
```

【例 5-13】for 循环正常结束执行 else 子句。

```
for i in range(2, 11):
    print(i)
else:
    print('for statement is over.')
```

在 IDLE 中执行上述程序代码得到的输出结果如下所示。

```
2,3,4,5,6,7,8,9,10,
for statement is over.
```

【例 5-14】for 循环执行过程中被 break 语句终止时不会执行 else 子句。

```
for i in range(10):
    if(i == 5):
        break
    else:
        print(i, end=' ')
else:
    print('for statement is over')
```

在 IDLE 中执行上述程序代码得到的输出结果如下所示。

```
0 1 2 3 4
```

5.7 综合实战：简易购物车

简易购物车包括以下功能：
1）输入充值金额。
2）展示商品的标号、名称及价格。
3）输入要买的商品标号。
4）显示购买的商品名称及其剩下的余额。
5）如果余额不足，给出提示并充值。
实现上述功能的程序代码如下。

```
initial_amount=100                    #金额初值
```

```
commodities =[ ('iPhone 11',4469), ('HUAWEI P40', 5988), ('小米 10 Pro', 4988),
    ('碎纸机', 499),('打印机', 1230),('墨盒', 89),('白板', 399)]
shopping_list=[]
balance =float(input("请输入您的充值金额: "))+initial_amount
print("您的当前余额是: ",balance)
ifshopping='y'
while ifshopping=='y':
    print("可购买的商品清单: ")
    for index,item in enumerate(commodities,start=1):
        print(index,item)
    option=int(input("请选择您要购买的商品标号: "))
    if 1<=option<=len(commodities):
        option_product=commodities[option-1]
        if option_product[1]<=balance:
            shopping_list.append(option_product)
            balance-=option_product[1]
            print("您选择的{0}已加入购物车, 购买{0}后\n 您当前的余额为: {1}".format
(option_product,balance))
        else:
            print("您的当前余额为%s, 余额不足! 请充值!" % salary)
            balance =float(input("请输入您的充值金额: "))
            print("您的当前余额是: ",balance)
    else:
        print("抱歉, 您选择的商品不存在! ")
    if shopping=(input("继续购物请输入y,退出购物请输入n: "))
if shopping_list:
    print("------------您购买的商品清单-------------")
    for p in shopping_list:
        print(p)
```

运行上述程序代码得到的输出结果如下所示。

```
请输入您的充值金额: 10000
您的当前余额是: 10100.0
可购买的商品清单:
1 ('iPhone 11', 4469)
2 ('HUAWEI P40', 5988)
3 ('小米 10 Pro', 4988)
4 ('碎纸机', 499)
5 ('打印机', 1230)
```

```
6 ('墨盒', 89)
7 ('白板', 399)
请选择您要购买的商品标号: 1
您选择的('iPhone 11', 4469)已加入购物车, 购买('iPhone 11', 4469)后
您当前的余额为: 5631.0
继续购物请输入y,退出购物请输入n: n
-----------您购买的商品清单-------------
('iPhone 11', 4469)
```

5.8 习题

1. 编写一个程序，判断用户输入的字符是数字字符、字母字符还是其他字符。

2. 输入三角形的 3 条边，判断能否组成三角形。若能，计算三角形的面积。

3. 输入 3 个整数 x, y, z，请把这 3 个数由小到大输出。

4. 输入某年某月某日，判断这一天是这一年的第几天？

5. 企业发放的奖金根据利润提成。利润（I）低于或等于 10 万元时，奖金可提 10%；利润高于 10 万元，低于 20 万元时，高于 10 万元的部分可提成 7.5%；20 万到 40 万之间时，高于 20 万元的部分可提成 5%；40 万到 60 万之间时，高于 40 万元的部分可提成 3%；60 万到 100 万之间时，高于 60 万元的部分可提成 1.5%；高于 100 万元时，超过 100 万元的部分按 1%提成。从键盘输入当月利润 I，求应发放多少奖金？

6. 由 1、2、3、4 个数字能组成多少个互不相同且无重复数字的 3 位数？都是多少？

7. 按相反的顺序输出列表的值。

8. 将一个正整数分解质因数。比如输入 90，打印出 90 = 2*3*3*5。

9. 判断 101～200 之间有多少个素数，并输出所有素数。

10. 一个数如果恰好等于它的因子之和，这个数就称为完数。比如 6 = 1 + 2 + 3，编程找出 1000 以内的所有完数。

11. 一球从 100m 高度自由落下，每次落地后反弹回原高度的一半，再落下。求它在第 10 次落地时，共经过多少米？第 10 次反弹多高？

12. 猴子第一天摘下若干个桃子，当即吃了一半，还不过瘾，又多吃了一个；第二天早上又将剩下的桃子吃掉一半，又多吃了一个。以后每天早上都吃了前一天剩下的一半又多一个。到第 10 天早上想再吃时，发现只剩下一个桃子了。求第一天共摘了多少个桃子？

第6章

函　数

函数是组织好的，可重复使用的，用来实现单一或相关联功能的代码段。函数能提高应用的模块性和代码的重复利用率。前面几章介绍了很多 Python 内置函数，通过使用这些内置函数可给编程带来很多便利，提高开发程序的效率。除了使用 Python 内置函数，还可以根据实际需要定义符合要求的函数，这被称为用户自定义函数。

6.1　函数定义

通过前面章节的学习，我们已经能够编写一些简单的 Python 程序了。但如果程序的功能比较多，规模比较大，把所有的代码都写在一个程序文件里，就会使文件中的程序变得庞杂，使人们阅读和维护程序变得困难。此外，有时程序中要多次实现某一功能，就要多次重复编写实现此功能的程序代码，这会使程序冗长、不精炼，这时可考虑用函数数据结构将重复的代码封装起来，需要这些代码时只需调用函数即可。

函数可简单地理解成：编写了一些语句，为了方便重复使用这些语句，把这些语句组合在一起，给它起一个名字。只要调用（使用）这个名字，就可以利用这些语句的功能。另外，每次调用函数时可以指定不同的参数作为输入，以便处理不同的数据；函数对数据处理后，还可以将相应的处理结果反馈给调用函数的调用者。比如 range(a,b)、int(x) 和 abs(x) 函数，当调用 abs(x) 函数时，系统就会执行该函数里的语句，并返回结果。

在 Python 程序中，函数必须"先定义，后使用"。例如，想用 rectangle( ) 函数去求长方形的面积和周长，必须事先按 Python 函数规范进行定义，指定函数的名称、参数、函数体。在 Python 中定义函数的语法格式如下。

```
def 函数名([参数列表]):
    '''注释'''
    函数体
```

在 Python 中，定义函数时需要注意以下几个事项。

1）Python 使用 def 关键字来定义函数。

2）def 之后是函数名，这个名字由用户自己指定，def 和函数名中间至少要有一个空格。

3）函数名后是圆括号，圆括号后要加冒号。圆括号内用于定义函数形式参数。简称形参。参数是可选的，函数可以没有参数。如果有多个参数，参数之间用逗号隔开。参数就像一个占位符，当调用函数时，就会将值传递给形式参数，这个值被称为实际参数或实参。在 Python

中，不需要声明形参的数据类型。

4）函数体指定函数应当完成什么操作，是由语句组成的，要有缩进，相对于 def 向右至少缩进一个空格。

5）函数可以有返回值，也可以没有返回值。要使函数有返回值，需要在函数体书写以关键字 return 开头的返回语句来返回值，执行 return 语句意味着函数中语句执行的终止。函数返回值的类型由 return 语句后要返回的表达式的值的类型决定。如果表达式的值是整型，则函数返回值的类型就是整型。

6）在定义函数时，开头部分的注释通常描述函数的功能和参数的相关说明，但这些注释并不是定义函数时必需的，可以使用内置函数 help( )来查看函数开头部分的注释内容。

【例 6-1】定义返回两个数中较小数的函数。

分析：设定函数名为 min，设定两个形式参数：num1 和 num2，函数体中通过 return 语句返回两个数中较小的那个数。图 6-1 解释了 min( )函数的定义及函数的调用。

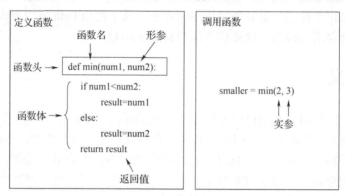

图 6-1　min( )函数的定义及函数的调用

Python 允许嵌套定义函数，即在一个函数中定义了另外一个函数。内层函数可以访问外层函数中定义的变量，但不能重新赋值，内层函数的局部命名空间不能包含外层函数定义的变量。嵌套函数定义举例如下。

```
def f1():              #定义函数 f1
    m=3               #定义变量 m=3
    def f2():          #在 f1 内定义函数 f2
        n=4           #定义局部变量 n=4
        print(m+n)
    f2()              #f1 函数内调用函数 f2
f1()                  #调用 f1 函数
```

上述程序代码在 IDLE 中运行的结果如下所示。

7

6.2　函数调用

在函数定义中，定义了函数体，在函数体中编写了实现特定处理功能的一系列语句。要使函数发挥特定的处理功能，就必须调用函数，调用函数的程序被称为调用者。调用函数的方式是**函数名（实参列表）**，实参的个数要与形参的个数相同并一一对应，实参的类型也要与形参在函数中所表现出来的类型一致。当程序调用一个函数时，程序的控制权就会转移到被调用的函数中。当执行完函数的返回值语句或函数体中的语句执行完时，函数就会将程序控制权交还给调用者，调用者继续执行后面的语句。如果函数有返回值，则可以在表达式中把函数调用当作值使用；如果函数没有返回值，则可以把函数调用作为表达式语句使用。表达式和语句的区别：表达式是一个值，结果不是值的代码则称为语句，如赋值语句、选择语句、循环语句等。根据函数是否有返回值，函数调用有两种方式：带有返回值的函数调用和不带返回值的函数调用。

6.2.1 带有返回值的函数调用

对带有返回值的函数调用通常作为一个值处理。例如：

```
>>>smaller = min(2, 3)        #这里的 min 函数指图 6-1 里定义的函数
```

smaller = min(2, 3)赋值语句表示调用 min(2, 3)，并将函数的返回值赋值给变量 smaller。另外一个把函数作为值处理的调用函数的例子如下。

```
print(min(2, 3))
```

这条语句将调用函数 min(2, 3)后的返回值输出。

【例 6-2】简单的函数调用。(6-2.py)

```
def fun():    #定义函数
    print('简单的函数调用1')
    return   '简单的函数调用2'
a=fun()       #调用函数 fun
print(a)
```

6-2.py 在 IDLE 中运行的结果如下。

```
简单的函数调用1
简单的函数调用2
```

注意： 即使函数没有参数，调用函数时也必须在函数名后面加上()，只有见到这个括号()，才会根据函数名从内存中找到函数体，然后执行。

【例 6-3】函数的执行顺序。(6-3.py)

```
def fun():
    print('第一个 fun 函数')
def fun():
    print('第二个 fun 函数')
fun()
```

6-3.py 在 IDLE 中运行的结果如下。

```
第二个 fun 函数
```

从上述执行结果可以看出，fun( )调用函数时执行的是第二个 fun( )函数，下面的 fun( )将上面的 fun( )覆盖掉了。也就是说，如果程序中有多个同函数名同参数的函数，调用函数时只有最近的函数发挥作用。

在 Python 中，**一个函数可以返回多个值**。

【例6-4】定义了一个输入两个数并以升序返回这两个数的函数。(6-4.py)

```
def sortA(num1, num2):
    if num1< num2:
        return num1,num2
    else:
        return num2, num1
n1, n2=sortA(2, 5)
print('n1是', n1, '\nn2是', n2)
```

6-4.py 在 IDLE 中运行的结果如下。

```
n1是 2
n2是 5
```

sortA( )函数返回两个值，当使用该函数的返回值时，需要用两个变量同时接收函数返回的两个值。

【例6-5】定义求两个正整数之间的整数和，包括这两个整数，并调用该函数分别求 1 ~ 10、11 ~ 20、21 ~ 30 的整数之间的整数和。(6-5.py)

6-5.py 程序文件中的代码如下。

```
1.  def sum(num1, num2):                              #定义 sum 函数
2.      result = 0
3.      for i in range(num1, num2 + 1):
4.          result += i
5.      return result
6.  def main():                                       #定义 main 函数
7.      print("Sum from 1 to 10 is", sum(1, 10))      #调用 sum 函数
8.      print("Sum from 11 to 20 is", sum(11, 20))    #调用 sum 函数
9.      print("Sum from 21 to 30 is", sum(21, 30))    #调用 sum 函数
10. main()                                            #调用 main 函数
```

6-5.py 在 IDLE 中运行的结果如下。

```
Sum from 1 to 10 is 55
Sum from 11 to 20 is 155
Sum from 21 to 30 is 255
```

这个程序文件包含 sum( )函数和 main( )函数，在 Python 中 main( )也可以写成其他任何合适的标识符。程序文件在第 10 行调用 main( )函数。习惯上，程序里通常定义一个包含程序主要功能的名为 main( )的函数。

这个程序的执行流程是：解释器从 6-5.py 文件的第 1 行开始一行一行地读取程序语句并执行；读到第 1 行的函数头时，将函数头以及函数体（第 1 ~ 5 行）存储在内存中。然后，解释器将 main( ) 函数的定义（第 6 ~ 9 行）读取到内存。最后，解释器读取到第 10 行时，调用 main( ) 函数，main( ) 函数中的语句被执行。程序的控制权转移到 main( ) 函数，main( ) 函数中的 3 条 print 输出语句分别调用 sum( ) 函数求出 1~10、11~20、21~30 之间的整数和，并将计算结果输出。6-5.py 中函数调用的流程图如图 6-2 所示，执行 "return result" 语句后，会将 result 返回给函数调用位置，即将 result 返回给调用者。

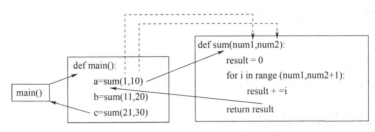

图 6-2　6-5.py 中函数调用的流程图

注意：这里的 main( ) 函数是定义在 sum( ) 函数之后，但也可以定义在 sum( ) 函数之前。在 Python 中，函数在内存中被调用，在调用某个函数之前，该函数必须已经调入内存，否则系统会出现函数未被定义的错误。也就是说，在 Python 中不允许前向引用，即在函数定义之前，不允许调用该函数。下面进一步举例说明。

```
testFunctionCall.py
print(printhello())        #在函数 printhello 定义之前调用该函数
def printhello():          #定义 printhello 函数
    print('hello')
```

在 IDLE 中运行，出现运行错误，运行结果如下。

```
=========== RESTART: C:\Users\cao\Desktop\test FunctionCall.py ===========
Traceback (most recent call last):
  File "C:\Users\cao\Desktop\test FunctionCall.py", line 1, in <module>
    print(printhello())
NameError: name 'printhello' is not defined
```

【例 6-6】编写函数，接收一个字符串，分别统计大写字母、小写字母、数字、其他字符的个数。（6-6.py）

```
def demo(s1):
    capital = little = digit = other = 0
    for i in s1:
        if 'A'<=i<='Z':
            capital+=1
        elif 'a'<=i<='z':
            little+=1
```

```
        elif '0'<=i<='9':
            digit+=1
        else:
            other+=1
    return (capital,little,digit,other)
s2 = input('请输入一段英文字符：')
print('输入的字符串中有大写字母%d个、小写字母%d个、数字%d个、其他字符%d个'%demo(s2))
```

6-6.py 在 IDLE 中运行的结果如下。

请输入一段英文字符：In 2005 when Kendall was sixteen, we thought she was pretty much out of the woods -- or at least heading in that direction.
输入的字符串中有大写字母 2 个、小写字母 90 个、数字 4 个、其他字符 27 个

6.2.2 不带返回值的函数调用

如果函数没有返回值，则对函数的调用是通过将函数调用作为一条语句来使用的，如下面含有一个形式参数的 printStr(str1) 函数的调用。

【例 6-7】无参函数定义与调用。（6-7.py）

6-7.py 程序文件中的代码如下。

```
def printStr(str1) :
    "打印任何传入的字符串"
    print(str1)
printStr('hello world') #调用函数 printStr()，将'hello world'传递给形参
```

6-7.py 在 IDLE 中运行的结果如下。

```
hello world
```

6.3 函数参数传递

函数定义时可以包括多个形参，而函数调用时可传递相应实参对象给形参，以便函数体中的代码可以引用这些实参对象。在 Python 中，数字、元组和字符串对象是不可更改的对象，而列表、字典对象是可以修改的对象。Python 中一切都是对象，函数调用时的参数传递应该说是传可变对象或不可变对象。因此，函数调用时传递的实参对象的类型分为不可变类型和可变类型。

1. 不可变类型

若 a 是数字、元组、字符串这 3 种类型中的一种，则函数调用 fun(a) 时，传递的只是 a 的值，在 fun(a) 内部修改 a 的值，只是修改 a 的一个复制对象，fun(a) 外部的 a 不会受影响。

2. 可变类型

若 a 是列表或字典，则函数调用 fun(a) 时，传递的是 a 所引用的对象，在 fun(a) 内部修改 a 的值，fun(a) 外部的 a 也会受影响。

【例 6-8】不可变类型的变量作实参举例。(6-8.py)

```
b=2
def changeInt(x):
    x = 2*x
print("b作为函数实参之前的值:",b)
changeInt(b)
print("执行 changeInt(b)之后 b 的值:",b)
```

6-8.py 在 IDLE 中运行的结果如下。

```
b作为函数实参之前的值: 2
执行 changeInt(b)之后 b 的值: 2
```

【例 6-9】可变类型的变量作实参举例。(6-9.py)

```
c=[1, 2, 3]
def changeList(x):
    x.append(4)
print("c作为函数实参之前的值:",c)
changeList(c)
print("执行 changeList(c)之后 c 的值:",c)
```

6-9.py 在 IDLE 中运行的结果如下。

```
c作为函数实参之前的值: [1, 2, 3]
执行 changeList(c)之后 c 的值: [1, 2, 3, 4]
```

6.4　函数参数的类型

　　函数的作用就在于它处理参数的能力,当调用函数时,需要将实参传递给形参。函数参数的使用可以分为两个方面:一是函数形参是如何定义的;二是函数在调用时实参是如何传递给形参的。在 Python 中,定义函数时不需要指定参数的类型,形参的类型完全由调用者传递的实参本身的类型来决定。函数形参的表现形式主要有位置参数、默认值参数、可变长度参数。函数实参的表现形式有关键字参数、序列解包参数。

6.4.1　位置参数

位置参数形式的函数的定义方式如下。

```
def functionName(参数1, 参数2, …)
    函数体
```

调用位置参数形式的函数时,实参默认按位置顺序传递给形参,即第 1 个实参传递给第 1 个形参,第 2 个实参传递给第 2 个形参,剩余参数类似传递。

【例 6-10】位置参数形式的函数定义与调用举例。(6-10.py)

```
def print_person(name, sex):
    sex_dict={1:'先生',2:'女士'}
    print('来人的姓名是%s，性别是%s'%(name,sex_dict[sex]))
print_person('李明', 1)    #必须包括两个实参
```

6-10.py 在 IDLE 中运行的结果如下。

来人的姓名是李明，性别是先生

例 6-10 中定义的 print_person(name, sex)函数中，name 和 sex 这两个参数都是位置参数。通过 print_person('李明', 1)调用函数时，两个实参值按照顺序依次赋值给 name 和 sex，即'李明'传递给 name，1 传递给 sex，实参与形参的含义要相对应，即不能颠倒'李明'和 1 的顺序。

6.4.2　关键字参数

关键字参数主要指函数调用时的实参向形参传递的方式，即实参以"形参名=实参值"关键字的形式向形参名传递实参值。使用关键字参数调用函数时，是按形参名字传递实参值，关键字参数的顺序可以和形参顺序不一致，不影响参数值的传递结果，避免了用户需要牢记形参顺序以及实参顺序与形参顺序相对应的麻烦。

【例 6-11】关键字参数函数举例。（6-11.py）

```
def person(name,age,sex):
    print('name:',name,'age:',age,'sex:',sex)
person(age=18,sex='M',name='John')    #以关键字参数的形式调用函数
```

6-11.py 在 IDLE 中运行的结果如下。

```
name: John age: 18 sex: M
```

6.4.3　默认值参数

对于位置参数形式的函数，在调用函数时如果实参个数与形参个数不相同，Python 解释器会抛出异常。为了解决这个问题，Python 允许为形式参数设置默认值，即在定义函数时，给形式参数指定一个默认值。调用含有默认值参数的函数时，如果没有给指定默认值的形参传递实参，这个形参就将使用函数定义时设置的默认值，Python 解释器不会抛出异常。Python 中很多内置函数都是带有默认值参数的函数，带默认值参数的函数定义如下。

```
def functionName (...,形参名，形参名=默认值):
    函数体
```

可以使用"函数名.__defaults__"查看函数所有默认值参数的当前值，其返回值为一个元组，其中的元素依次表示每个默认值参数的当前值。定义带默认值参数的函数的示例如下。

【例 6-12】定义计算 x 的 y 次方的函数，该函数默认计算 x 的平方。（6-12.py）
6-12.py 程序文件中的代码如下。

```
def pow(x, n = 2):
    result = 1
```

```
    while n > 0:
        result*=x
        n-=1
    return result
print("pow(2,4)=",pow(2,4))
print("pow(2)=",pow(2))            #n 采用默认值
```

6-12.py 在 IDLE 中运行的结果如下。

```
pow(2,4)= 16
pow(2)= 4
```

注意：在定义带有默认值参数的函数时，默认值参数必须出现在函数形参列表的最右端，其任何一个默认值参数右边都不能再出现非默认值参数。

6.4.4 可变长参数

当函数调用时想传递任意多个实参，这就需要写一个可变长形参的函数。在 Python 中，有两种可变长形参，分别是：参数名前面加*的可变长形参；参数名前面加**的可变长形参。

1. 可变长形参*

定义带有可变长形参*的函数的语法格式如下。

```
def functionName (arg1,arg2, *tupleArg):
    函数体
```

说明：tupleArg 前面的 "*" 表示 tupleArg 这个参数是一个可变长形参，用来接收多余的实参，并以元组的形式赋值给 tupleArg，称为元组形式参数。

【例 6-13】可变长形参*举例。（6-13.py）

6-13.py 程序文件中的代码如下。

```
def num (x,y,*args):
    print("x=",x)
    print("y=",y)
    print("args=",args)
print("num(1,2,3,4,5)的结果:")
num(1,2,3,4,5)  #将 1 赋值给 x，将 2 赋值给 y，(3,4,5)赋值给 args
```

6-13.py 在 IDLE 中运行的结果如下。

```
num(1,2,3,4,5)的结果:
x= 1
y= 2
args= (3, 4, 5)
```

【例 6-14】编写函数，可以接收任意多个整数并输出其中的最大值和所有整数之和。

```
>>> def demo(*x):
```

```
    print("%s 的最大值是%d"%(x,max(x)))
    print("%s 的各元素的数值之和是%d"%(x,sum(x)))
>>> demo(1,2,3,4,5)
(1, 2, 3, 4, 5)的最大值是 5
(1, 2, 3, 4, 5)的各元素的数值之和是 15
```

2. 可变长形参**

定义带有可变长形参**的函数的语法格式如下。

```
def functionName (arg1,arg2, **dictArg):
函数体
```

说明：dictArg 前面的 "**" 表示 dictArg 这个参数是一个可变长形参，用来接收多余的关键字形式的实参，并以字典的形式赋值给 dictArg，称为字典形式参数。

【例 6-15】可变长形参**举例。(6-15.py)

6-15.py 程序文件中的代码如下。

```
def printClassNum(class1,class2,**dictArg):
    print("class1=",class1)
    print("class2=",class2)
    print("dictArg=",dictArg)
print("printClassNum(60,58,class3=59,class4=60)的结果:")
#将 class3=59、class4=60 以字典形式赋值给 dictArg
printClassNum(60,58,class3=59,class4=60)
```

6-15.py 在 IDLE 中运行的结果如下。

```
printClassNum(60,58,class3=59,class4=60)的结果:
class1= 60
class2= 58
dictArg= {'class3': 59, 'class4': 60}
```

【例 6-16】可变长形参*和**混合使用举例。(6-16.py)

```
>>> def varLength (arg1,*tupleArg,**dictArg):   #定义函数
    print("arg1=",arg1)
    print("tupleArg=",tupleArg)
    print("dictArg=",dictArg)
>>> varLength ("Python ")
arg1= Python               #表明函数定义中的 arg1 是位置参数
tupleArg= ()               #表明函数定义中的 tupleArg 的数据类型是元组
dictArg= {}                #表明函数定义中的 dictArg 的数据类型是字典
>>> varLength('hello world','Python',a=1)
arg1= hello world
tupleArg= ('Python',)
```

```
dictArg= {'a': 1}
>>> varLength('hello world','Python','C',a=1,b=2)
arg1= hello world
tupleArg= ('Python', 'C')
dictArg= {'a': 1, 'b': 2}
```

6.5　lambda 表达式

Python 使用 lambda 表达式来创建匿名函数，即没有函数名字的临时使用的小函数。lambda 表达式的语法格式如下。

```
lambda [参数 1 [,参数 2,...参数 n]]:表达式
```

可以看出 lambda 表达式一般形式：关键字 lambda 后面有一个空格，后跟一个或多个参数，支持默认值参数和关键字参数，紧接着是一个冒号，之后是一个表达式，表达式的计算结果相当于函数的返回值。lambda 表达式的主体是一个表达式，而不是一个语句块，但在表达式中可以调用包含 return 语句的 def( )函数，不包含 return 语句的 def( )函数不可以放在表达式中。lambda 表达式拥有自己的名字空间，不能访问自有参数列表之外的参数。可以直接把 lambda 定义的函数赋值给一个变量，用变量名来表示 lambda 表达式所创建的匿名函数。

1）单个参数的 lambda 表达式如下。

```
>>> g = lambda x:x*2
>>> g(3)
6
```

2）多个参数的 lambda 表达式如下。

```
>>> f=lambda x,y,z:x+y+z        #定义一个 lambda 表达式，求 3 个数的和
>>> f(1,2,3)
6
>>>h = lambda x,y=2,z=3 : x+y+z     #创建带有默认值参数的 lambda 表达式
>>> print(h(1,z=4,y=5))
10
```

注意：lambda 表达式中 "："后面只能有一个表达式，包含 return 语句的 def( )函数可以放在 lambda 表达式中，不包含 return 语句的 def( )函数不可以放在 lambda 表达式中。

6.5.1　lambda 匿名函数和 def 函数的区别

lambda 匿名函数和 def 函数的区别有以下几点：

1）def 创建的函数是有名称的，而 lambda 创建的是匿名函数。

2）def 创建函数后会返回一个函数对象，给一个标识符，这个标识符就是定义函数时的函数名。lambda 表达式也会返回一个函数对象，但这个对象不会赋给一个标识符。下面举例说明。

```
>>> def f(x,y):
    return x+y
>>> a=f
>>> a(1,2)
3
```

3）lambda 表达式只是一个表达式，而 def( )函数是一个语句块。由于 lambda 只是一个表达式，它可以直接作为列表或字典的成员，即创建带有行为的列表或字典。

【例 6-17】创建带有行为的列表。

```
>>> info = [lambda x: x*2, lambda y: y*3]        #创建带有行为的列表
>>> print(info[0](2), info[1](2))
4 6
```

列表 info 中的两个元素都是 lambda 表达式，每个表达式是一个匿名函数，一个匿名函数表达一个行为。

【例 6-18】创建带有行为的字典。

```
>>> D = {'f1':(lambda x, y: x + y),
    'f2':(lambda x, y: x - y),
    'f3':(lambda x, y: x * y)}
>>> print(D['f1'](5, 2),D['f2'](5, 2),D['f3'](5, 2))
7 3 10
```

lambda 表达式可以用在列表对象的 sort( )方法中。

```
>>> import random
>>> data=list(range(0,20,2))
>>> data
[0, 2, 4, 6, 8, 10, 12, 14, 16, 18]
>>> random.shuffle(data)
>>> data
[2, 12, 10, 6, 16, 18, 14, 0, 4, 8]
>>> data.sort(key=lambda x: x)          #使用 lambda 表达式指定排序规则
>>> data
[0, 2, 4, 6, 8, 10, 12, 14, 16, 18]
>>> data.sort(key = lambda x: -x)       #使用 lambda 表达式指定排序规则
>>> data
[18, 16, 14, 12, 10, 8, 6, 4, 2, 0]
```

4）lambda 表达式 ":" 后面只能有一个表达式，返回一个值；而 def( )函数可以在 return 后面有多个表达式，返回多个值。

```
>>> def function(x):
    return x+1,x*2,x**2
```

```
>>> print(function(3))
(4, 6, 9)
>>> (a,b,c) = function(3)          #通过元组接收返回值，并存放在不同的变量里
>>> print(a,b,c)
4 6 9
```

function( )函数返回 3 个值。当它被调用时，需要 3 个变量同时接收函数返回的 3 个值。

6.5.2　自由变量对 lambda 表达式的影响

Python 中函数是一个对象，与整数、字符串等对象有很多相似之处，比如可以作为其他函数的参数。 Python 中的函数还可以携带自由变量。通过下面的测试用例来分析 Python 函数在执行时如何确定自由变量的值。

```
>>> i = 1
>>> def f(j):
      return i+j
>>> print(f(2))
3
>>> i = 5
>>> print(f(2))
7
```

可见，当定义函数 f( )时，Python 不会记录函数 f( )里面的自由变量"i"对应什么对象，只会告诉函数 f( )有一个自由变量，名字叫"i"。接着，当函数 f( )被调用执行时，Python 告诉函数 f( )：①空间上，需要在被定义时的外层命名空间（也称作用域）里面去查找 i 对应的对象，这里将这个外层命名空间记为 S；②时间上，在函数 f( )运行时，在 S 里面查找 i 对应的最新对象。上面测试用例中的 i＝5 之后，f(2)随之返回 7，恰好反映了这一点。继续看下面类似的例子。

```
>>> fTest = map(lambda i:(lambda j: i**j),range(1,6))
>>> print([f(2) for f in fTest])
[1, 4, 9, 16, 25]
```

在上面的测试用例中，fTest 是一个行为列表，里面的每个元素是一个 lambda 表达式，每个表达式中的 i 值通过 map( )函数映射确定下来，执行 print([f(2) for f in fTest])语句时，f 依次在 fTest 中选取里面的 lambda 表达式，并将 2 传递给 lambda 表达式中的 j，所以输出结果为[1, 4, 9, 16, 25]。再如下面的例子。

```
>>> fs = [lambda j:i*j for i in range(6)]
#fs 中的每个元素相当于含有参数 j 和自由变量 i 的函数
>>> print([f(2) for f in fs])
[10, 10, 10, 10, 10, 10]
```

之所以会出现[10, 10, 10, 10, 10, 10]这样的输出结果，是因为列表 fs 中的每个函数在定义

时其包含的自由变量 i 都是循环变量。因此，列表中的每个函数被调用执行时其自由变量 i 都是对应循环结束 i 所指对象值 5。

6.6　变量的作用域

变量声明的位置不同，其可被访问的范围也不同。变量可被访问的范围称为变量的作用域。变量按作用域的不同可分为全局变量和局部变量。

6.6.1　全局变量

在一个源代码文件中，在函数之外定义（声明）的变量称为全局变量。全局变量的作用域（范围）为其所在的源代码文件。不属于任何函数的变量一般为全局变量，它们在所有的函数之外创建，可以被所有的函数访问。

【例 6-19】全局变量使用举例。

```
name = 'Jack'          #全局变量，具有全局作用域
def f1():
    age = 18           #局部变量
    print(age,name)
def f2():
    age = 19           #局部变量
    print(age,name)
f1()
f2()
```

上述程序代码在 IDLE 中运行的结果如下。

```
18 Jack
19 Jack
```

在函数内部可改变全局变量所引用的可变对象（如列表、字典等）的值，如果需要对全局变量重新赋值，需要在函数内部使用 global 声明该变量。

【例 6-20】global 使用举例。

```
name = ['Chinese','Math']                #全局变量
name1 = ['Java','Python']                #全局变量
name2 = ['C','C++']                      #全局变量
def f1():
    name.append('English')              #列表的 append 方法可改变外部全局变量的值
    print('函数内 name: %s'%name)
    name1 = ['Physics','Chemistry'] #重新赋值无法改变外部全局变量的值
    print('函数内 name1: %s'%name1)
    global name2              #如果需重新给全局变量 name2 赋值，需使用 global 声明全局变量
```

```
    name2 = '123'
    print('函数内 name2: %s'%name2)
f1()
print('函数外输出 name: %s'%name)
print('函数外输出 name1: %s'%name1)
print('函数外输出 name2: %s'%name2)
```

上述程序代码在 IDLE 中运行的结果如下。

```
函数内 name: ['Chinese', 'Math', 'English']
函数内 name1: ['Physics', 'Chemistry']
函数内 name2: 123
函数外输出 name: ['Chinese', 'Math', 'English']
函数外输出 name1: ['Java', 'Python']
函数外输出 name2: 123
```

6.6.2　局部变量

在函数内部声明的变量（包括函数参数）被称为局部变量，其有效范围为函数内部从创建变量的地方开始，直到包含该变量的函数结束为止。当函数运行结束后，在该函数内部定义的局部变量被自动删除而不可再访问。

1）在函数内部，变量 x 被创建之后，不论全局变量中是否有变量 x，此后函数中使用的 x 都是在该函数内定义的这个 x。例如：

```
1. x = 1
2. def func():
3.     x = 2
4.     print(x)
5. func()
```

输出结果是 2，说明函数 func( ) 中定义的局部变量 x 覆盖全局变量 x。

2）如果函数内部的变量名是第一次出现，且出现在赋值符号 "=" 后面，且在之前已被定义为全局变量，则这里将引用全局变量。例如：

```
num = 10
def func():
    x = num + 10
    print(x)
func()
```

运行上述程序代码，输出结果是 20。

3）函数中使用某个变量时，如果该变量名既有全局变量也有局部变量，则默认使用局部变量。例如：

```
num = 10                #全局变量
```

```
def func():
    num = 20          #局部变量
    x = num * 10      #此处的 num 为局部变量
    print(x)
func()
```

运行上述程序代码，输出结果是200。

6.7　函数的递归调用

　　在调用一个函数的过程中又出现直接或间接地调用该函数本身，称为函数的递归调用。递归函数就是一个调用自己的函数。递归常用来解决结构相似的问题。所谓结构相似，是指构成原问题的子问题与原问题在结构上相似，可以用类似的方法求解。具体地，整个问题的求解可以分为两部分：第一部分是一些特殊情况（也称为最简单的情况），有直接的解法；第二部分与原问题相似，但比原问题的规模小，并且依赖第一部分的结果。每次递归调用都会简化原始问题，让它不断地接近最简单的情况，直至变成最简单的情况。实际上，递归是把一个大问题转化成一个或几个小问题，再把这些小问题进一步分解成更小的小问题，直至每个小问题都可以直接解决。因此，递归有两个基本要素：

　　1）边界条件。确定递归到何时终止，也称为递归出口。

　　2）递归模式。大问题如何分解为小问题，也称为递归体。

　　递归函数只有具备了这两个要素，才能在有限次计算后得出结果。

　　许多数学函数都是使用递归来定义的。例如，数字 n 的阶乘 $n!$ 可以按下面的递归方式进行定义：

$$n! = \begin{cases} n! = 1 & (n = 0) \\ n \times (n-1)! & (n > 0) \end{cases}$$

　　对于给定的 n，如何求 $n!$ 呢？

　　求 $n!$ 可以用递推方法，即从 1 开始，乘 2，再乘 3，…，一直乘到 n。这种方法容易理解，也容易实现。递推法的特点是从一个已知的事实（如 $1!=1$）出发，按一定规律推出下一个事实（如 $2!=2\times 1!$），再从这个新的已知的事实出发，再向下推出一个新的事实（$3!=3\times 2!$），直到推出 $n! = n \times (n-1)!$。

　　求 $n!$ 也可以用递归方法，即假设已知 $(n-1)!$，使用 $n! = n \times (n-1)!$ 就可以立即得到 $n!$。这样，计算 $n!$ 的问题就简化为计算 $(n-1)!$。当计算 $(n-1)!$ 时，可以递归地应用这个思路直到 n 递减为 0。

　　假定计算 $n!$ 的函数是 factorial(n)。如果 n=1 调用这个函数，立即就能返回它的结果，这种不需要继续递归就能知道结果的情况称为基础情况或终止条件。如果 n>1 调用这个函数，它会把这个问题简化为计算 n-1 的阶乘的子问题。这个子问题和原问题本质上是一样的，具有相同的计算特点，但比原问题更容易计算、计算规模更小。

　　计算 $n!$ 的函数 factorial(n)可简单地描述如下。

```
def factorial (n):
```

```
    if n==0:
        return 1
    return n * factorial (n - 1)
```

一个递归调用可能导致更多的递归调用，因为这个函数会持续地把一个子问题分解为规模更小的新的子问题，但这种递归不能无限地继续，必须有终止的那一刻，即通过若干次递归调用之后能终止继续调用，也就是说要有一个递归调用终止的条件，这时很容易求出问题的结果。当递归调用达到终止条件时，就将结果返回给调用者。然后调用者据此进行计算，并将计算的结果返回给它自己的调用者。这个过程持续进行，直到结果被传回给原始的调用者为止。如 y = factorial (n)，y 调用 factorial (n)，结果被传回给原始的调用者就是传给 y。

如果计算 factorial (5)，则可以根据函数定义看到如下计算 5!的过程。

```
===> factorial (5)
===> 5 * factorial (4)                          #递归调用 factorial (4)
===> 5 * (4 * factorial (3))                     #递归调用 factorial (3)
===> 5 * (4 * (3 * factorial (2)))               #递归调用 factorial (2)
===> 5 * (4 * (3 * (2 * factorial (1))))          #递归调用 factorial (1)
===> 5 * (4 * (3 * (2 * (1*factorial (0)))))       #递归调用 factorial (0)
===> 5 * (4 * (3 * (2 * (1*1))))    #factorial (0)结果已经知道,返回结果,接着计算1*1
===> 5 * (4 * (3 * (2 * 1)))         #返回1*1的计算结果,接着计算2*1
===> 5 * (4 * (3 * 2))               #返回2*1的计算结果,接着计算3*2
===> 5 * (4 * 6)                     #返回3*2的计算结果,接着计算4*6
===> 5 * 24                          #返回4*6的计算结果,接着计算5*24
===> 120                             #返回5*24的计算结果到调用处,计算结束
```

图 6-3 以图形的方式描述了从 n=2 开始的递归调用过程。

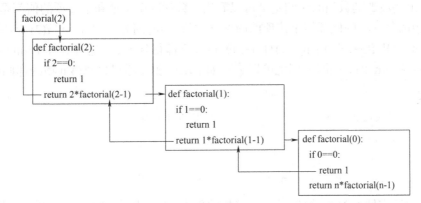

图 6-3 factorial( )函数的递归调用过程

```
>>> factorial (5)                #计算 5 的阶乘
120
```

可以修改代码，详细地输出计算 5!的每一步。

```
>>> def factorial(n):
    print("当前调用的阶乘 n = " + str(n))
    if n == 0:
        return 1
    else:
        res = n * factorial(n - 1)
        print("目前已计算出%d*factorial(%d)=%d"%(n, n - 1, res))
        return res
>>> factorial(5)
当前调用的阶乘 n = 5
当前调用的阶乘 n = 4
当前调用的阶乘 n = 3
当前调用的阶乘 n = 2
当前调用的阶乘 n = 1
当前调用的阶乘 n = 0
目前已计算出 1*factorial(0)=1
目前已计算出 2*factorial(1)=2
目前已计算出 3*factorial(2)=6
目前已计算出 4*factorial(3)=24
目前已计算出 5*factorial(4)=120
120
```

【**例 6-21**】通过递归函数输出斐波那契数列的第 n 项。斐波那契数列指这样一个数列：1，1，2，3，5，8，13，21，34，…，可通过递归的方法定义：f(1)=1，f(2)=1，f(n)=f(n-1)+f(n-2)（n>=3，n∈N*）。（6-21.py）

分析：由斐波那契数列的递归定义可以看出：数列的第 1 项和第 2 项的值都是 1，从第 3 项起，数列中的每一项的值都等于该项前面两项的值之和。因为已知 f(1)和 f(2)，容易求得 f(3)。假设已知 f(n-1)和 f(n-2)，由 f(n-1)+f(n-2)就可以立即得到 f(n)。这样计算 f(n)的问题就简化为计算 f(n-1)和 f(n-2)的问题，据此可以编写如下求解斐波那契数列第 n 项的递归函数。

```
def fib(n):
    if n==1 or n==2:              #递归终止的条件
        return 1
    else:
        return fib(n-1)+fib(n-2)  #继续递归调用
```

下面的程序文件 6-21.py 给出了一个完整的程序，提示用户输入一个正整数，然后输出这个整数所对应的斐波那契数列的项。

```
def fib(n):
    if n==1 or n==2:              #递归终止的条件
        return 1
```

```
    else:
        return fib(n-1)+fib(n-2)        #继续递归调用
n=int(input("请输入一个正整数: "))
print("斐波那契数列的第%d项是: %d"%(n, fib(n)))
```

6-21.py 在 IDLE 中运行的结果如下。

```
请输入一个正整数: 19
斐波那契数列的第 19 项是: 4181
```

更进一步，可写出输出斐波那契数列的前 n 项的递归函数。

```
>>> def func(arg1,arg2,n):
    if arg2 == 1:
        print(arg1,arg2,end=' ')
    arg3 = arg1 + arg2
    print(arg3,end=' ')
    if n<=3:
        return
    func(arg2,arg3,n-1)
>>> func(1,1,8)                 #输出斐波那契数列的前 8 项
1 1 2 3 5 8 13 21
```

【例 6-22】 使用递归函数实现汉诺塔问题。

汉诺塔（又称河内塔）问题源于印度的一个古老传说：有了根金刚石柱子，在一根柱子上从下往上按照大小顺序摆着 64 片黄金圆盘，称为汉诺塔。要求把圆盘从一根柱子上按大小顺序重新摆放到另一根柱子上，并且规定小圆盘上不能放大圆盘，在 3 根柱子之间一次只能移动一个圆盘。这个问题称为汉诺塔问题。

汉诺塔问题可描述为：假设柱子编号为 a、b、c，开始时 a 柱子上有 n 个盘子，要求把 a 上面的盘子移动到 c 柱子上，在 3 根柱子之间一次只能移动一个圆盘，且小圆盘上不能放大圆盘。在移动过程中可借助 b 柱子。

要想完成把 a 柱子上的 n 个盘子借助 b 柱子移动到 c 柱子上这一任务，只需完成以下 3 个子任务：

1）把 a 柱子上面的 $n-1$ 个盘，移动到 b 柱子上。

2）把 a 柱子最下面的第 n 个盘移动到 c 柱子上。

3）把 1）步中移动到 b 柱子上的 $n-1$ 个盘移动到 c 柱子上，任务完成。

基于上面的分析，汉诺塔问题可以用递归函数来实现。定义函数 move(n,a,b,c) 表示把 n 个圆盘从柱子 a 移动到柱子 c，在移动过程中可借助 b 柱子。

递归终止的条件：当 $n=1$ 时，move(1, a, b, c) 该情况是最简单情况，可直接求解，即答案是直接将盘子从 a 移动到 c。

递归过程：把 move(n, a, b, c) 细分为 move(n-1, a, c, b)，move(1, a, b, c) 和 move(n-1, b, a, c)
实现汉诺塔问题的递归函数如下。

```
>>> def move(n,a,b,c):
    if n==1:
        print(a,'-->',c, end='; ')      #将 a 上面的第一个盘子移动到 c 上
    else:
        move(n-1, a, c, b)              #将 a 柱子上面的 n-1 个盘子从 a 移动到 b 上
        move(1, a, b, c)               #将 a 柱子剩下的最后一个盘子从 a 移动到 c 上
        move(n-1, b, a, c)             #将 b 上的 n-1 个盘子移动到 c 上
>>> move(3,'A','B','C')
A --> C; A --> B; C --> B; A --> C; B --> A; B --> C; A --> C;
>>> move(4,'A','B','C')
A --> B; A --> C; B --> C; A --> B; C --> A; C --> B; A --> B; A --> C; B --> C;
B --> A; C --> A; B --> C; A --> B; A --> C; B --> C;
```

6.8 常用内置函数

6.8.1 map()函数

map(func, seq1[, seq2, …])：第一个参数接受一个函数名，后面的参数接受一个或多个可迭代的序列，将 func 依次作用在序列 seq1[, seq2, …]同一位置处的元素上，得到一个新的序列。

1）当只有一个序列 seq 时，返回一个由函数 func 作用于 seq 的每个元素上所得到的返回值组成的新序列。

```
>>> L=[1,2,3,4,5]
>>> list(map((lambda x: x+5),L))      #将 L 中的每个元素加 5
[6, 7, 8, 9, 10]
>>> def f(x):
    return x*2
>>> L = [1, 2, 3, 4, 5]
>>> list(map(f, L))
[2, 4, 6, 8, 10]
```

2）当有多个序列 seq 时，每个 seq 的同一位置的元素传入多元的 func 函数（有几个序列，func 就应该是几元函数），每个返回值都是将要生成的序列中的元素。

```
>>> def add(a,b):                      #定义一个二元函数
    return a+b
>>> a=[1,2,3]
>>> b=[4,5,6]
>>> list(map(add,a,b))                 #将 a，b 两个列表同一位置的元素相加求和
[5, 7, 9]
>>> list(map(lambda x , y : x ** y, [2,4,6],[3,2,1]))
[8, 16, 6]
```

```
>>> list(map(lambda x , y, z : x + y + z, (1,2,3), (4,5,6), (7,8,9)))
[12, 15, 18]
```

3）如果函数有多个序列参数，若每个序列的元素数量不一样多，则会根据最少元素的序列进行 map( )函数计算。

```
>>> list1 = [1, 2, 3, 4, 5, 6, 7]        #7 个元素
>>> list2 = [10, 20, 30, 40, 50, 60]     #6 个元素
>>> list3 = [100, 200, 300, 400, 500]    #5 个元素
>>> list(map(lambda x,y,z : x**2 + y + z,list1, list2, list3))
[111, 224, 339, 456, 575]
```

6.8.2　reduce( )函数

reduce( )函数在库 functools 里，如果要使用该函数，需要从这个库里导入。reduce( )函数的语法格式如下。

```
reduce(function, sequence[, initializer])
```

参数说明如下。

function：有两个参数的函数名。

sequence：序列对象。

initializer：可选，初始参数。

1）不带初始参数 initializer 的 reduce( )函数：reduce(function, sequence)。先将 sequence 的第一个元素作为 function( )函数的第一个参数，sequence 的第二个元素作为 function( )函数的第二个参数进行 function( )函数运算，然后将得到的返回结果作为下一次 function( )函数运算的第一个参数，并将 sequence 的第三个元素作为 function( )函数的第二个参数进行 function( )函数运算，得到的结果再与 sequence 的第四个元素进行 function( )函数运算，依次进行下去直到 sequence 中的所有元素都得到处理。

【例 6-23】不带初始参数 initializer 的 reduce( )函数使用举例。

```
>>> from functools import reduce
>>> def add(x,y):
    return x+y
>>> reduce(add, [1,2,3,4,5])                #计算列表中元素的和：1+2+3+4+5
15
>>> reduce(lambda x, y: x * y, range(1, 11))    #求得 10 的阶乘
3628800
```

2）带初始参数 initializer 的 reduce( )函数：reduce(function, sequence,initializer)。先将初始参数 initializer 作为 function( )函数的第一个参数，sequence 的第一个元素作为 function( )函数的第二个参数进行 function( )函数运算，然后将得到的返回结果作为下一次 function( )函数运算的第一个参数，并将 sequence 的第二个元素作为 function( )的第二个参数进行 function( )函数运算，得到的结果再与 sequence 的第三个元素进行 function ( )函数运算，依次进行下去直

到 sequence 中的所有元素都得到处理。

【例 6-24】带初始参数 initializer 的 reduce( )函数使用举例。

```
>>> from functools import reduce
>>> reduce(lambda x, y: x + y, [2, 3, 4, 5, 6], 1)
21
```

【例 6-25】统计一段文字的词频。

```
>>> from functools import reduce
>>> import re
>>> str1="Youth is not a time of life; it is a state of mind; it is not a matter
of rosy cheeks, red lips and supple knees; it is a matter of the will, a quality
of the imagination, a vigor of the emotions; it is the freshness of the deep springs
of life. "
>>> words=str1.split()                              #以空字符为分隔符对 str1 进行分割
>>> words
['Youth', 'is', 'not', 'a', 'time', 'of', 'life;', 'it', 'is', 'a', 'state',
'of', 'mind;', 'it', 'is', 'not', 'a', 'matter', 'of', 'rosy', 'cheeks,', 'red',
'lips', 'and', 'supple', 'knees;', 'it', 'is', 'a', 'matter', 'of', 'the', 'will,',
'a', 'quality', 'of', 'the', 'imagination,', 'a', 'vigor', 'of', 'the', 'emotions;',
'it', 'is', 'the', 'freshness', 'of', 'the', 'deep', 'springs', 'of', 'life.']
>>> words1=[re.sub('\W', '', i) for i in words] #将字符串中的非单词字符替换为''
>>> words1
['Youth', 'is', 'not', 'a', 'time', 'of', 'life', 'it', 'is', 'a', 'state',
'of', 'mind', 'it', 'is', 'not', 'a', 'matter', 'of', 'rosy', 'cheeks', 'red',
'lips', 'and', 'supple', 'knees', 'it', 'is', 'a', 'matter', 'of', 'the', 'will',
'a', 'quality', 'of', 'the', 'imagination', 'a', 'vigor', 'of', 'the', 'emotions',
'it', 'is', 'the', 'freshness', 'of', 'the', 'deep', 'springs', 'of', 'life']
>>> def fun(x,y):
    if y in x:
        x[y]=x[y]+1
    else:
        x[y]=1
    return x
>>> result=reduce(fun, words1, {})                  #统计词频
>>> result
{'Youth': 1, 'is': 5, 'not': 2, 'a': 6, 'time': 1, 'of': 8, 'life': 2, 'it':
4, 'state': 1, 'mind': 1, 'matter': 2, 'rosy': 1, 'cheeks': 1, 'red': 1, 'lips':
1, 'and': 1, 'supple': 1, 'knees': 1, 'the': 5, 'will': 1, 'quality': 1,
'imagination': 1, 'vigor': 1, 'emotions': 1, 'freshness': 1, 'deep': 1, 'springs': 1}
```

6.8.3 filter( )函数

filter( )函数用于过滤序列，过滤掉不符合条件的元素，返回由符合条件元素组成的新序列，语法格式如下。

```
filter(func, sequence)
```

参数说明如下。

func：函数。

sequence：序列对象。

函数功能：序列 iterable 的每个元素作为参数传递给 func 函数进行判断，func 函数返回 True 或 False，由所有使 func 函数的返回值 True 的元素组成的新的序列即为 filter( )函数的返回值。

【例 6-26】过滤出列表中的所有奇数。

```
>>> def is_odd(n):
    return n%2 == 1
>>> newlist = filter(is_odd, range(1,20))
>>> list(newlist)
[1, 3, 5, 7, 9, 11, 13, 15, 17, 19]
```

【例 6-27】过滤出列表中的所有回文数。

分析：回文数是一种正读和倒读都一样的数字，如 98789 倒读也为 98789。

```
>>> def is_palindrome(n):                          #定义判断是否为回文数的函数
    n=str(n)
    m=n[::-1]
    return n==m
>>> newlist = filter(is_palindrome, range(100,200)) #过滤出列表中的所有回文数
>>> list(newlist)
[101, 111, 121, 131, 141, 151, 161, 171, 181, 191]
```

6.9 习题

1. 刚上大一的小李同学一家外出旅游，行驶到合肥时突然发现油量不足，此时他们一家到杭州、南京、上海的剩余里程分别是 435km、175km、472km。假设汽车的油耗是 8 升/百公里，请写一个函数，根据输入的油量，帮助他们选择能去的最远的城市。

要求：根据可行驶里程进行判断，打印出最远能去的城市名。如果油量不足哪里都不能去，则打印出先去加油站吧。

2. 假设你在编程咖啡店干得不错，已经晋升为店长。已知的信息如下：

咖啡店目前只卖拿铁，每杯售价 24 元，成本为 8 元；

咖啡店每天的水电、人工成本为 500 元。

请写一个利润计算器来计算咖啡店每天的利润。要求：

1）定义一个名为 calc_profit 的函数。

2）该函数有一个参数，为当天卖出的拿铁数量。

3）函数的返回值为咖啡店当天的净利润（不需要单位）。

4）调用函数并打印出咖啡店当天的净利润。

3. 你已经作为咖啡店店长干了一段时间了，领导想对你管理的店进行考核。考核要求很简单：每天的净利润 2000 元以上（含 2000 元）为合格，每个月 20 天以上（含 20 天）为合格，才能继续当店长。

1）调用 calc_profit( ) 函数，定义一个名为 calc_perf 的函数，该函数功能为判断能否继续当店长。

2）调用函数并打印出上个月每天的合格情况。

3）调用函数并打印出你是否能继续当店长。

4. 双素数是指一对差值为 2 的素数，如 3 和 5 就是一对双素数。编写程序找出所有小于 1000 的双素数。

5. 一只青蛙一次可以跳上 1 级台阶，也可以跳上 2 级，…，它也可以跳上 n 级。求该青蛙跳上一个 n 级的台阶共有多少种跳法？

第 7 章

正则表达式

正则表达式描述了一种匹配字符串的模式，可以用来检查一个字符串是否含有正则表达式描述的字符串。构造正则表达式的方法和创建数学表达式的方法类似。构造正则表达式就是用多种元字符与运算符将小的表达式结合在一起来创建更大的表达式。正则表达式的组件可以是单个的字符、字符集合、字符范围、字符间的选择或者所有这些组件的任意组合。

7.1 正则表达式的构成

正则表达式是由普通字符（如大写和小写字母、数字等）、预定义字符（如\d 表示 0 ~ 9 的 10 个数字集[0-9]，用于匹配数字）以及元字符（如*表示匹配位于*之前的字符或子表达式 0 次或多次出现）组成的字符串，也称为模式（pattern）、模板。模式描述了满足某些规则的字符串。

一些用\开始的字符表示预定义字符。表 7-1 列出了在正则表达式中常用的预定义字符。

表 7-1 正则表达式中常用的预定义字符

预定义字符	功能说明
\d	表示 0 ~ 9 的 10 个数字集[0-9]，用于匹配一个数字
\D	表示非数字字符集，等价于[^0-9]，用于匹配一个非数字字符
\f	用于匹配一个换页符
\n	用于匹配一个换行符
\r	用于匹配一个回车符
\s	表示空白字符集[\f\n\r\t\v]，用于匹配一个空白字符
\S	表示非空白字符集，等价于[^ \f\n\r\t\v]，用于匹配一个非空白字符
\w	表示单词字符集[a-zA-Z0-9_]，匹配数字、字母、下画线中任意一个字符
\W	表示非单词字符集[^a-zA-Z0-9_]，匹配非数字、字母、下画线中的任意字符
\A	匹配字符串开始位置，忽略多行模式
\Z	匹配字符串结束位置，忽略多行模式
\b	表示单词字符与非单词字符的边界，不匹配任何实际字符，在正则表达式中使用\b 时需在其前面加\
\B	表示单词字符与单词字符的边界，非单词字符与非单词字符的边界

在 Python 中通过 re 模块来实现正则表达式处理功能。导入 re 模块后，可使用如下的 findall( )函数在字符串中查找满足模式的所有子字符串。

```
re.findall(pattern, string[, flags])
```

函数功能：扫描整个字符串并返回所有与模式匹配的子字符串，并把它们作为一个列表返回。

函数参数说明如下。

pattern：正则表达式模式。

string：要匹配的字符串。

flags：标志位，用于控制正则表达式的匹配方式，如是否区分大小写、多行匹配等。

```
>>> import re
>>> string="hello2worldhello3worldhello4"
#获取string中所有"hello"后跟一个数字的所有子字符串
>>> re.findall("hello\d", string)
['hello2', 'hello3', 'hello4']
>>> re.findall("\Ahello\d", string)
['hello2']
>>> re.findall("hello\d\Z", string)
['hello4']
#search()返回第一个和模式相匹配的字符串,返回结果中的match表示匹配到的子字符串
>>> re.search('\\bPython\\b', '**Python&&')
<_sre.SRE_Match object; span=(2, 8), match='Python'>
>>> re.search('\\bbaidu.com\\b', '**baidu.com@@')
<_sre.SRE_Match object; span=(2, 11), match='baidu.com'>
```

元字符：一些有特殊含义的字符。若要匹配元字符，必须首先使元字符"转义"，即将反斜杠字符\放在它们前面，使之失去特殊含义，成为一个普通字符。表 7-2 列出了一些常用的元字符。

表 7-2　常用的元字符

元字符	描述
\	将下一个字符标记为特殊字符、原义字符、向后引用等。例如，'n'匹配字符'n'，'\n'匹配换行符，'\\'匹配"\"，'\('则匹配"("
.	匹配任何单字符(换行符\n 之外)，要匹配.，需使用\.
^...	匹配以^后面的...字符序列开头的行首，要匹配^字符本身，需使用\^
...$	匹配以$之前的...字符序列结束的行尾
(...)	标记一个子表达式的开始和结束位置，即将位于( )内的字符作为一个整体看待
*	匹配位于*之前的字符或子表达式 0 次或多次
+	匹配位于+之前的字符或子表达式 1 次或多次
?	匹配位于?之前的字符或子表达式 0 次或 1 次
{m}	匹配{m}之前的字符 m 次
{m, n}	匹配{m, n}之前的字符 m 至 n 次，m 和 n 可以省略。若省略 m，则匹配 0 至 n 次；若省略 n，则匹配 m 至无限次
[...]	匹配位于[...]中的任意一个字符
[^...]	匹配不在[...]中的字符，[^abc]表示匹配除了 a、b、c 之外的字符
|	匹配位于|之前或之后的字符

下面给出正则表达式的应用实例。

1. 匹配字符串字面值

正则表达式最为直接的功能就是用一个或多个字符字面值来匹配字符串，这和在 Word 等字符处理程序中使用关键字查找类似。当以逐个字符对应的方式在文本中查找字符串时，就是在用字符串字面值查找。

```
>>> import re
>>> re.findall("java", "javacjava")#获取"javacjava"中所有与"java"匹配的字符串
['java', 'java']
```

2. 匹配数字

预定义字符 "\d" 用于匹配任意数字，也可用字符组[0-9]替代 "\d" 来匹配任意数字。此外，可以列出 0~9 范围内的所有数字[0123456789]来进行匹配。如果只想匹配 1 和 2 两个数字，则可以使用[12]来实现。

```
>>> re.findall("\d", "12java34java56")
['1', '2', '3', '4', '5', '6']
>>> re.findall("\\b\d{3}\\b", " 123 a*456#b789")          #匹配 3 位数字
['123', '456']
>>> re.findall("\\b\d{3,}\\b", " 123 a*4567#b7890*")       #匹配至少 3 位的数字
['123', '4567']
#匹配非零开头的最多带两位小数的数字
>>> re.findall("[1-9][0-9]*\.\d{1,2}\\b", " 1.23 a*45.6#b7.892*")
['1.23', '45.6']
#匹配正数、负数和小数
>>> re.findall("-?\d+\.?\d+", "1.23@0.7g1897f-1.32")
['1.23', '0.7', '1897', '-1.32']
```

3. 匹配非数字字符

预定义字符 "\D" 用于匹配一个非数字字符，与[^0-9]和[^\d]的作用相同。

```
>>> re.findall("\D", "1java2java3")
['j', 'a', 'v', 'a', 'j', 'a', 'v', 'a']
#匹配汉字
>>> re.findall("[\u4e00-\u9fa5]+", "凡是总须研究，才会明白。")
['凡是总须研究', '才会明白']
```

4. 匹配单词和非单词字符

预定义字符"\w"用于匹配单词字符，用[a-zA-Z0-9_]可达到同样的效果。预定义字符"\W"用于匹配非单词字符，与[^a-zA-Z0-9_]的作用一样。

'a\we'可以匹配'afe'、'a3e'、'a_e'。

'a\We'可以匹配'a.e'、'a,e'、'a*e'等字符串。

'a[bcd]e'可以匹配'abe'、'ace'和'ade'，'[bcd]'匹配'b'、'c'和'd'中的任意一个。

5. 匹配空白字符

预定义字符 "\s" 用于匹配空白字符，与 "\s" 匹配内容相同的字符组为[\f\n\r\t\v]，包括空格、制表符、换页符等。用 "\S" 匹配非空白字符，或者用[^\s]，或者用[^\f\n\r\t\v]。

'a\se'可以匹配'a e'，'\s'用于匹配空白字符。

'a\Se'可以匹配'afe'、'a3e'、'ave'等字符串，'\S'用于匹配非空白字符。

6. 匹配任意字符

用正则表达式匹配任意字符的一种方法是使用点号 "."，点号可以匹配任何单字符（换行符\n 之外）。要匹配 "hello world" 这个字符串，可使用 11 个点号 "……"。但这种方法太麻烦，推荐使用量词'.'{11}，{11}表示匹配{11}之前的字符 11 次。再如'a.c'可以匹配'abc'、'acc'、'adc'等。

'ab{2}c'可以匹配'abbc'。'ab{1,2}c'可完整匹配的字符串有'abc'和'abbc'，{1,2}表示匹配{1,2}之前的字符 "b" 1 次或 2 次。

'abc*'可以匹配'ab'、'abc'、'abcc'等字符串，*表示匹配位于*之前的字符 "c" 0 次或多次。

'abc+'可以匹配'abc'、'abcc'、'abccc'等字符串，+表示匹配位于+之前的字符 "c" 1 次或多次。

'abc?'可以匹配'ab'和'abc'字符串，?表示匹配位于?之前的字符 "c" 0 次或 1 次。

如果想查找元字符本身，比如用'.'查找.，就会出现问题，因为它们会被解释成特殊含义。这时就需使用\来取消该元字符的特殊含义。因此，查找.应该使用'\.'。要查找'\'本身，需要使用'\\'。例如：'baidu\.com'匹配 baidu.com，'C:\\Program Files'匹配 C:\ Program Files。

7. 正则表达式的边界匹配

若要对关键位置进行字符串匹配，比如匹配一行文本的开头、一个字符串的开头或者结尾，这时就需要使用正则表达式的边界符^、$、\b、\B 来进行匹配。

匹配行首或字符串的起始位置要使用字符'^'，要匹配行尾或字符串的结尾位置要使用字符'$'。

```
>>> import re
#匹配行首为 Ea 的一句话
>>> re.findall('^Ea[a-zA-Z ]*\.',"Each of us holds a unique place in the world.
You are special, no matter what others say or what you may think. So forget about
being replaced. You can't be.")
['Each of us holds a unique place in the world.']
#匹配以 Ea 开头的字符串
>>> re.findall('^Ea.*\.$',"Each of us holds a unique place in the world. You
are special, no matter what others say or what you may think. So forget about being
replaced. You can't be.")
["Each of us holds a unique place in the world. You are special, no matter what
others say or what you may think. So forget about being replaced. You can't be."]
```

匹配单词边界要使用 "\b"，如正则表达式'\bWe\b'匹配单词 We，如果它是其他单词的一部分，则不匹配。

```
>>> re.findall('\\bWe\\b',"We Week Weekend.")
['We']
```

可以使用 "\B" 匹配非单词边界，"\B" 表示单词字符与单词字符的边界，非单词字符与非单词字符的边界。

```
>>> re.findall('\\B\d*\d\\B',"#W12345e#")
['12345']
```

7.2　正则表达式的分组匹配

重复单个字符只要直接在字符后面加上诸如+、*、{m, n}等重复操作符就行了。但如果想要重复一个字符串，需要使用小括号来指定子表达式（也叫作分组或子模式），然后就可以通过在小括号后面加上重复操作符来指定这个子表达式的重复次数了。比如'(abc){2}'可以匹配'abcabc'，{2}表示匹配{2}之前的表达式(abc)两次。

在正则表达式中，分组就是用一对小括号 "( )" 括起来的子正则表达式，匹配出的内容就表示匹配出了一个分组。从正则表达式的左边开始，遇到第一个左括号 "(" 表示该正则表达式的第一个分组，遇到第二个左括号 "(" 表示该正则表达式的第二个分组，依次类推。需要注意的是，有一个隐含的全局分组（也就是 0 分组），就是整个正则表达式匹配的结果。正则表达式分组匹配后，要想获得已经匹配的分组的内容，可以使用 Match 对象的 group(num) 方法获取分组号为 num 的分组匹配出的内容。这是因为分组匹配到的内容会被临时存储到内存中，所以能够在需要时被提取。

```
>>> import re
#re.match()函数从'www.python.org'的起始位置匹配模式('www\.(.*)\..{3}'
>>> re.match('www\.(.*)\..{3}','www.python.org')    #返回一个 Match 对象
<_sre.SRE_Match object; span=(0, 14), match='www.python.org'>
>>> m=re.match('www\.(.*)\..{3}','www.python.org')  #正则表达式只包含 1 个分组
>>> print(m.group(1))                               #提取分组 1 的内容
python
```

按照正则表达式进行匹配后，就可以通过分组提取到想要的内容。如果正则表达式中括号比较多，在提取想要的内容时，就需要去逐个数想要的内容是第几个括号中的正则表达式匹配的，这样会很麻烦，这时 Python 引入了另一种分组，即命名分组。前面的叫无名分组。

命名分组的语法格式如下。

```
(?P<name>正则表达式)                    #name 是一个合法的标识符
>>> import re
>>> s = "ip='230.192.168.78',version='1.0.0'"
>>> h=re.search(r"ip='(?P<ip>\d+\.\d+\.\d+\.\d+).*", s)    #只有 1 个命名分组
>>> print(h.group('ip'))          #通过分组名提取分组 1 匹配的内容
```

137

```
230.192.168.78
>>> print(h.group(1))                    #通过分组号 1 提取分组 1 匹配的内容
230.192.168.78
```

7.3   正则表达式的选择匹配

选择匹配根据可以选择的情况有二选一或多选一，这涉及"( )"和"|"两种元字符。"|"表示逻辑或，如'a(123|456)b'可以匹配'a123b'和'a456b'。

假如要统计文本"When the fox first saw1 the lion he was2 terribly3 frightened4. He ran5 away, and hid6 himself7 in the woods."中的 he 出现的次数。he 的形式应包括 he 和 He 两种形式。查找 he 和 He 两个字符串的正则表达式可以写成：(he|He)。另一个可选的模式是：(h|H) e。

假如要查找一个高校具有博士学位的教师。在高校的教师数据信息中，博士的写法可能有 Doctor、doctor、Dr.或 Dr，要匹配这些字符串可用下面的模式。

```
(Doctor|doctor|Dr\. |Dr)
```

上述模式的另一个可选的模式如下。

```
(Doctor|Dr\.?(?i))
```

借助不区分大小写选项可使上述分组匹配更简单，选项(?i)可使匹配模式不再区分大小写，带选择操作的模式(he|He)就可以简写成(?i)he。

```
>>> import re
>>> re.findall("(?i)he","When the fox first saw1 the lion he was2 terribly3
frightened4. He ran5 away, and hid6 himself7 in the woods.")
['he', 'he', 'he', 'he', 'He', 'he']
>>> re.findall("he(?i)","He gave her a long searching look.")
['He', 'he']
>>> re.findall("(Doctor|Dr\.?(?i))","Doctor doctor Dr. Dr")
['Doctor', 'doctor', 'Dr.', 'Dr']
```

7.4   正则表达式的引用匹配

正则表达式中用圆括号"( )"括起来的表示一个组。当用"( )"定义了一个正则表达式分组后，正则引擎就会把被匹配到的组按照顺序编号，然后存入缓存中。这样就可以在正则表达式的后面引用前面分组已经匹配出的内容，这称为后向引用。

注意：圆括号"( )"用于定义组，"[ ]"用于定义字符集，"{ }"用于定义重复操作。

想在后面对已经匹配过的分组内容进行引用时，可以用"\数字"的方式或者通过命名分组"(?P=name)"的方式进行引用。\1 表示引用第一个分组，\2 表示引用第二个分组，以此类推，\n 表示引用第 n 个组。而\0 表示引用整个正则表达式匹配出的内容。这些引用都必须是在正则表达式中才有效，用于匹配一些重复的字符串。

```
>>> import re
>>> re.search('(?P<name>\w+)\s+(?P=name)\s+(?P=name)', 'python python python').
group(1)
'python'
>>>  re.search('(?P<name>\w+)\s+(?P=name)\s+(?P=name)',  'python  python
python').group(0)
'python python python'
>>> s = 'Python.Java'
>>> re.sub(r'(.*)\.(.*)', r'\2.\1', s)
'Java.Python'
```

7.5　正则表达式的贪婪匹配与懒惰匹配

当正则表达式中包含重复的限定符时，通常的行为是（在使整个表达式能得到匹配的前提下）匹配尽可能多的字符，如'a.*b'，它将会匹配最长的，以 a 开始、以 b 结束的字符串。如果用来匹配 aabab，它会匹配整个字符串 aabab，这被称为贪婪匹配。

有时需要懒惰匹配，也就是匹配尽可能少的字符。前面给出的限定符都可以被转化为懒惰匹配模式，只需在这些限定符后面加上一个问号?。'a.*b'匹配最短的，以 a 开始，以 b 结束的字符串。如果应用于 aabab，它会匹配 aab（第一到第三个字符）和 ab（第四到第五个字符）。匹配的结果为什么不是最短的 ab，而是 aab 和 ab？这是因为正则表达式有另一条规则，比懒惰/贪婪规则的优先级更高，这就是"最先开始的匹配拥有最高的优先权"。表 7-3 列出了常用的懒惰限定符。

表 7-3　常用的懒惰限定符

懒惰限定符	描述
*?	重复任意次，但尽可能少重复
+?	重复 1 次或更多次，但尽可能少重复
??	重复 0 次或 1 次，但尽可能少重复
{n,m}?	重复 n 到 m 次，但尽可能少重复
{n,}?	重复 n 次以上，但尽可能少重复

```
>>> import re
>>> s = "abcdakdjd"
>>> re.findall("a.*?d",s)    #懒惰匹配
['abcd', 'akd']
>>> re.findall("a.*d",s)     #贪婪匹配
['abcdakdjd']
```

7.6　正则表达式模块 re

Python 的 re 模块提供了对正则表达式的支持。表 7-4 列出了 re 模块中常用的函数。

表 7-4　re 模块中常用的函数

函数	描述
re.findall(pattern, string[, flags])	找到模式 pattern 在字符串 string 中的所有匹配项，并把它们作为一个列表返回。如果没有找到匹配项，则返回空列表
re.search(pattern, string[, flags])	扫描整个字符串 string，找到与模式 pattern 相匹配的第一个字符串的位置，返回一个相应的 Match 对象。如果没有匹配，则返回一个 None
re.match(pattern, string[, flags])	从字符串 string 的起始位置匹配模式 pattern，如果 string 的开始位置能够找到这个模式 pattern 的匹配，则返回一个相应的匹配对象。如果不匹配，则返回 None
re.sub(pattern,repl, string[, count=0, flags])	替换匹配到的字符串，即用 pattern 在 string 中匹配要替换的字符串，然后把它替换成 repl
re.compile(pattern[, flags])	把正则表达式 pattern 转换成正则表达式对象
re.split(pattern, string[, maxsplit=0, flags])	用匹配 pattern 的子串来分割 string，并返回一个列表
re.escape(string)	对字符串 string 中的非字母数字进行转义，返回非字母数字前加反斜杠的字符串

函数参数说明如下。

pattern：匹配的正则表达式。

string：要匹配的字符串。

flags：用于控制正则表达式的匹配方式。flags 的值可以是 re.I（忽略大小写）、re.M（多行匹配模式，改变"^"和"$"的行为）、re.S（使元字符"."匹配任意字符，包括换行符）、re.X（忽略模式中的空格和#后面的注释。re.X 模式下的正则表达式可以是多行并可以加入注释）的不同组合（使用"|"进行组合）。

repl：用于替换的字符串，也可为一个函数。

count：模式匹配后替换的最大次数，默认 0 表示替换所有的匹配。

1. re.search( )函数

re.search(pattern, string[, flags])函数会在字符串 string 内查找与模式 pattern 相匹配的字符串，只要找到第一个和模式相匹配的字符串就立即返回一个 Match 对象。Match 对象中包括匹配的字符串以及匹配的字符串在 string 中所处的位置。如果没有匹配的字符串，则返回 None。

正则表达式模块 re 和正则表达式对象的 search( )函数和 match( )函数匹配成功后都会返回 Match 对象，其包含了很多关于此次匹配的信息，可以使用 Match 提供的可读属性或方法来获取这些信息。

Match 对象提供的可读属性如下。

1）string：匹配时使用的文本。

2）re：匹配时使用的正则表达式模式。

3）pos：文本中正则表达式开始搜索的索引。

4）endpos：文本中正则表达式结束搜索的索引。

5）lastindex：最后一个被匹配的分组的整数索引值。如果没有被匹配的分组，则为 None。

6）lastgroup：最后一个被匹配的分组的命名分组名。如果这个分组没有被命名或者没有被捕获的分组，则为 None。

```
>>> s = '13579helloworld13579helloworld'
>>> p = '(\d*)([a-zA-Z]*)'
>>> m = re.search(p,s)
>>> m
<_sre.SRE_Match object; span=(0, 15), match='13579helloworld'>
>>> m.string
'13579helloworld13579helloworld'
>>> m.re
re.compile('(\\d*)([a-zA-Z]*)')
>>> m.pos
0
>>> m.endpos
30
>>> print(m.lastindex)
2
>>> print(m.lastgroup)
None
```

Match 对象提供的方法如下。

1）group([group1, …])。获得一个或多个分组匹配到的字符串；指定多个参数时将以元组形式返回。group1 可以使用编号，也可以使用别名；编号 0 代表和 pattern 相匹配的整个字符串，不填写参数时，和 group(0)等价；没有匹配到字符串时，返回 None。

```
>>> m.group()                    #返回整个匹配的字符串
'13579helloworld'
>>> m.group(0)
'13579helloworld'
>>> m.group(1)
'13579'
>>> m.group(2)
'helloworld'
>>> m.group(3)                    #出错，没有这一组
Traceback (most recent call last):
IndexError: no such group
```

2）groups( )。以元组形式返回全部分组截获的字符串。相当于调用 group(1,2,…last)。没有截获字符串的组默认为 None。

```
>>> m.groups()
('13579', 'helloworld')
```

3）groupdict( )。返回以有命名的分组的分组名为键、以该分组匹配的子串为值的字典，没有命名的分组不包含在内。

```
>>>n=re.search('(?P<name>\w+)\s+(?P=name)\s+(?P=name)', 'python python')
>>>n.groupdict()
{'name': 'python'}
```

4）start([group])。返回指定的分组截获的子串在 string 中的起始索引（子串第一个字符的索引）。group 默认值为 0。

```
#返回第 2 分组匹配的 helloworld 在'13579helloworld13579helloworld'中的起始索引
>>> m.start(2)
5
```

5）end([group])。返回指定的分组匹配的子串在 string 中的结束索引（子串最后一个字符的索引+1）。group 默认值为 0。

```
>>> m.end(2)     #返回第 2 分组匹配的子串 helloworld 在 string 中的结束索引
15
```

6）span([group])。返回指定的分组截获的子串在 string 中的起始索引和结束索引的元组 (start(group), end(group))。

7）expand(template)。将匹配到的分组代入 template 中返回。template 中可以使用\id 或 \g<id>、\g<name>引用分组，但不能使用编号 0。\id 与\g<id>是等价的。

```
>>> m.expand(r"\1 is \2")
'13579 is helloworld'
>>> m.expand("\g<1> is \g<2>")
'13579 is helloworld'
```

2. re.match( )函数

re.match(pattern, string[, flags])从字符串 string 的起始位置匹配模式 pattern。如果 string 的开始位置能够找到这个模式 pattern 的匹配，就返回一个相应的匹配对象。如果不匹配，就返回 None。

```
>>> import re
>>> print(re.match('www', 'www.baidu.com'))     #在起始位置匹配
<_sre.SRE_Match object; span=(0, 3), match='www'>
>>> print(re.match('com', 'www.baidu.com'))     #不能在起始位置匹配
None
```

3. re.sub( )函数

re.sub(pattern, repl, string[, count=0, flags])函数用来替换匹配到的字符串，即用 pattern 在 string 中匹配要替换的字符串，然后把它替换成 repl。

```
>>> import re
>>> text="hello java,I like java"
>>> text1=re.sub("java","python",text)
>>> print(text1)
hello python,I like python
>>> s = '1234567890'
>>> s = re.sub(r'(...)',r'\1,',s)     #在字符串中从前往后每隔 3 个字符插入一个","符号
>>> s
'123,456,789,0'
>>> s1 = 'Python.Java'
>>> re.sub('(.*)\.(.*)', r'\2.\1', s1)  #交换字符串的位置
'Java.Python'
```

【例 7-1】将字符串中的"元""人民币""RMB"替换为"￥"。

```
>>> import re
>>> str1="10 元 1000 人民币 10000 元 100000RMB"
>>> re.sub(r'(元|人民币|RMB)','￥',str1)
'10￥ 1000￥ 10000￥ 100000￥'
```

4. re.compile( )函数

re.compile(pattern)把正则表达式 pattern 转换为正则表达式对象。

使用编译后的正则表达式对象进行字符串处理，不仅可以提高处理字符串的速度，还可以提供更强大的字符串处理功能。通过生成的正则表达式对象调用 match( )、search( )和 findall( )等方法进行字符串处理，以后就不用每次重复写匹配模式。

```
p = re.compile(pattern)                      #把模式 pattern 编译成正则表达式对象 p
```

result = p.match(string)与 result = re.match(pattern, string)是等价的。

【例 7-2】re.compile( )函数使用举例 1。

```
>>> import re
>>> s = "Miracles sometimes occur, but one has to work terribly for them"
>>> reObj = re.compile('\w+\s+\w+')
>>> print(reObj.match(s))                    #匹配成功
<_sre.SRE_Match object; span=(0, 18), match='Miracles sometimes'>
>>> reObj.findall(s)
['Miracles sometimes', 'but one', 'has to', 'work terribly', 'for them']
```

【例 7-3】re.compile( )函数使用举例 2。

```
>>> import re
>>> s='The man who has made up his mind to win will never say " Impossible".'
>>> pattern = re.compile (r'\bw\w+\b')  #编译生成正则表达式对象，查找以 w 开头的单词
>>> pattern.findall (s)        #使用正则表达式对象的 findall()方法查找所有以 w 开头的单词
```

```
['who', 'win', 'will']
>>> pattern1 = re.compile (r'\b\w+e\b')          #查找以字母 e 结尾的单词
>>> pattern1.findall (s)
['The', 'made', 'Impossible']
>>> pattern2 = re.compile (r'\b\w{3,5}\b')        #查找 3~5 个字母长的单词
>>> pattern2.findall (s)
['The', 'man', 'who', 'has', 'made', 'his', 'mind', 'win', 'will', 'never', 'say']
>>> pattern3 = re.compile (r'\b\w*[id]\w*\b')   #查找含有字母 i 或 d 的单词
>>> pattern3.findall (s)
['made', 'his', 'mind', 'win', 'will', 'Impossible']
>>> pattern4=re.compile('has')                  #编译生成正则表达式对象,匹配 has
>>> pattern4.sub('*',s)                         #将 has 替换为*
'The man who * made up his mind to win will never say " Impossible".'
>>> pattern5=re.compile(r'\b\w*s\b')            #编译生成正则表达式对象,匹配以 s 结尾的单词
>>> pattern5.sub('**',s)                        #将符合条件的单词替换为**
'The man who ** made up ** mind to win will never say " Impossible".'
>>> pattern5.sub('**',s,1)                      #将符合条件的单词替换为**,只替换 1 次
'The man who ** made up his mind to win will never say " Impossible".'
```

【例 7-4】统计一篇文档中各单词出现的频次，并按频次由高到低排序。

```
>>> import re
>>> str1='Whether you come from a council estate or a country estate, your
success will be determined by your own confidence and fortitude.'
>>> str1=str1.lower()
>>> words=str1.split()
>>> words
['whether', 'you', 'come', 'from', 'a', 'council', 'estate', 'or', 'a',
'country', 'estate,', 'your', 'success', 'will', 'be', 'determined', 'by', 'your',
'own', 'confidence', 'and', 'fortitude.']
>>> words1=[re.sub('\W','',i)for i in words]   #将字符串中的非单词字符替换为''
>>> words1
['whether', 'you', 'come', 'from', 'a', 'council', 'estate', 'or', 'a',
'country', 'estate', 'your', 'success', 'will', 'be', 'determined', 'by', 'your',
'own', 'confidence', 'and', 'fortitude']
>>> words_index=set(words1)
>>> dict1={i:words1.count(i) for i in words_index}#生成字典，键值是单词出现的次数
>>> re=sorted(dict1.items(),key=lambda x:x[1],reverse=True)
>>> print(re)
[('your', 2), ('a', 2), ('estate', 2), ('and', 1), ('country', 1), ('whether',
```

```
1), ('council', 1), ('own', 1), ('from', 1), ('fortitude', 1), ('by', 1), ('you',
1), ('will', 1), ('be', 1), ('confidence', 1), ('success', 1), ('come', 1),
('determined', 1), ('or', 1)]
```

5. re.split( )函数

re.split(pattern, string[, maxsplit=0, flags])用匹配 pattern 的子串来分割 string，并返回一个列表。

```
>>> import re
#\W 表示非单词字符集[^a-zA-Z0-9_]，用于匹配非单词字符
>>> re.split('\W+', 'Words,,, words. words? words')
['Words', 'words', 'words', 'words']
#若 pattern 里使用了圆括号，那么被 pattern 匹配到的串也将作为返回值列表的一部分
>>> re.split('(\W+)', 'Words, words, words.')
['Words', ', ', 'words', ', ', 'words', '.', '']
>>> s = '23432werwre2342werwrew'
>>> print(re.match('(\d*)([a-zA-Z]*)',s))          #匹配成功
<_sre.SRE_Match object; span=(0, 11), match='23432werwre'>
>>> print(re.search('(\d*)([a-zA-Z]*)',s))         #匹配成功
<_sre.SRE_Match object; span=(0, 11), match='23432werwre'>
```

6. re.escape( )函数

re.escape(string)对字符串 string 中的非字母数字进行转义，返回非字母数字前加反斜杠的字符串。

```
>>> print(re.escape('a1.*@'))
a1\.\*\@
```

7.7　习题

1. 不定项选择题

（1）能够完全匹配字符串"(010)-62661617"和字符串"01062661617"的正则表达式包括（　　）。

A."\(?\d{3}\)?-?\d{8}"　　　　　　B."[0-9( )-]+"

C."[0-9(-)]*\d*"　　　　　　　　　D."[(]?\d*[)-]*\d*"

（2）能够完全匹配字符串"c:\rapidminer\lib\plugs"的正则表达式包括（　　）。

A."c:\rapidminer\lib\plugs"　　　　B."c:\\rapidminer\\lib\\plugs"

C."(?i)C:\\RapidMiner\\Lib\\Plugs"　D."(?s)C:\\RapidMiner\\Lib\\Plugs"

（3）能够完全匹配字符串"back"和"back-end"的正则表达式包括（　　）。

A."\w{4}-\w{3}|\w{4}"　　　　　　B."\w{4}|\w{4}-\w{3}"

C."\S+-\S+|\S+"　　　　　　　　　D."\w*\b-\b\w*|\w*"

（4）能够在字符串"aabaaabaaaab"中匹配"aab"，而不能匹配"aaab"和"aaaab"的正则表达式包括（　　）。

A. "a*?b"　　　　　　　　　B. "a{,2}b"

C. "aa??b"　　　　　　　　　D. "aaa??b"

2. 有一段英文文本，其中有单词连续重复了 2 次，编写程序检查重复的单词并只保留一个。

3. 编写程序，用户输入一段英文，然后输出这段英文中所有长度为 3 个字母的单词。

4. 假设有一段英文，其中有单独的字母"I"误写为"i"，请编写程序进行纠正。

第 8 章

文件与文件夹操作

程序中使用的数据都是暂时的，当程序执行终止时它们就会丢失，除非这些数据被保存起来。为了能永久地保存程序中创建的数据，需要将它们存储到磁盘或光盘上的文件中。从文件编码的方式来看，文件可分为文本文件和二进制文件两种。

8.1 文本文件的读取和写入

下面介绍文本文件的打开与读取、写入、指针的定位。

8.1.1 文本文件的打开与读取

二进制文件和文本文件都是按照二进制存储的，只不过文本文件是一个字节一个字节地解读成字符，而二进制文件可以任意定义解读方式。在 Windows 平台中，扩展名为.txt、.log、.ini 的文件都属于文本文件，可以使用字处理软件（如 gedit、记事本）进行编辑。常见的图形图像文件、音频和视频文件、可执行文件、资源文件、各种数据库文件等均属于二进制文件。

用记事本打开一个文本文件的过程：首先读取文件物理上所对应的二进制比特流，然后按照所选择的解码方式来解释这个流，最后将解释结果显示出来。如果选取的解码方式是 ASCII 码形式（ASCII 码的一个字符是 8bit），接下来，记事本 8bit 来解释这个文件流。例如，对于一个文件流 "01000000**01000001**0100001**01000011**"，第一个 8bit "01000000" 按 ASCII 码来解码，所对应的字符是 "A"，同理；其他 3 个 8bit 可分别解码为字符 "B""C""D"，即这个文件流可解释为 "ABCD"，然后记事本就将这个 "ABCD" 显示在屏幕上。

Python 3.x 默认采用 UTF-8 编码格式，有效地解决了中文乱码的问题。当 Python 解释器读取源代码时，为了让它按 UTF-8 编码读取，通常在文件开头写下面一行语句。

```
# -*- coding: utf-8 -*-
```

告诉 Python 解释器，按照 UTF-8 编码读取源代码。

向（从）一个文件写（读）数据之前，需要先创建一个和物理文件相关的文件对象，然后通过该文件对象对文件内容进行读取、写入、删除、修改等操作，最后关闭并保存文件。Python 内置的 open( )函数可以按指定的模式打开指定的文件并创建文件对象。

```
file_object = open(file, mode='r', buffering=-1)
```

open( )函数功能：打开文件 file，返回一个指向文件 file 的文件对象。

参数说明如下。

file：是一个包含文件名称及所在路径的字符串，如'c:\\User\\test.txt'。

mode：打开文件的模式，如只读、写入、追加等，默认模式为只读'r'。

buffering：表示是否需要缓冲。设置为 0 时，表示不使用缓冲区，直接读写，仅在二进制模式下有效；设置为 1 时，表示在文本模式下使用行缓冲区方式；设置为大于 1 时，表示缓冲区的设置大小。默认值为-1，表示使用系统默认的缓冲区大小。

表 8-1 所示为文件打开的不同模式。

表 8-1　文件打开的不同模式

模式	描述
r	以只读方式打开文件，文件指针放在文件的开头。这是默认模式，可省略
rb	以只读二进制格式打开一个文件，文件指针放在文件的开头
r+	以读写格式打开一个文件，文件指针放在文件的开头
rb+	以读写二进制格式打开一个文件，文件指针放在文件的开头
w	以写格式打开一个文件。如果该文件已存在，则将其覆盖；如果该文件不存在，则创建新文件
wb	以二进制格式打开一个文件只用于写入。如果该文件已存在，则将其覆盖；如果该文件不存在，则创建新文件
w+	以写读格式打开一个文件。如果该文件已存在，则将其覆盖；如果该文件不存在，则创建新文件
wb+	以读写二进制格式打开一个文件。如果该文件已存在，则将其覆盖；如果该文件不存在，则创建新文件
a	以追加格式打开一个文件。如果该文件已存在，文件指针将会放在文件的结尾。也就是说，新的内容将会被写入到已有内容之后。如果该文件不存在，则创建新文件进行写入
ab	以追加二进制格式打开一个文件。如果该文件已存在，文件指针将会放在文件的结尾。也就是说，新的内容将会被写入到已有内容之后。如果该文件不存在，则创建新文件进行写入
a+	以读写格式打开一个文件。如果该文件已存在，文件指针将会放在文件的结尾；如果该文件不存在，则创建新文件用于读写
ab+	以读写二进制格式打开一个文件。如果该文件已存在，文件指针将会放在文件的结尾；如果该文件不存在，则创建新文件用于读写

不同模式打开文件的异同点如表 8-2 所示。

表 8-2　不同模式打开文件的异同点

模式	可做操作	若文件不存在	是否覆盖	指针位置
r	只能读	报错	否	0
r+	可读可写	报错	否	0
w	只能写	创建	是	0
w+	可写可读	创建	是	0
a	只能写	创建	否，追加写	最后
a+	可读可写	创建	否，追加写	最后

下面的语句以读的模式打开当前目录下一个名为 scores.txt 的文件。

```
file_object1=open('scores.txt','r')
```

也可以使用绝对路径文件名来打开文件，如下所示。

```
file_object=open(r'D:\Python\scores.txt','r')
```

上述语句以读的模式打开 D:\Python 目录下的 scores.txt 文件。绝对路径文件名前的 r 前缀可使 Python 解释器将文件名中的反斜线理解为字面意义上的反斜线。如果没有 r 前缀，则需要使用反斜杠字符（\）转义，使之成为字面意义上的反斜线。

```
file_object=open('D:\\Python\\scores.txt','r')
```

一个文件被打开后，返回一个文件对象 file_object，通过文件对象 file_object 可以得到有关该文件的各种信息。文件对象的常用属性如表 8-3 所示。

表 8-3　文件对象的常用属性

属性	描述
closed	判断文件是否关闭。如果文件已被关闭，则返回 True，否则返回 False
mode	返回被打开文件的访问模式
name	返回所打开的文件的名称

```
>>> file_object=open('D:\\Python\\scores.txt', 'r')
>>> print('文件名: ', file_object.name)
文件名:  D:\Python\scores.txt
>>> print('是否已关闭 : ',file_object.closed)
是否已关闭：False
>>> print('访问模式 : ', file_object.mode)
访问模式：r
```

文件对象是使用 open( )函数来创建的。文件对象的常用方法如表 8-4 所示。文件读写操作相关的方法都会自动改变文件指针的位置。例如，以读模式打开一个文本文件，读取 10 个字符，会自动把文件指针移到第 11 个字符，再次读取字符时总是从文件指针的当前位置开始读取。写文件操作的方法也具有相同的特点。

表 8-4　文件对象的常用方法

方法	功能说明
f.close( )	刷新缓冲区里还没写入的信息，并关闭文件对象 f 所指向的文件
f.flush( )	把缓冲的数据更新到文件 f 中，但不关闭文件
f.next( )	返回文件下一行
f.read([size])	从文件起始位置读取 size 个字符。如果未给定，则读取所有
f.readline( )	从文件中读取一行，包括 "\n" 字符，返回该行内容组成的字符串
f.readlines( )	把文件中的每行文本作为一个字符串存入列表中并返回该列表
f.seek(offset[,whence])	用于移动文件读取指针到指定位置，offset 为需要移动的字节数；whence 指定从哪个位置开始移动，默认值为 0。0 代表从文件开头开始，1 代表从当前位置开始，2 代表从文件末尾开始
f.tell( )	返回文件指针当前位置
f.truncate([size])	删除从当前指针位置到文件末尾的内容。如果指定了 size，则不论指针在什么位置都只留下前 size 个字符，其余的删除
f.write(s)	把字符串 s 写入文件对象 f 所指向的文件中
f.writelines([s1,s2,...])	依次把列表中的各字符串写入文件 f 中
f.writable( )	测试文件 f 是否可写
f.readable( )	测试文件 f 是否可读

这里假设在当前目录下有一个文件名为 test.txt 的文本文件，里面的数据如下。

白日不到处

青春恰自来

苔花如米小

也学牡丹开

【例 8-1】读取整个 test.txt 文件。

方法 1：

```
>>> f = open('test.txt', 'r')      #以只读模式打开文件
>>> contents = f.read()            #读取文件全部内容
>>> print(contents)
白日不到处
青春恰自来
苔花如米小
也学牡丹开
>>> f.close()
```

方法 2：

```
>>> f = open('test.txt', 'r')
>>> contents1 = f.readlines()      #读取文件全部内容
>>> print(contents1)
['白日不到处\n', '青春恰自来\n', '苔花如米小\n', '也学牡丹开\n']
>>> f.close()                      #关闭文件
```

使用 read( )方法和 readlines( )方法从一个文件中读取全部数据，对于小文件来说是简单而且有效的，但是如果文件大到内容无法全部读到内存时该怎么办？这时可以编写循环，每次读取文件的一行，并且持续读取下一行直到文件末端。

【例 8-2】逐行读取 test.txt 文件。

方法 1：

```
>>> f = open('test.txt', 'r')
>>> for line in f:
    print(line, end='')

白日不到处
青春恰自来
苔花如米小
也学牡丹开
>>> f.close()                      #关闭文件
```

方法 2：

```
>>> f = open("test.txt")
>>> line = f.readline()
```

```
>>> while line:
    print(line, end='')
    line = f.readline()


白日不到处
青春恰自来
苔花如米小
也学牡丹开
>>> f.close()                          #关闭文件
```

8.1.2　文本文件的写入

当一个文件以"写"的方式打开后，可以使用 write( )方法和 writelines( )方法将字符串写入文本文件。

file_object.write(s)：把字符串 s 写入文件 file_object 中，并不会在 s 写入后自动加上一个换行符。

file_object.writelines(seq)：接收一个字符串列表 seq 作为参数，依次把字符串列表 seq 中的各字符串写入文件 file_object。这个方法也只是忠实地写入，不会在每个写入的字符串后面加上换行符。

【例 8-3】文本文件的写入示例 1。（8-3.py）

```
file_object = open('data1.txt', 'w')        #以写的方式打开文件 data1.txt
file_object.write('天戴其苍，地履其黄。')  #将'天戴其苍，地履其黄。'写入文件 data1.txt
file_object.writelines(['纵有千古，横有八荒。','前途似海，来日方长。'])
file_object.close()                          #及时关闭文件,把缓冲的数据更新到文件中
```

运行程序文件 8-3.py，生成的 data1.txt 文件中的内容如图 8-1 所示。

图 8-1　data1.txt 文件中的内容

注意：可以反复调用 file_object.write( )来写入文件，写完之后一定要调用 file_object.close( )来关闭文件。这是因为当写文件时，操作系统往往不会立刻把数据写入磁盘，而是放到内存缓存起来，空闲时再慢慢写入。只有调用 close( )方法时，操作系统才保证把没有写入的数据全部写入磁盘。忘记调用 close( )方法的后果是数据可能只写了一部分到磁盘，剩下的丢失了。Python 提供了 with 语句，可以防止上述事情的发生，当 with 语句块执行完毕时，会自动关闭文件，不用特意加 file_object.close( )。示例的语句可改写为如下 with 语句。

```
with open('data1.txt', 'w') as file_object:
```

```
file_object.write('天戴其苍，地履其黄。')
    file_object.writelines(['纵有千古，横有八荒。','前途似海，来日方长。'])
```

这里使用了 with 语句，不管在处理文件过程中是否发生异常，都能保证 with 语句块执行完之后自动关闭打开的文件 data1.txt。

【例 8-4】文本文件的写入示例 2。（8-4.py）

```
with open('data2.txt', 'w') as f:
    f.writelines(['三十功名尘与土\n','八千里路云和月\n','莫等闲\n','白了少年头
\n','空悲切\n'])
```

运行程序文件 8-4.py，生成的 data2.txt 文件中的内容如图 8-2 所示。

8.1.3　文本文件指针的定位

文件对象的 tell( )方法返回文件指针当前位置。使用文件对象的 read( )方法读取文件之后，文件指针到达文件的末尾，如果再来一次 read( )将会发现读取的是空内容。如果想再次读取全部内容，或读取文件中的某行字符，必须将文件指针移动到文件开始或某行开始，这可通过文件对象的 seek( )方法来实现，其语法格式如下。

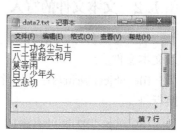

图 8-2　data2.txt 文件中的内容

```
seek(offset[,whence])
```

说明：用于移动文件读取指针到指定位置，offset 为需要移动的字节数；whence 指定从哪个位置开始移动，默认值为 0。0 代表从文件开头开始，1 代表从当前位置开始，2 代表从文件末尾开始。

注意：Python 3 不允许非二进制打开的文件，相对于文件末尾的定位。

```
>>> f = open('file2.txt', 'a+')
>>> f.write('123456789abcdef')
15
>>> f.seek(3)                        #移动文件指针，并返回移动后的文件指针当前位置
3
>>> f.read(1)
'4'
>>> f.seek(-3,2)                      #报错
Traceback (most recent call last):
  File "<pyshell#5>", line 1, in <module>
    f.seek(-3,2)
io.UnsupportedOperation: can't do nonzero end-relative seeks
>>> f.close()
>>> f = open('file2.txt', 'rb+')     #以二进制模式读写文件
>>> f.seek(-3,2)                     #移动文件指针，并返回移动后的文件指针当前位置
```

```
12                                          #没有报错
>>> f.tell()                                #返回文件指针当前位置
12
>>> f.read(1)
b'd'
```

【例 8-5】修改模式下打开文件，然后输出文件内容，观察指针区别。

其中 file2.txt 的内容如下。

```
123456789abcdef
```

程序代码如下。

```
f=open(r'D:\Python\file2.txt','r+')
print('文件指针在:',f.tell())
if f.writable():
    f.write('Python\n')
else:
    print("此模式不可写")
print('文件指针在:',f.tell())
f.seek(0)
print("最后的文件内容: ")
print(f.read())
f.close()
```

程序代码在 IDLE 中运行的结果如下。

```
文件指针在: 0
文件指针在: 8
最后的文件内容:
Python
9abcdef
```

8.2　二进制文件的写入和字节数据类型的转换

二进制文件直接存储字节码。二进制文件可看成是变长编码的，多少个比特代表一个值，完全由用户决定。Python 没有专门处理字节的数据类型，但可用诸如 b'hello' 的形式表示字节形式的'hello'。

8.2.1　二进制文件的写入

二进制文件的写入一般包括 3 个步骤：打开文件、写入数据和关闭文件。

通过内置函数 open( ) 函数可以创建或打开二进制文件，返回一个指向二进制文件的文件对象。

```
>>>f1=open('data1.txt', 'rb')          #以只读二进制格式打开一个文件
>>>f2=open('data2.txt', 'wb')          #以二进制格式创建或打开一个文件只用于写
```

以写二进制的方式打开二进制文件后，可以使用文件对象的 write( )方法将二进制数据写入文件。可以使用文件对象的 flush( )方法强制把缓冲的数据更新到文件中。

使用文件对象的 close( )方法关闭打开的文件。

【例 8-6】二进制文件的写入举例。

```
f = open('data3.txt', 'wb')                      #二进制写模式打开文件
f.write(b'All things come to those who wait.')   #二进制写
f.close()                                        #关闭文件
f = open('data3.txt', 'rb')                      #二进制读
print( '显示读出来的二进制数据:')
print(f.read())                                  #输出读出来的二进制数据
f.close()                                        #关闭文件
```

运行上述程序代码，得到的输出结果如下。

```
显示读出来的二进制数据:
b'All things come to those who wait.'
```

【例 8-7】进制转换举例。

```
>>> print("转换为二进制为: ", bin(6))
转换为二进制为:  0b110
>>> print("转换为八进制为: ", oct(6))
转换为八进制为:  0o6
>>> print("转换为十六进制为: ", hex(6))
转换为十六进制为:  0x6
```

8.2.2 字节数据类型的转换

Python 没有二进制类型，但可以存储二进制类型的数据，就是用字符串类型来存储二进制数据。Python 提供了一个 struct 模块来解决字节类型 bytes 和其他二进制数据类型的转换。struct 模块中最重要的两个函数是 pack( )和 unpack( )。

1）pack( )函数用于按指定的格式符将 Python 数据转换为字符串，可以把这里的字符串理解字节类型 bytes 的数据，即字节流。pack( )的语法格式如下。

```
pack(fmt, v1, v2, …)
```

说明：按 fmt 这个格式字符串把后面的数据 v1, v2, …转换为字节流，v1, v2, …参数必须和 fmt 格式完全对应起来。

2）unpack( )函数做的工作刚好与 pack( )相反，用于将字节流转换为 Python 某种数据类型的值（也称为解码）。unpack( )的语法格式如下。

```
unpack(fmt, string)
```

说明：按照给定的 fmt 格式字符串解析字节流 string，返回解析出来的数据所组成的元组。struct 模块支持的格式符如表 8-5 所示。

表 8-5　struct 模块支持的格式符

格式符	Python 类型	字节数
c	长度为 1 的字符串	1
b	integer	1
B	integer	1
?	bool	1
h	integer	2
H	integer	2
i	integer	4
I	integer	4
l	integer	4
L	integer	4
q	integer	8
Q	integer	8
f	float	4
d	float	8

【例 8-8】根据指定的格式将两个整数转换为字符串（字节流）。

```
import struct
a = 10
b = 20
buf1 = struct.pack("ii", a, b)                #'i'代表'integer'，将 a, b 转换为字节流
print("buf1's length:", len(buf1))
ret1 = struct.unpack('ii', buf1)
print(buf1, ' <====> ', ret1 )
```

上述代码在 IDLE 中运行的结果如下。

```
buf1's length: 8
b'\n\x00\x00\x00\x14\x00\x00\x00'  <====>  (10, 20)
```

【例 8-9】根据指定的格式将不同类型的数据转换为字符串（字节流）。

```
import struct
bytes=struct.pack('5s6sis',b'hello',b'world!',2,b'd')#5s 表示占 5 个字符的字符串
ret1 = struct.unpack('5s6sis', bytes)
print(bytes, ' <====> ', ret1 )
```

上述代码在 IDLE 中运行的结果如下。

```
b'helloworld!\x00\x02\x00\x00\x00d'  <====>  (b'hello', b'world!', 2, b'd')
```

【例 8-10】使用 struct 模块写入二进制文件。

```
import struct
a=16
b=True
c='Python'
buf=struct.pack('i?', a, b) #字节流化，i 表示整型格式，? 表示逻辑格式
f=open("test.txt", 'wb')
f.write(buf)
f.write(c.encode())          #c.encode()返回 c 编码后的字符串，它是一个 bytes 对象
f.close()
```

【例 8-11】使用 struct 模块读取前一个例子中的二进制文件内容。

```
import struct
f=open("test.txt",'rb')
txt=f.read()
ret = struct.unpack('i?6s', txt)     #对二进制字符串进行解码
print(ret)
```

上述代码在 IDLE 中运行的结果如下。

```
(16, True, b'Python')
```

8.3　文件与文件夹操作

Python 的 os 和 shutil 模块提供了大量操作文件与文件夹的方法。

8.3.1　使用 os 模块操作文件与文件夹

os 模块既可以对操作系统进行操作，也可以执行简单的文件夹及文件操作。通过 import os 导入 os 模块后，可用 help(os)或 dir(os)查看 os 模块的用法。os 模块操作文件与文件夹的方法有的在 os 模块中，有的在 os.path 模块中。os 模块的常用函数如表 8-6 所示。

表 8-6　os 模块的常用函数

函数	功能说明
os.getcwd( )	获取当前工作目录
os.chdir(...)	改变工作目录
os.listdir(...)	列出目录下的所有文件，返回的是列表类型
os.mkdir(...)	创建单个目录
os.makedirs(...)	创建多级目录
os.rmdir( )	删除空目录
os.removedirs	递归删除文件夹(目录)，必须都是空目录
os.rename( )	文件或文件夹重命名

1）getcwd( )获取当前工作目录。当前工作目录默认都是当前所要运行的程序文件所在的文件夹。

```
>>> import os
>>> os.getcwd()                    #获取当前工作目录
'D:\\Python'
```

2）chdir( )改变当前工作目录。

```
>>> os.chdir('D:\\Python_os_test') #将当前工作目录改为 D:\\Python_os_test
>>> os.getcwd()
'D:\\Python_os_test'
```

3）listdir( )返回指定目录下的所有文件。

```
>>> os.listdir('D:\\Python')        #列出 D:\\Python 目录下的所有文件
['12.py', 'aclImdb', 'add.py', 'DLLs', 'Doc', 'include', 'iris.dot',
'iris.pdf', 'Lib', 'libs', 'LICENSE.txt', 'mypath.pth', 'NEWS.txt', 'python.exe',
'python3.dll', 'python36.dll', 'pythonw.exe', 'Scripts', 'share', 'tcl', 'Tools',
'vcruntime140.dll', '__pycache__']
```

4）mkdir( )创建文件夹（目录）。

```
>>> os.mkdir('D:\\Python_os_test\\python1')          #创建文件夹 python1
>>> os.mkdir('D:\\Python_os_test\\python2')          #创建文件夹 python2
>>> os.listdir('D:\\Python_os_test') #列出 D:\\Python_os_test 目录下的所有文件
['01.txt', '02.txt', 'python1', 'python2']
```

5）makedirs( )递归创建文件夹（目录）。

```
>>> os.makedirs('D:/Python_os_test/a/b/c/d')
>>> os.listdir('D:\\Python_os_test')
['01.txt', '02.txt', 'a', 'python1', 'python2']
```

6）rmdir( )删除空目录。

```
>>> os.rmdir('D:/Python_os_test/a/b/c/d')            #删除 d 目录
```

7）removedirs( )递归删除文件夹。要删除的文件夹必须都是空的。

```
>>> os.removedirs('D:/Python_os_test/a/b/c')         #递归删除 a、b、c 目录
>>> os.listdir('D:\\Python_os_test')
['01.txt', '02.txt', 'python1', 'python2']
```

8）rename( )重命名文件或文件夹。

```
>>> os.rename('D:/Python_os_test/01.txt','011.txt')#将 01.txt 重命名为 011.txt
#将文件夹 python1 重命名为 python11
```

```
>>> os.rename('D:/Python_os_test/python1','python11')
```

【例 8-12】将指定目录下扩展名为.txt 的文件重命名为扩展名为.html。(rename_files.py)

```
import os
def rename_files(filepath):
    os.chdir(filepath)                          #改变当前目录
filelist = os.listdir()                         #获取当前文件夹中所有文件的名称列表
print('更名前%s 目录下的文件列表'%filepath)
    print(filelist)
    for item in filelist:
        if item[item.rfind('.')+1:]=='txt':
        #rfind('.')返回'.'最后一次出现在字符串中的位置
            newname = item[:item.rfind('.')+1] +'html'
            os.rename(item,newname)


def main():
    while True:
        filepath = input('请输入路径:').strip()
        if os.path.isdir(filepath) == True:
            break
    rename_files(filepath)
    print('更名后%s 目录下的文件列表'%filepath)
    print(os.listdir(filepath))


main()
```

rename_files.py 在 IDLE 中运行的结果如下。

```
请输入路径:D:\\Python_os_test
更名前 D:\\Python_os_test 目录下的文件列表
['011.txt', '02.txt', '03.txt', '04.txt', 'a', 'fff', 'python1', 'python2',
'www.tar']
更名后 D:\\Python_os_test 目录下的文件列表
['011.html','02.html','03.html','04.html', 'a', 'fff', 'python1', 'python2',
'www.tar']
```

8.3.2 使用 os.path 模块操作文件与文件夹

os.path 模块提供了大量用于路径判断、切分、连接以及文件夹遍历的方法。os.path 模块的常用函数如表 8-7 所示。

表 8-7 os.path 模块的常用函数

函数	功能说明
os.path.abspath(path)	返回 path 规范化的绝对路径
os.path.dirname(path)	返回 path 中的文件夹部分
os.path.basename(path)	返回 path 中的文件名
os.path.exists(path)	如果路径 path 存在，则返回 True；如果路径 path 不存在，则返回 False
os.path.split(path)	将路径分解为(文件夹,文件名)，返回的是元组类型
os.path.splitext(path)	将路径分解为(文件名,扩展名)，返回的是元组类型
os.path.splitdrive(path)	返回驱动器名和路径组成的元组
os.path.join(path1, path2[, ...])	将多个路径组合成一个路径后返回
os.path.isfile(path)	如果 path 是一个存在的文件，返回 True，否则返回 False
os.path.isdir(path)	如果 path 是一个存在的目录，返回 True，否则返回 False
os.path.getctime(path)	获取文件的创建时间
os.path.getmtime(path)	获取文件的修改时间
os.path.getatime(path)	获取文件的访问时间
os.path.getsize(path)	返回 path 文件的大小（字节）

1）os.path.abspath(path)返回 path 规范化的绝对路径。

```
>>> os.chdir('D:/Python_os_test')    #改变当前目录
>>> os.getcwd()
'D:\\Python_os_test'
>>> path = './02.txt'                #相对路径
>>> os.path.abspath(path )           #相对路径转化为绝对路径
'D:\\Python_os_test\\02.txt'
```

2）os.path.dirname(path)获取完整路径 path 中的目录部分。

```
>>> path="D:\\Python_os_test\\a\\b\\c\\d"
>>> os.path.dirname(path)
'D:\\Python_os_test\\a\\b\\c'
```

3）os.path.basename(path)获取完整路径 path 的最后的文件名。

```
>>> os.path.basename(path)
'd'
```

4）os.path.split(path)将文件路径 path 分割成目录和文件名。

```
>>> path='D:\\Python_os_test\\02.txt'
>>> os.path.split(path)
('D:\\Python_os_test', '02.txt')
```

5）os.path.splitext (path)将路径分解为(文件名,扩展名)。

```
>>> path = 'D:\\Python_os_test\\02.txt'
>>> result = os.path.splitext(path)
>>> print(result)
('D:\\Python_os_test\\02', '.txt')
```

6）os.path.splitdrive(path)返回驱动器名和路径组成的元组。

```
>>> os.path.splitdrive('c:\\User\\test.py')
('c:', '\\User\\test.py')
```

7）os.path.join(path1, path2[, ...])将多个路径组合后返回。

```
>>> path1='D:\\Python_os_test'
>>> path2='02.txt'
>>> result = os.path.join(path1,path2)
>>> result
'D:\\Python_os_test\\02.txt'
>>> print(result)
D:\Python_os_test\02.txt          #注意和前一个输出结果的差异
```

8）os.path.getsize(path)返回 path 的文件的大小（字节）。

```
>>> os.path.getsize('D:\\Python_os_test\\02.txt')
0
```

【例 8-13】遍历文件夹及其子文件夹的所有文件，获取扩展名是.py 的文件的名称列表。(retrieval_py.py)

```
import os
import os.path
ls = []

def get_file_list (path,ls):
    fileList = os.listdir(path)            #获取path指定的文件夹中所有文件的名称列表
    for tmp in fileList:
        pathTmp = os.path.join ('%s/%s'% (path, tmp))
        if os.path.isdir(pathTmp)==True: #判断 pathTmp 是否是目录
            get_file_list (pathTmp,ls)
        elif pathTmp[pathTmp.rfind('.')+1:]=='py':
            ls.append(pathTmp)

def main():
    while True:
        path = input('请输入路径:').strip()     #移除字符串头尾的空格
        if os.path.isdir(path) == True:
```

```
        break
    get_file_list (path,ls)
    print(ls)


main()
```

retrieval_py.py 在 IDLE 中运行的结果如下。

```
请输入路径:D:/Python/Scripts
['D:/Python/Scripts/f2py.py', 'D:/Python/Scripts/runxlrd.py']
```

8.3.3 使用 shutil 模块操作文件与文件夹

shutil 模块拥有许多操作文件与文件夹的函数,包括复制、移动、重命名、删除、压缩包处理等函数。

1) shutil.copyfileobj(fsrc, fdst) 将文件内容从源 fsrc 文件复制到 fdst 文件中。fsrc 和 fdst 是 open( )打开的文件对象,fdst 要求可写。

```
>>> import shutil
>>> f1=open( 'D:\\Python_os_test\\01.txt','w')
>>> f1.write("时间是一切财富中最宝贵的财富。")
15
>>> f1.close()
>>> shutil.copyfileobj(open('D:\\Python_os_test\\01.txt','r'), open('D:\\
Python_os_test\\02.txt', 'w'))
>>> f2=open( 'D:\\Python_os_test\\02.txt','r')
>>> print(f2.read())
时间是一切财富中最宝贵的财富。
```

2) shutil.copy(fsrc, destination)将 fsrc 文件复制到 destination 文件夹中。如果 destination 是一个文件名称,那么它会被用来作为复制后的文件名称,即等于“复制+重命名”。

```
>>> import shutil
>>> import os
>>> os.chdir('D:\\Python_os_test')  #改变当前目录
>>> shutil.copy('01.txt', 'python1') #将当前目录下的01.txt文件复制到python1文件夹下
'python1\\01.txt'
>>> shutil.copy('01.txt', '03.txt') #将文件复制到当前目录下,即“复制 + 重命名”
'03.txt'
```

3) shutil.copytree(source, destination)复制整个文件夹,将 source 文件夹中的所有内容复制到 destination 中。

注意:如果 destination 文件夹已经存在,该操作会返回一个 FileExistsError 错误,提示文件已存在。

```
>>> shutil.copytree('python1', 'python3')  #生成新文件夹python3，和python1的内容一样
'python3'
```

4）shutil.move(source, destination)将 source 文件或文件夹移动到 destination 中，返回值是移动后的文件的绝对路径字符串。

```
>>> import shutil
>>> shutil.move('D:\\Python_os_test\\python1', 'D:\\Python_os_test\\python3')
'D:\\Python_os_test\\python3\\python1'
```

如果 source 指向一个文件，destination 指向一个文件，那么 source 文件将被移动并重命名 destination。

```
>>> shutil.move('D:\\Python_os_test\\01.txt', 'D:\\Python_os_test\\python1\\04.txt')
'D:\\Python_os_test\\python1\\04.txt'
```

5）shutil.rmtree(path)递归删除文件夹下的所有子文件夹和子文件。

```
>>> shutil.rmtree('D:\\Python_os_test\\python3')
```

6）shutil.make_archive(base_name, format, root_dir=None)创建压缩包并返回压缩包的绝对路径。

base_name：压缩打包后的文件名或者路径名。

format：压缩或者打包格式，如 zip，tar，bztar，gztar 等。

root_dir：将哪个目录或者文件打包（也就是源文件）。

```
>>> import shutil
>>> import os
>>> os.getcwd()
'D:\\Python_os_test'
>>> os.listdir()
['01.txt', '02.txt', '03.txt', '04.txt', 'a', 'f', 'python1', 'python2']
#将 D:/Python_os_test 目录下的所有文件压缩到当前目录下，取名为www，压缩格式为tar
>>> ret = shutil.make_archive("www",'tar',root_dir='D:\\Python_os_test')
>>> print(ret)#返回压缩包的绝对路径
D:\Python_os_test\www.tar
>>> os.listdir()
['01.txt', '02.txt', '03.txt', '04.txt', 'a', 'f', 'python1', 'python2',
'www.tar']
```

7）shutil.unpack_archive(filename[, extract_dir[, format]])解包操作。

filename：拟要解压的压缩包的路径名。

extract_dir：解包目标文件夹，默认当前目录。文件夹不存在会新建文件夹。

format：解压格式。

```
>>> import shutil
```

```
>>> import os
>>> os.getcwd()
'D:\\Python_os_test'
>>> os.listdir()
['01.txt', '02.txt', '03.txt', '04.txt', 'a', 'python1', 'python2', 'www.tar']
>>> shutil.unpack_archive("www.tar",'fff')
>>> os.listdir()
['01.txt', '02.txt', '03.txt', '04.txt', 'a', 'fff', 'python1', 'python2',
'www.tar']
```

8.4　习题

1. 使用 open( )函数时，打开指定文件的模式（mode）有哪几种？默认打开模式是什么？

2. 如何使用 os 模块提供的函数读取和写入文件？

3. 假设有一个英文文本文件，编写程序读取其内容，并将其中的大写字母变为小写字母，小写字母变为大写字母。

4. 简述文本文件与二进制文件的区别。

5. 创建一个.txt 文件，在其中写入学生的基本信息，包括姓名、性别、年龄和电话 4 种信息。

6. 编写程序，用户输入一个目录和一个文件名，搜索该目录及其子目录中是否存在该文件。

163

第9章

面向对象程序设计

面向对象程序设计（Object Oriented Programming，OOP）是把计算机程序视为一组对象的集合，计算机程序的执行就是一系列消息在各个对象之间传递以及相关的处理。OOP 把对象作为程序的基本单元，一个对象包含了数据和操作数据的函数。

在 Python 中，对象用类创建，创建对象之前需要先创建类。类定义了每个对象所共有的属性和方法。类与对象的关系：类是对象的抽象，而对象是类的具体实例；类是抽象的，不占用内存，而对象是具体的，占用存储空间；类是用于创建对象的模板，它定义对象的数据域和方法。

9.1 创建和使用类

9.1.1 创建类

在 Python 中，可以通过 class 关键字定义类。定义类的语法格式如下所示。

```
class 类名:
    类体
```

在 Python 中，定义类时需要注意以下几个事项：

1）class 是关键字，用来定义类。"class 类名" 是类的声明部分，class 和类名中间至少要有一个空格。

2）类名由用户指定，必须是合法的 Python 标识符。如果类名使用英文字母，那么名字的首字母使用大写字母，如 Time、Rectangle、Person 等。类名最好容易识别、见名知意。当类名由几个单词组成时，每个单词的首字母大写，其余的字母均小写。

3）类名后跟冒号 "："，类体由缩进的语句块组成。类的目的是为了抽象出一类事物（也称对象）共有的属性和行为，即抽象的关键是数据以及在数据上所进行的操作。因此，在类体内需要做两件事。

- 创建变量，称为类的数据成员，用来存储属性的值，表示用类生成的对象的具体状态。比如对于具体的人有姓名、年龄、身高属性，这就需要定义类时创建 3 个变量来存储这 3 个属性的属性值。
- 创建方法（也就是函数），称为类的方法成员，用来体现对象的行为，可以对类中的定义的变量进行操作，如对于人可创建输出人的姓名的行为（也就是一个函数）。

4）一个类通常包含一种特殊的方法：__init__( )。这个方法被称为初始化方法，又称为构造方法。每当使用类实例化一个对象时，Python 都会自动运行它完成对象的初始化工作。类中的方法的命名也是符合驼峰命名规则，但是方法的首字母应小写。

5）Python 解释器解释执行 class 语句时，会创建一个类对象。由类进行实例化得到的对象被称为类的对象，也称为类的实例。

【例 9-1】矩形类定义示例。（9-1.py）

```
class Rectangle:
    def __init__(self,width=2,height=5):#初始化方法，为 width 和 height 设置了默认值
        self.width=width                #定义数据成员 width，存储传递给形参 width 的值
        self.height=height              #定义数据成员 height
    def getArea(self):                  #定义方法成员 getArea，返回矩形的面积
        return self.width*self.height
    def getPerimeter(self):             #定义方法成员 getPerimeter，返回矩形的周长
        return 2*(self.width+self.height)
```

注意：以 self 为前缀的变量 width 和 height，都可供类中的所有方法使用，还可以通过类的任何实例（也称对象）来访问。self.width=width 获取存储在形参 width 中的值，并将其存储到变量 width 中，然后该变量被关联到创建的实例。类中定义的每个方法都必须至少有一个 self 参数，并且必须是方法的第一个参数（如果有多个形参），self 参数指向调用方法的对象。虽然每个方法的第一个参数为 self，但通过对象调用这些方法时，用户不需要也不能给该参数传递值，Python 会自动将对象传递给 self 参数。

在 Python 中，函数和方法是有区别的。方法一般指与特定对象绑定的函数，通过对象调用方法时，对象将传递给方法的第一个参数，而通常的函数并不具备这个特点。

9.1.2　根据类创建实例

由于类是抽象的，所以要使用类定义的功能，就必须进行类的实例化，即创建类的实例，也称为创建类的对象。其表示以类为模板生成一个对象的行为。创建类的对象后，就可以使用成员运算符"."来调用对象的属性和方法。

使用类创建对象通常要完成两个任务：在内存中创建类的对象；调用类的__init__( )方法来初始化对象，__init__( )方法中的 self 参数被自动设置为引用刚创建的对象。

创建类的对象的方式类似调用函数的方式。创建类的对象的方式如下。

```
对象名 = 类名(参数列表)
```

注意：执行上述语句会调用类的__init__( )方法接收(参数列表)中的参数。参数列表中的参数应与无 self 的__init__( )方法中的参数匹配。

调用对象的属性和方法的格式：对象名.对象的属性名，对象名.对象的方法名( )。

【例 9-2】使用矩形类 Rectangle 创建类的对象，调用对象的属性和方法。

```
>>> r13 = Rectangle(1,3)
>>> r13.width                   #获取矩形对象 r13 的 width
1
```

```
>>> r13.height
3
>>> r13.getPerimeter()          #获取矩形对象 r13 的周长
8
```

可将类视为有关如何创建类的对象的说明。Rectangle 类是一系列说明，让 Python 知道如何创建表示特定矩形的对象。

Python 解释器遇到 r13 = Rectangle(1,3)这行代码时，创建一个 width 为 1、height 为 3 的矩形，即 Python 使用实参 1、3 调用 Rectangle 类中的方法__init__()。方法__init__()创建一个表示特定的矩形对象，并使用提供的值 1、3 来设置属性 width、height。方法__init__()并未显式地包含 return 语句，但 Python 自动返回一个表示这个矩形的对象。这里将这个对象存储在变量 r13 中。

9.2 类中的属性

类的数据成员是在类中定义的成员变量，用来存储描述类的状态的值，也称为属性。属性可以被该类中定义的方法访问，也可以通过类的对象进行访问。在方法体中定义的局部变量，则只能在其定义的范围内进行访问。

9.2.1 类的对象属性和类属性

通过"self.变量名"定义的属性，称为类的对象属性。对象属性属于类实例化后得到的特定对象，对象属性在类的内部通过"self.变量名"访问，在外部通过"对象名.变量名"来访问。

Python 允许声明属于类本身的变量，即类属性，也称为类变量、静态属性。类属性属于整个类，是在类中所有方法之外定义的变量，所有实例之间共享一个副本。在内部用"类名.类属性名"调用。对于公有的类属性，在类外可以通过类对象访问（即"类名.类属性名"的方式来访问）和实例对象访问。对于私有的类属性，既不能在类外通过类对象访问，也不能通过实例对象访问。

可以使用以下内置函数来访问类的实例化对象的属性。

getattr(obj, 'name')：访问对象 obj 的属性名为 name 的值。

hasattr(obj, 'name')：检查对象是否存在一个属性 name。

setattr(obj, 'name', value)：设置对象的 name 属性的属性值为 value。如果属性不存在，则创建一个新属性。

delattr(obj, 'name')：删除对象的属性 name。

【例 9-3】定义 Person 类，其中包括对象属性、类属性；创建 Person 类的对象，调用对象的属性和方法。（9-3.py）

9-3.py 程序文件中的代码如下。

```
class Person:
    '''Person类'''
```

```
        nationality="China"          #定义公有类属性
        def __init__(self, Name,Age):
            self.name = Name          #定义成员变量 name，用 Name 进行初始化
            self.age = Age
        def getName(self):            #定义成员方法 getName()，输出数据成员 name 的值
            return self.name
        def getAge(self):
            print(self.age)


p1 = Person('李晓', 18)          #创建一个 Person 类的对象
p1.height = 1.85                 #为 p1 添加 height 属性，该属性只属于该实例
print("Person 类的对象 p1 的属性 name 的值：",p1.name)
print("Person 类的对象 p1 的属性 age 的值：",p1.age)
print("专属于 Person 类的对象 p1 的属性 height 的值：",p1.height)
print("Person 类的对象 p1 调用 getName() 成员方法得到属性 name 的值：",p1.getName())
setattr(p1, 'age', 28)
print("更新 p1 的属性 age 后的值：",getattr(p1, 'age'))
setattr(p1, 'sex','男')          #为对象 p1 创建一个新属性'sex'，并给其赋值'男'
print("为 p1 添加的属性 sex 的值：",getattr(p1, 'sex'))
#为 Person 类添加类属性 ethnicity，该属性将被类和所有实例共有
Person.ethnicity = 'Han'
print("为 Person 类添加属性 ethnicity 后的 p1 的 ethnicity 值：",getattr(p1, 'ethnicity'))
```

9-3.py 在 IDLE 中运行的结果如下。

```
Person 类的对象 p1 的属性 name 的值：李晓
Person 类的对象 p1 的属性 age 的值：18
专属于 Person 类的对象 p1 的属性 height 的值：1.85
Person 类的对象 p1 调用 getName() 成员方法得到属性 name 的值：李晓
更新 p1 的属性 age 后的值：28
为 p1 添加的属性 sex 的值：男
为 Person 类添加属性 ethnicity 后的 p1 的 ethnicity 值：Han
```

Python 内置了类实例对象的特殊属性，由这些属性可查看类实例对象的相关信息。

__class__：获取实例对象所属的类的类名。

__module__：获取实例类型所在的模块。

__dict__：获取实例对象的数据成员信息，结果为一个字典。

```
>>> p1.__class__
<class '__main__.Person'>
>>> p1.__module__
'__main__'
```

```
>>> p1.__dict__
{'name': '李晓', 'age': 28, 'height': 1.85, 'sex': '男'}
```

虽然类属性可以使用"对象名.类属性名"来访问,但感觉像是访问实例的属性,容易造成困惑,建议不要这样使用,提倡使用"类名.类属性名"的方式来访问。

对于类属性和类的对象属性,可以总结为:

1)类属性属于类本身,可以通过类名进行访问或修改。

2)类属性也可以被类的所有实例对象访问或修改。

3)在类定义之后,可以通过类名动态添加类属性,新增的类属性被类和所有实例共有。

4)类的对象属性只能通过类的对象访问。

5)在类的对象生成后,可以动态添加对象的属性,但是这些添加的对象属性只属于该对象。

Python 中的类内置了特殊的属性,通过这些属性可查看类的相关信息。

__dict__:获取类的所有属性和方法,结果为一个字典。

__doc__:获取类的文档字符串。

__name__:获取类的名称。

__module__:获取类定义所在模块,如果是主文件,就是__main__。类的全名是'__main__.className',如果类位于一个导入模块 mymod 中,那么 className.__module__ 等于 mymod。

__bases__:查看类的所有的父类,返回一个由类的所有父类组成的元组。

```
>>> Person.__dict__
mappingproxy({'__module__': '__main__', '__doc__': 'Person类', 'nationality':
'China', '__init__': <function __main__.Person.__init__(self, Name, Age)>,
'getName': <function __main__.Person.getName(self)>, 'getAge': <function
__main__.Person.getAge(self)>, '__dict__': <attribute '__dict__' of 'Person'
objects>, '__weakref__': <attribute '__weakref__' of 'Person' objects>,
'ethnicity': 'Han'})
>>> Person.__doc__
'Person类'
>>> Person.__name__
'Person'
>>> Person.__module__
'__main__'
>>> Person.__bases__
 (<class 'object'>,)
>>> from math import sin
>>> sin.__module__     #获取 sin 所在的模块
'math'
```

9.2.2　私有属性和公有属性

在定义类中的属性时，如果属性名以两个下画线 "__" 开头，但是不以两个下画线 "__" 结束，则表示该属性是私有属性，其他的为公有属性。私有属性在类的实例的外部不能通过成员运算符 "." 直接访问，需要调用类的实例的公有成员方法来访问，或者使用 "对象名._类名类的私有属性名" 来访问。公有属性既可以在类的实例的内部进行访问，也可以在类的实例的外部通过成员运算符 "." 进行访问。

【例 9-4】定义线段 Segment 类，其中包括私有类属性和公有类属性，私有对象属性和公有对象属性。

```
class Segment:
    __secretValue = 0                                #私有类属性
    publicValue = 0                                  #公有类属性
    def __init__(self,valuea=0,valueb=0):
        self._valuea=valuea
        self.__valueb=valueb                         #定义类的私有对象属性
    def setsegment(self,valuea,valueb):
        self._valuea=valuea
        self.__valueb=valueb
    def show(self):
        print('_valuea 的值: ', self._valuea)
        print('__valueb 的值: ', self.__valueb)
    def showClassAttributes(self):
        self.__secretValue += 1
        self.publicValue += 1
        print('私有属性__secretValue 的值: ', self.__secretValue)
        print('公有属性 publicValue 的值: ', self.publicValue)


>>> segment = Segment(2,3)
>>> segment.showClassAttributes()
私有属性__secretValue 的值: 1
公有属性 publicValue 的值: 1
>>> print(segment._Segment__secretValue)          #访问对象的私有类属性
1
>>> print(segment.publicValue)                    #访问对象的公有类属性
1
>>> print(segment._valuea)                        #访问对象 segment 的公有对象属性
2
```

9.3　类中的方法

类中的方法是与类相关的函数，类中的方法的定义与普通的函数大致相同。在类中定义的方法大致分为 3 类：对象方法、类方法和静态方法。3 种方法在内存中都归属于类，区别在于调用方式不同：对象方法定义时，至少包含一个 self 参数，由对象调用；类方法定义时，至少包含一个 cls 参数，一般通过类对象调用；静态方法，无默认参数，由类对象调用。

9.3.1　类的对象方法

若类中定义的方法的第一个形式参数是 self，则该方法称为类的对象方法。声明类的对象方法的语法格式如下。

```
def 方法名(self, [形参列表]):
    方法体
```

类的对象方法分为两类：公有对象方法和私有对象方法。私有对象方法的名字以两个下画线 "__" 开始，但不以两个下画线 "__" 结束，其他的为公有对象方法。

对于公有对象方法，在类内可以通过 **self.公有对象方法名**( )调用，在外部可以通过**类的对象.公有对象方法名**( )调用。公有对象方法还可以通过如下方式调用。

类名.公有对象方法名(对象名[,实参列表])

私有对象方法可在类的内部通过 **self.私有对象方法名**( )调用。在外部，私有对象方法不能通过类的对象直接调用，但可通过 "对象名.**_类名私有对象方法名**( )" 调用。

注意：虽然对象方法的第一个参数是 self，但在调用时，用户不需要也不能给该参数传递值，Python 会自动地把调用对象方法的对象传递给 self 参数。

【**例 9-5**】定义 MyClass 类，其中包括公有对象属性和私有对象属性、公有对象方法和私有对象方法。（9-5.py）

```python
class MyClass:
    def __init__(self,value1,value2):
        self.value1=value1
        self.__value2=value2                  #__value2 为私有对象属性
    def add1(self):
        return self.value1+self.__value2
    def __add2(self,valuea,valueb):
        self.value1=valuea
        self.__value2=valueb
        return self.value1+self.__value2
    def __add(self):
        print('%d + %d ='%(self.value1,self.__value2),self.value1+self.__value2)
    def __test(self):                          #__test(self)为私有方法
        print('value1=%d,__value2=%d'%(self.value1,self.__value2))
    def test(self):
```

```
        self.__test()

obj1=MyClass(1,2)
print("obj1.add1()的值:",obj1.add1())
#通过"对象名._类名私有方法名"访问私有对象方法
print("obj1._MyClass__add2(5,10):",obj1._MyClass__add2(5,10))
obj1.test()
```

9-5.py 在 IDLE 中运行的结果如下。

```
obj1.add1()的值: 3
obj1._MyClass__add2(5,10): 15
value1=5,__value2=10
```

9.3.2　类方法

Python 允许声明属于类本身的方法，即类方法。Python 通过装饰器@classmethod 来定义类方法，类方法的第一个参数为 cls（class 的缩写）。在 Python 中定义类方法的语法格式如下。

```
@classmethod
def 类方法名(cls,[形参列表]):
    方法体
```

注意：类方法至少包含一个 cls 参数，类方法一般通过类对象来调用，即通过**类名.类方法名([实参列表])**调用，自动将调用类方法的类对象传递给 cls。此外，也可以通过类的实例对象来访问，执行类方法时，自动将调用该方法的实例对象所对应的类对象传递给 cls。在类方法内部可以直接访问类属性，不能直接访问对象属性。

【例 9-6】定义玩具 Toy 类，其中包括类方法。（9-6.py）

```
class Toy:
    count = 0                                    #定义类属性
    def __init__(self, name):
        self.name = name
        Toy.count += 1                           #让类属性的值+1
    @classmethod
    def show_toy_count(cls):
        print('玩具对象的数量 %d' % Toy.count) #访问类属性


# 创建玩具对象
toy1 = Toy('乐高')
toy2 = Toy('玩具车')
toy3 = Toy('玩具熊')
```

```
Toy.show_toy_count()     #调用类方法，在类方法内部可以直接访问类属性
```

9-6.py 在 IDLE 中运行的结果如下。

玩具对象的数量 3

9.3.3　类的静态方法

类的静态方法使用装饰器@staticmethod 定义，没有默认的必须参数。静态方法只能访问类属性，不能直接访问对象属性。在 Python 中定义静态方法的语法格式如下。

```
@staticmethod
def 静态方法名([形参列表]):
    方法体
```

静态方法可通过类名和实例对象名调用，调用格式如下。

```
类名.静态方法名([实参列表])
对象名.静态方法名([实参列表])
```

【例 9-7】定义 Student 类，其中包括对象方法、静态方法和类方法。(9-7.py)

```
class Student:
    name = 'WangLi'  #定义一个类属性，可以被静态方法和类方法访问
    def __init__(self,age=18):
        print('Student 类的构造方法被调用')
        self.age = 18   #定义对象属性，静态方法和类方法不能访问该属性
    #定义静态方法
    @staticmethod
    def printName():
        print('--', Student.name, '--')   #访问类属性 name
        print('Student 的静态方法 printName 被调用')


    # 定义类方法
    @classmethod
    def classMethodPrint(cls):
        print(cls)
        print('[', cls.name, ']')        #访问类属性 name
        print('调用静态方法 printName')
        cls.printName()
        #在类方法中不能访问对象属性，否则会抛出异常
        print('类方法 classMethodPrint 被调用')
    #定义对象方法
    def instanceMethodPrint(self):
        print(self.age)
```

```
        print('<', Student.name, '>')

print("通过类调用静态方法 printName")
Student.printName()
# 创建 Student 类的实例
s = Student()
print("通过类的实例调用类方法")
s.classMethodPrint()
print("通过类访问类属性")
print('Student.name', '=', Student.name)
print("通过类调用类方法")
Student.classMethodPrint()
print("通过类的实例访问实例方法")
s.instanceMethodPrint()
```

9-7.py 在 IDLE 中运行的结果如下。

```
通过类调用静态方法 printName
-- WangLi --
Student 的静态方法 printName 被调用
Student 类的构造方法被调用
通过类的实例调用类方法
<class '__main__.Student'>
[ WangLi ]
调用静态方法 printName
-- WangLi --
Student 的静态方法 printName 被调用
类方法 classMethodPrint 被调用
通过类访问类属性
Student.name = WangLi
通过类调用类方法
<class '__main__.Student'>
[ WangLi ]
调用静态方法 printName
-- WangLi --
Student 的静态方法 printName 被调用
类方法 classMethodPrint 被调用
通过类的实例访问实例方法
18
< WangLi >
```

173

注意：类方法和静态方法都可以通过类名和对象名调用，但不能直接访问属于对象的成员，只能访问属于类的成员。

类中的所有方法均属于类（非对象），所以，在内存中只保存一份，所有对象都执行相同的代码，通过 self 参数来判断要处理那个对象的数据。

9.3.4 把类中的方法装饰成属性

【例 9-8】定义 Student 类。

```
>>> class Student:
    def __init__(self, name, score):
        self.name = name
        self.score = score
>>> student1 = Student('李明', 89)      #实例化一个对象
```

当想要修改一个 student1 对象的 score 属性时，可以写为

```
>>> student1.score = 91
```

也可以写为

```
>>> student1.score = 1000
```

显然，直接给属性赋值无法检查赋值的有效性。score 为 1000 显然不合逻辑。为了防止为 score 赋不合理的值，可以通过一个 setScore( )方法来设置 score，再通过一个 getScore( )方法来获取 score，这样在 setScore( )方法里就可以检查传递的参数。下面据此重新定义 Student 类。

【例 9-9】定义 Student2 类。（9-9.py）

```
class Student2:
    def __init__(self, name, score):
        self.name = name
        self.__score = score              #定义私有数据成员
    def getScore(self):                   #读取__score数据成员的值
        return self. __score
    def setScore(self, score):            #修改__score数据成员的值
        if not isinstance(score, int):
            print( '__score must be an integer!')
        elif score < 0 or score > 100:
            print( '__score must between 0~100!')
        else:
            self.__score = score

student2 = Student2('张三', 69)
student2.setScore(1000)        #修改数据成员__score的值，1000不在 0~100 内，失败
```

```
print("student2 的__score 的值:", student2.getScore())
student2.setScore(80)          #修改__score 数据成员的值, 80 在 0~100 内, 成功
print("修改 student2 的__score 之后__score 的值:",student2.getScore())
```

9-9.py 在 IDLE 中运行的结果如下。

```
__score must between 0~100!
student2 的__score 的值: 69
修改 student2 的__score 之后__score 的值: 80
```

这样 student2.setScore(1000)就会输出 "__score must between 0~100!"。这种使用 getScore( )、setScore( )方法来封装对一个属性的访问在许多面向对象编程的语言中都很常见。但是写 student2.getScore( )和 student2.setScore ( )没有直接写 student2.score 直接。在 Python 中, 两全其美的方法是用@property 装饰器和@setter 装饰器把 getScore( )、setScore( )方法 "装饰" 为属性使用。

【例 9-10】定义 Student3 类, 其中含有装饰器@property 和@ setter。(9-10.py)

```
class Student3:
    def __init__(self, name, score):
        self.name = name
        self.__score = score
    @property                   #装饰成 "读属性"
    def scoreA(self):
        return self.__score
    @scoreA.setter              #装饰成 "修改属性"
    def scoreA(self, score):
        if not isinstance(score, int):
            print('__score must be an integer!')
        elif score < 0 or score > 100:
            print('__score must between 0~100!')
        else:
            self.__score = score

student3 = Student3('Mary', 95)
print(student3.scoreA)
student3.scoreA = 98            #对 scoreA 赋值实际调用 scoreA(self, score)方法
print(student3.scoreA)
student3.scoreA = 1000
del student3.scoreA             #试图删除属性, 将失败
```

9-10.py 在 IDLE 中运行的结果如下。

```
95
98
```

```
__score must between 0~100!
Traceback (most recent call last):
    File "C:\Users\Administrator\Desktop\.9-10.py", line 23, in <module>
        del student3.scoreA              #试图删除属性，将失败
AttributeError: can't delete attribute
```

第一个 scoreA(self)对应 getScore( )方法，用@property 装饰，第二个 scoreA(self, score)对应 setScore( )方法，用@scoreA.setter 装饰。@scoreA.setter 是前一个@property 装饰后的副产品。现在，就可以像使用属性一样通过方法名来设置属性__score 的值了。

注意：@property 装饰器默认提供一个只读属性，如果需要修改属性，则需要搭配使用@setter 装饰器；如果需要删除属性，则需要搭配使用@deleter 装饰器。

【例 9-11】定义 Student4 类，其中含有装饰器@property、@setter 和@deleter。（9-11.py）

```
class Student4:
    def __init__(self, name, score):
        self.name = name
        self.__score = score
    @property                    #装饰成“读属性”
    def scoreA(self):
        return self.__score
    @scoreA.setter               #装饰成“修改属性”
    def scoreA(self, score):
        if not isinstance(score, int):
            print('__score must be an integer!')
        elif score < 0 or score > 100:
            print('__score must between 0~100!')
        else:
            self.__score = score
    @scoreA.deleter              #装饰成“删除属性”
    def scoreA(self):
        del self.__score


student4 = Student4('李晓菲', 88)
print(student4.scoreA)
student4.scoreA = 98             #对 scoreA 赋值实际调用的是 scoreA(self, score)方法
print(student4.scoreA)
student4.scoreA = 1000
del student4.scoreA             #尝试删除属性，成功
print(student4.scoreA)          #前一条语句已经删除__score，这里显示不存在
```

9-11.py 在 IDLE 中运行的结果如下。

```
88
98
__score must between 0~100!
Traceback (most recent call last):
    File "C:\Users\Administrator\Desktop\9-11.py", line 26, in <module>
        print(student4.scoreA)        #前一条语句已经删除__score,这里显示不存在
    File "C:\Users\Administrator\Desktop\1.py", line 7, in scoreA
        return self.__score
AttributeError: 'Student4' object has no attribute '_Student4__score'
```

9.4 类的继承

面向对象的编程带来的主要好处之一是代码的重用,实现这种重用的方法之一是类的继承。编写类时,并非总是要从空白开始。当要建一个新类时,也许会发现要建的新类与之前的某个已有类非常相似,如绝大多数的属性和行为都相同,这时可让新类继承已有类,一个类可以继承已有类的所有公有属性和公有方法;原有的类称为父类,而新类称为子类。子类除了可以继承其父类的公有属性和公有方法,还可以定义属于子类的特有属性和方法。

9.4.1 单继承

子类可以继承父类的公有成员,但不能继承其私有成员。如果需要在子类中调用父类的方法,可以使用内置函数"super( ).方法名( )"或者通过"父类名.方法名( )"的方式来实现。类的单继承是指新建的类只继承一个父类。

继承父类创建子类的语法格式如下。

```
class 子类名(父类名):
    类体
```

【例 9-12】根据人的特征定义类 Person,该类对所有人均适用,但如果根据教师的特点需要定义教师类,则可以肯定的是教师类中除了姓名、年龄和性别属性外,还可能有授课的课程(course)、教师的工资(salary)。此外,教师可能有上课(setCourse)、涨工资(setSalary)这样的行为。因此,可以通过继承的方式建立教师类 Teacher,这样就只需为 Teacher 特有的属性和行为编写代码。(9-12.py)

```
class Person:
    def __init__(self,name,age,sex):
        self.name = name
        self.age = age
        self.sex = sex
    def getName(self):
        return self.name
    def setAge(self,age):
```

```
            self.age = age
        def getAge(self):
            return self.age
        def getSex(self):
            return self.sex
        def show(self):
            return 'name:{0}, age:{1}, sex:{2}'.format(self.name,self.age,self.sex)


class Teacher(Person):                    #定义一个子类 Teacher，Teacher 继承 Person 类
    def __init__(self,name,age,sex,course,salary):
        Person.__init__(self,name,age,sex)     #调用父类构造方法初始化父类数据成员
        self.course = course                   #初始化派生类的数据成员
        self.salary = salary                   #初始化派生类的数据成员
    def setCourse(self,course):                #在教师类中定义教师类的对象方法
        self.course = course
        print("给教师分配的课程是:",self.course)
    def getCourse(self):
        print("%s 教师所教的课程是%s"%(self.name,self.course))
    def setSalary(self,salary):
        self.salary = salary
        print("给%s 教师发的工资是%s"%(self.name,self.salary))
    def getSalary(self):
        print("%s 教师的工资是%s"%(self.name,self.salary))
    def show(self):
        return("教师信息:\n"+Person.show(self)+(', course:{0},
salary:{1}'.format(self.course,self.salary)))


t=Teacher("刘涛",32,"女","Python 程序设计",6000)
t.getSalary()
t.getCourse()
print(t.show())
```

9-12.py 在 IDLE 中运行的结果如下。

```
刘涛教师的工资是 6000
刘涛教师所教的课程是 Python 程序设计
教师信息:
name:刘涛, age:32, sex:女, course:Python 程序设计, salary:6000
```

Teacher 类继承了 Person 类所有可以继承的成员。除此之外，它还有两个新的数据成员 course 和 salary，以及与 course 和 salary 相关的 setCourse( )、getCourse( )、setSalary( )和

getSalary( )方法。

Person.__init__(self,name,age,sex)调用父类的__init__(self,name,age,sex)方法，也可以使用 super( )来调用父类的__init__(self,name,age,sex)方法，语法格式如下。

```
super().__init__(name,age,sex)      #没有 self 参数
```

对于 super( ).__init__(name,age,sex)，super( )指向父类，所以当使用 super( )来调用一个父类的对象方法时，不需要传递 self 参数。

子类的构造方法有以下几种形式：

1）子类不重写__init__( )方法，当实例化子类时，会自动调用父类定义的__init_( )方法。

【例 9-13】子类不重写__init__( )方法。（9-13.py）

```
class A:
    def __init__(self, name="wangli"):
        self.name=name
        print( "name:%s" %( self.name) )
    def getName(self):
        return ' A 的 name: ' + self.name


class B(A):

    def getName(self):
        return 'B 的 name:'+self.name


b1 = B()                        #子类实例化
print(b1.getName() )            #调用子类对象的方法
b2 = B('xiaoming')              #子类实例化
print( b2.getName() )           #调用子类对象的方法
```

9-13.py 在 IDLE 中运行的结果如下。

```
name:wangli
B 的 name:wangli
name:xiaoming
B 的 name:xiaoming
```

2）如果子类重写了__init__( )方法，当实例化子类时，就不会调用父类定义的__init__( )方法。实际上，对于父类的方法，只要它不符合子类的要求，都可对其进行重写，当实例化子类时，就不会调用父类定义的同名方法。

【例 9-14】子类重写了__init__( )方法。（9-14.py）

```
class A:
    def __init__(self, name="wangli"):
        self.name=name
```

```
        print( "name: %s" %(self.name) )
    def getName(self):
        return ' A的name: ' + self.name


class B(A):
    def __init__(self, name):
        print ( "hi" )
        self.name = name
    def getName(self):
        return 'B的name:'+self.name
```

```
b = B('xiaoming')            #子类实例化
print( b.getName() )         #调用子类实例对象的方法
```

9-14.py 在 IDLE 中运行的结果如下。

```
hi
B的name:xiaoming
```

3）如果子类重写__init__( )方法，又要继承父类的__init__( )方法，则可以在子类的__init__( )方法中使用 super( ).__init__(参数1, 参数2,....)或父类名称.__init__(self, 参数1, 参数2, ...)来在子类的__init__( )方法中继承父类的构造方法，具体示例如例9-12中Teacher类中的__init__( )方法。事实上，对于父类的方法，只要它不符合子类模拟对象的行为，都可对其进行重写。为此，可在子类中定义一个这样的方法，即它与要重写的父类方法同名。这样，对子类进行实例化时，Python 将不会考虑同名的父类方法，而只使用子类中定义的相应方法。

9.4.2 多重继承

Python 支持类的多重继承，即一个子类可以继承多个父类。类的多重继承的语法格式如下。

```
class 子类(基类1,基类2,...,基类n):
类体
```

如果在类定义中没有指定基类，则默认基类为 object。object 是所有类的根基类。需要注意圆括号中基类的顺序，使用子类的实例对象调用一个方法时，若在子类中未找到，则会从左到右查找基类中是否包含该方法。

【例 9-15】类的多重继承举例。(multiple_inheritance.py)

```
class Student:
    def __init__(self, name, age, grade):
        self.name = name
        self.age = age
        self.grade=grade
```

```
    def speak(self):
        print("%s 说:我%d 岁了, 我在读%d 年级"%(self.name,self.age,self.grade))


class Speaker():
    def __init__(self,name,topic):
        self.name = name
        self.topic = topic
    def speak(self):
        print("我叫%s, 我是一个演说家, 我演讲的主题是%s"%(self.name,self.topic))


class Sample(Speaker,Student):
    def __init__(self,name,age,grade,topic):
        Student.__init__(self,name,age,grade)
        Speaker.__init__(self,name,topic)
    def speak(self):
        print("%s 说:我%d 岁了,我在读%d 年级,我演讲的主题是%s"%(self.name, self.age,
self.grade,self.topic))
        Student.speak(self)
        Speaker.speak(self)


test = Sample("张三",25,4,"I love Python!")
test.speak()   #先在子类中找, 若未找到, 则从左到右在基类中查找该方法
```

multiple_inheritance.py 在 IDLE 中运行的结果如下。

张三说:我 25 岁了, 我在读 4 年级, 我演讲的主题是 I love Python!
张三说:我 25 岁了, 我在读 4 年级
我叫张三, 我是一个演说家, 我演讲的主题是 I love Python!

9.4.3　查看继承的层次关系

多个类的继承可以形成层次关系, 通过类的方法 mro( )或类的属性__mro__得到类继承的层次关系。

【例 9-16】查看类的继承关系实例。

```
>>> class A:
    pass              # pass 是空语句, 不做任何事情
>>> class B(A):
    pass
>>> class D(B):
    pass
>>> class E(D):
```

```
    pass
>>> class F(A):
    pass
>>> class H(B,F):
    pass
>>> A.mro()
[<class '__main__.A'>, <class 'object'>]
>>> B.mro()
[<class '__main__.B'>, <class '__main__.A'>, <class 'object'>]
>>> E.mro()
[<class '__main__.E'>, <class '__main__.D'>, <class '__main__.B'>, <class
'__main__.A'>, <class 'object'>]
>>> H.mro()
[<class '__main__.H'>, <class '__main__.B'>, <class '__main__.F'>, <class
'__main__.A'>, <class 'object'>]
```

9.5 object 类

object 类是 Python 中所有类的基类，如果定义一个类时没有指定继承哪个类，则默认继承 object 类。所有的类都有 object 类的属性和方法。object 类中定义的所有方法名都是以两个下画线开始、以两个下画线结束，其中重要的方法有__new__( )、__init__( )、__str__( )和__eq__( )。

```
>>> class A:
    pass
>>> issubclass(A,object)      #判断 A 是否是 object 的子类
True
```

【例 9-17】查看对象的所有属性和方法。（9-17.py）

```
class Person:
    def __init__(self,name,age):
        self.name = name
        self.age = age

    def print_age(self):
        print(self.name,"的年龄是:",self.age)
obj = object()           #实例化 object 类
print(dir(obj))          #dir(obj)函数返回 obj 对象的所有属性和方法
print("---"*27)
p = Person("WangLi",20)
```

```
print(dir(p))
```

运行 9-17.py 程序文件，得到的输出结果如下。

```
['__class__', '__delattr__', '__dir__', '__doc__', '__eq__', '__format__',
'__ge__', '__getattribute__', '__gt__', '__hash__', '__init__',
'__init_subclass__', '__le__', '__lt__', '__ne__', '__new__', '__reduce__',
'__reduce_ex__', '__repr__', '__setattr__', '__sizeof__', '__str__',
'__subclasshook__']
--------------------------------------------------------------------
['__class__', '__delattr__', '__dict__', '__dir__', '__doc__', '__eq__',
'__format__', '__ge__', '__getattribute__', '__gt__', '__hash__', '__init__',
'__init_subclass__', '__le__', '__lt__', '__module__', '__ne__', '__new__',
'__reduce__', '__reduce_ex__', '__repr__', '__setattr__', '__sizeof__', '__str__',
'__subclasshook__', '__weakref__', 'age', 'name', 'print_age']
```

9.6　自定义矩阵类

矩阵是高等数学中的常见工具，在统计分析等应用数学学科中也必不可少；在物理学中，矩阵在电路学、力学、光学和量子物理中都有应用；在计算机科学中，三维动画制作也需要用到矩阵。

由 $m \times n$ 个数 a_{ij} 排成的 m 行 n 列的数表称为 m 行 n 列的矩阵，简称 $m \times n$ 矩阵，将其记作 A，如图 9-1 所示。

$$A = \begin{bmatrix} a_{11} & a_{12} & \cdots & a_{1n} \\ a_{21} & a_{22} & \cdots & a_{2n} \\ a_{31} & a_{32} & \cdots & a_{3n} \\ \vdots & \vdots & & \vdots \\ a_{m1} & a_{m2} & \cdots & a_{mn} \end{bmatrix}$$

图 9-1　$m \times n$ 矩阵 A

这 $m \times n$ 个数称为矩阵 A 的元素，简称为元。数 a_{ij} 位于矩阵 A 的第 i 行第 j 列，称为矩阵 A 的 (i, j) 元。以数 a_{ij} 为 (i, j) 元的矩阵可记为 (a_{ij}) 或 $(a_{ij})_{m \times n}$，$m \times n$ 矩阵 A 也记作 A_{mn}。而行数与列数都等于 n 的矩阵称为 n 阶矩阵或 n 阶方阵。

矩阵的基本运算包括矩阵的加法、减法、数乘、转置、矩阵乘法。

矩阵的加法：

$$\begin{bmatrix} 1 & 4 & 2 \\ 2 & 0 & 0 \end{bmatrix} + \begin{bmatrix} 1 & 1 & 5 \\ 7 & 5 & 0 \end{bmatrix} = \begin{bmatrix} 1+1 & 4+1 & 2+5 \\ 2+7 & 0+5 & 0+0 \end{bmatrix} = \begin{bmatrix} 2 & 5 & 7 \\ 9 & 5 & 0 \end{bmatrix}$$

矩阵的减法：

$$\begin{bmatrix} 1 & 4 & 2 \\ 2 & 0 & 0 \end{bmatrix} - \begin{bmatrix} 1 & 1 & 5 \\ 7 & 5 & 0 \end{bmatrix} = \begin{bmatrix} 1-1 & 4-1 & 2-5 \\ 2-7 & 0-5 & 0-0 \end{bmatrix} = \begin{bmatrix} 0 & 3 & -3 \\ -5 & -5 & 0 \end{bmatrix}$$

数乘矩阵：

$$2 \times \begin{bmatrix} 1 & 4 & 2 \\ 2 & 0 & 0 \end{bmatrix} = \begin{bmatrix} 2\times1 & 2\times4 & 2\times2 \\ 2\times2 & 2\times0 & 2\times0 \end{bmatrix} = \begin{bmatrix} 2 & 8 & 4 \\ 4 & 0 & 0 \end{bmatrix}$$

把矩阵 A 的行和列互相交换所产生的矩阵称为 A 的转置矩阵,这一过程称为矩阵的转置。例如:

$$\begin{bmatrix} 1 & 4 & 2 \\ 2 & 0 & 0 \end{bmatrix}^{\mathrm{T}} = \begin{bmatrix} 1 & 2 \\ 4 & 0 \\ 2 & 0 \end{bmatrix}$$

两个矩阵的乘法:两个矩阵的乘法仅当第一个矩阵 A 的列数和另一个矩阵 B 的行数相等时才能相乘。例如,A 是 $m \times n$ 矩阵,B 是 $n \times p$ 矩阵,它们的乘积 C 是一个 $m \times p$ 矩阵 $C=(c_{ij})$,并将此乘积记为 $C=AB$,它的一个元素:

$$c_{i,j} = a_{i,1}b_{1,j} + a_{i,2}b_{2,j} + \cdots + a_{i,n}b_{n,j} = \sum_{r=1}^{n} a_{i,r}b_{r,j}$$

$$\begin{bmatrix} 1 & 1 & 5 \\ 7 & 5 & 0 \end{bmatrix} \times \begin{bmatrix} 1 & 2 \\ 4 & 0 \\ 2 & 0 \end{bmatrix} = \begin{bmatrix} (1\times1+1\times4+5\times2) & (1\times2+1\times0+5\times0) \\ (7\times1+5\times4+0\times2) & (7\times2+5\times0+0\times0) \end{bmatrix} = \begin{bmatrix} 15 & 2 \\ 27 & 14 \end{bmatrix}$$

【例 9-18】基于列表技术实现矩阵类 Matrix,模拟矩阵运算,支持矩阵元素读取、设置,矩阵加法、减法、乘法、矩阵转置,判断两个矩阵是否相等,对矩阵的所有元素求和,找出和最大的行,打乱矩阵的所有元素,及打印矩阵。

```python
import copy
import random
class Matrix:
    '''基于列表实现的矩阵类'''
    def __init__(self, numRows, numCols, x=0):
        self.shape = (numRows, numCols)        #记录矩阵的行数和列数
        self.row = self.shape[0]
        self.column = self.shape[1]
        #生成 self.row 行 self.column 列的矩阵元素全为 x
        self.matrix = [[x for col in range(self.column)] for row in
range(self.row)]

    #返回矩阵 A 的元素 A(i,j) 的值: matrix [i-1][ j-1]
    def __getitem__(self, index):
        if isinstance(index, int):
            return self.matrix[index-1]
        elif isinstance(index, tuple) and len(index)==2:
            return self.matrix[index[0]-1][index[1]-1]
    # 设置矩阵 matrix (i,j) 的值为 value, 即 matrix [i-1][ j-1] = value
    def __setitem__(self, index, value):
```

```python
        if isinstance(index, int):
            self.matrix[index-1] = copy.deepcopy(value)   #深度拷贝
        elif isinstance(index, tuple) and len(index)==2:
            self.matrix[index[0]-1][index[1]-1] = value
    def __eq__(self, B):                                   #判断两个矩阵是否相等
        '''B是一个Matrix类的对象'''
        if self.row==B.row and self.column== B.column:
            for i in range(self.row):
                for j in range(self.column):
                    if self.matrix[i][j]==B.matrix[i][j]:
                        pass
                    else:
                        return "两个矩阵不相等"
            return "两个矩阵相等"
        else:
            return "维度不同，两个矩阵不相等"


    def __add__(self, B):                                  #将两个矩阵相加
        '''矩阵加法，B是一个Matrix类的对象'''
        if self.shape == B.shape:                          #维度相同才能相加
            M = Matrix(self.row, self.column)              #临时生成一个和B维度相同的矩阵
            for i in range(self.row):
                for j in range(self.column):
                    M.matrix[i][j] = self.matrix[i][j] + B.matrix[i][j]
            return M.matrix
        else:
            return "维度不同，两个矩阵不能相加"


    def __sub__(self, B):                                  #将两个矩阵相减
        '''矩阵减法，参数B是一个Matrix类的对象'''
        if self.shape == B.shape:                          #维度相同才能相减
            M = Matrix(self.row, self.column)              #临时生成一个和B维度相同的矩阵
            for i in range(self.row):
                for j in range(self.column):
                    M.matrix[i][j] = self.matrix[i][j] - B.matrix[i][j]
            return M.matrix
        else:
            return "维度不同，两个矩阵不能相减"
```

```python
    def __mul__(self, B):                              #将两个矩阵相乘
        '''矩阵乘法，参数B是一个数或是一个Matrix类的对象'''
        if isinstance(B, int) or isinstance(B,float):  #B是一个数
            M = Matrix(self.row, self.column)
            for i in range(self.row):
                for j in range(self.column):
                    M.matrix[i][j] = self.matrix[i][j]*B
            return M.matrix
        #一个矩阵的列数等于另一个矩阵的行数，两矩阵才能相乘
        elif self.column == B.row:
            M = Matrix(self.row, B.column)
            for i in range(self.row):
                for j in range(B.column):
                    sum = 0
                    for k in range(self.column):
                        sum += self.matrix[i][k] * B.matrix[k][j]
                    M.matrix[i][j] = sum
            return M.matrix
        else:
            return "两个矩阵不能相乘"


    def __sum_of_elements__(self):                     #对矩阵的所有元素求和
        total = 0
        for i in self.matrix:
            for j in i:
                total += j
        return total


    def maxRow(self):                                  #找出和最大的行
        max_row = sum(self.matrix[0])
        index_of_max_row = 0
        for row in range(1,self.row):
            if sum(self.matrix[row]) > max_row:
                max_row = sum(self.matrix[row])
                index_of_max_row = row
        print("和最大行的索引: ",index_of_max_row)
        print("和最大行的和: ",max_row)
    def __random__(self):                              #打乱矩阵的所有元素
        for row in range(self.row):
```

```
        for column in range(self.column):
            i = random.randint(0, self.row - 1)
            j = random.randint(0, self.column - 1)
            self.matrix[row][column], self.matrix[i][j] = self.matrix[i][j],
self.matrix[row][column]
    return self.matrix

    def transpose(self):                            #对矩阵进行转置
        '''矩阵转置'''
        M = Matrix(self.column, self.row)
        for i in range(self.column):
            for j in range(self.row):
                M.matrix[i][j] = self.matrix[j][i]
        return M.matrix

    def show(self):                                 #打印矩阵
        '''打印矩阵'''
        for i in range(self.row):
            for j in range(self.column):
                print(self.matrix[i][j],end=' ')
            print()
```

将上面的代码保存为 Matrix.py 文件,并保存在当前文件夹、Python 安装文件夹或 sys.path 列表指定的其他文件夹中。下面的代码演示了自定义矩阵类的用法。

```
>>> from Matrix import Matrix
>>> matrix1=Matrix(2,3)
>>> matrix2=Matrix(2,3)
>>> matrix3=Matrix(3,2)
>>> list1=[[1,4,2],[2,0,0]]
>>> list2=[[1,1,5],[7,5,0]]
>>> list3=[[1,2],[4,0],[2,0]]
>>> for i in range(2):
        for j in range(3):
            matrix1.matrix[i][j]=list1[i][j]
            matrix2.matrix[i][j]=list2[i][j]
            matrix3.matrix[j][i]=list3[j][i]
>>> matrix1.matrix
[[1, 4, 2], [2, 0, 0]]
>>> matrix2.matrix
```

```
[[1, 1, 5], [7, 5, 0]]
>>> matrix3.matrix
[[1, 2], [4, 0], [2, 0]]
>>> print("matrix1与matrix2相等吗? ", matrix1.__eq__(matrix2))
matrix1与matrix2相等吗?  两个矩阵不相等
>>> print("matrix1与matrix2的和: ", list(matrix1.__add__(matrix2)))
matrix1与matrix2的和: [[2, 5, 7], [9, 5, 0]]
>>> print("matrix1与matrix2的差: ", list(matrix1.__sub__(matrix2)))
matrix1与matrix2的差: [[0, 3, -3], [-5, -5, 0]]
>>> print("matrix1的转置: ", list(matrix1.transpose()))
matrix1的转置: [[1, 2], [4, 0], [2, 0]]
>>> matrix1.show()      #打印矩阵matrix1
1 4 2
2 0 0
>> print("matrix2与matrix3的积: ", matrix2.__mul__(matrix3))
matrix2与matrix3的积: [[15, 2], [27, 14]]
>> matrix1.maxRow()                        #找出matrix1和最大的行
和最大行的索引: 0
和最大行的和: 7
>> print(matrix1.__sum_of_elements__())    #对矩阵matrix1的所有元素求和
9
>> print(matrix1.__random__())             #打乱矩阵的所有元素
[[2, 0, 4], [2, 0, 1]]
>> print(matrix2.__getitem__((1,1)))       #返回矩阵matrix2的元素matrix2(1, 1)
1
>> matrix2.__setitem__((1,1), 10)          #设置matrix2(1, 1)的值为10
>> print(matrix2.__getitem__((1,1)))
10
```

9.7 使用 Python 实现感知器分类

感知器是美国学者弗兰克·罗森布拉特在研究大脑的存储、学习和认知过程中提出的一类具有自学习能力的神经网络模型。根据网络中拥有的计算单元的层数的不同,感知器可以分为单层感知器和多层感知器。

9.7.1 感知器模型

单层感知器是指只有一层处理单元的感知器,如果包括输入层在内,应为两层,其拓扑结构如图 9-2 所示。

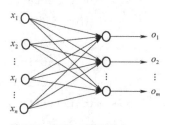

输入层　权值　输出层

图 9-2　单层感知器

图 9-2 中的输入层也称为感知层，有 n 个神经元节点。这些节点只负责引入外部信息，自身无信息处理能力，每个节点接收一个输入信号，n 个输入信号构成输入列向量 $\boldsymbol{X}$。输出层也称为处理层，有 m 个神经元节点，每个节点均具有信息处理能力，m 个节点向外部输出处理信息，构成输出列向量 $\boldsymbol{O}$。输入层各输入神经元到输出神经元 j 的连接权值用权值列向量 $\boldsymbol{W}_j$ 表示，$j=1,2,\cdots,m$，m 个权值列向量构成单层感知器的权值矩阵 $\boldsymbol{W}$。3 个列向量分别表示为

$$\boldsymbol{X} = (x_1, x_2, \cdots, x_i, \cdots, x_n)^{\mathrm{T}}$$
$$\boldsymbol{O} = (o_1, o_2, \cdots, o_i, \cdots, o_m)^{\mathrm{T}}$$
$$\boldsymbol{W}_j = (w_{1j}, w_{2j}, \cdots, w_{ij}, \cdots, w_{nj})^{\mathrm{T}}$$

假设各输出神经元的阈值分别是 $T_j (j=1,2,\cdots,m)$，输出层中任一神经元 j 的净输入 net'_j 为来自输入层各神经元的输入加权和，即

$$net'_j = \sum_{i=1}^{n} w_{ij} x_i$$

输出 o_j 由输出神经元的激活函数决定。离散型单层感知器的激活函数一般采用符号函数，o_j 具体表示如下。

$$o_j = \mathrm{sgn}(net'_j - T_j)$$

如果令 $x_0 = -1$，$w_{0j} = T_j$，则有 $-T_j = x_0 w_{0j}$，因此净输入与阈值之差可表示为

$$net'_j - T_j = net_j = \sum_{i=0}^{n} w_{ij} x_i = \boldsymbol{W}_j^{\mathrm{T}} \boldsymbol{X}$$

其中，$\boldsymbol{X} = (x_0, x_1, x_2, \cdots, x_i, \cdots, x_n)^{\mathrm{T}}$，$\boldsymbol{W}_j = (w_{0j}, w_{1j}, w_{2j}, \cdots, w_{ij}, \cdots, w_{nj})^{\mathrm{T}}$。采用此约定后，这时单层感知器的神经元模型可简化为

$$o_j = \mathrm{sgn}\left(net_j\right) = \mathrm{sgn}\left(\sum_{i=0}^{n} w_{ij} x_i\right) = \mathrm{sgn}\left(\boldsymbol{W}_j^{\mathrm{T}} \boldsymbol{X}\right)$$

本章后面内容约定净输入是 net_j，与原来净输入 net'_j 的区别是 net_j 包含了阈值。

9.7.2　感知器学习算法

弗兰克·罗森布拉特基于神经元模型提出了第一个感知器（称为罗森布拉特感知器）学习规则，并给出一个自学习算法。此算法可以自动通过优化得到输入神经元和输出神经元之间的权重系数，此系数与输入神经元的输入值的乘积决定了输出神经元是否被激活。在监督学习与分类中，该类算法可用于预测样本所属的类别。若把其看作一个二分类任务，可把两类分别记为 1（正类别）和 -1（负类别）。

为便于直观分析，考虑图 9-3 中只有一个输出神经元的感知器情况，输出神经元的阈值设为 T。不难看出，一个输出神经元的感知器实际上就是一个 M-P 神经元模型。

图 9-3 中感知器实现样本的线性分类的主要过程是：将一个输入样本的属性数据 x_1，x_2，$\cdots$，x_n 与相应的权值 w_1，w_2，$\cdots$，w_n 分别相乘，乘积相加后再与阈值 T 相减，相减的结果通过激活函数 $\mathrm{sgn}(\ )$ 进行处理。当相减的结果小于 0 时，$\mathrm{sgn}(\ )$ 函数的函数值为 -1；当相减的结果大于或等于 0

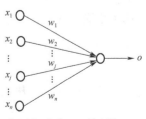

图 9-3　一个输出神经元的感知器

时，sgn( )函数的函数值为 1。这样根据 sgn( )函数输出值 o，把样本数据分成两类，设 $\boldsymbol{W} = (w_0, w_1, w_2, \cdots, w_i, \cdots, w_n)^{\mathrm{T}}$，sgn( )函数的数学形式表示如下。

$$\mathrm{sgn}\left(\sum_{i=1}^{n} w_i x_i - T\right) = \mathrm{sgn}\left(\sum_{i=0}^{n} w_i x_i\right) = \mathrm{sgn}\left(\boldsymbol{W}^{\mathrm{T}} \boldsymbol{X}\right) = \begin{cases} 1, & \sum_{i=0}^{n} w_i x_i \geqslant 0 \\ -1, & \sum_{i=0}^{n} w_i x_i < 0 \end{cases}$$

罗森布拉特感知器最初的学习规则（训练算法）比较简单，考虑到训练过程就是感知器连接权值随每一个输出调整改变的过程。为此，用 t 表示学习步的序号，权值看作 t 的函数，$t=0$ 对应于学习开始前的初始状态，此时对应的连接权值为初始化权值。罗森布拉特感知器最初的学习规则主要包括以下步骤：

1）对各个权值 $w_0(0)$，$w_1(0)$，$w_n(0)$ 初始化为一个非零随机数。

2）输入样本对 $\{\boldsymbol{X}^i, d^i\}$，其中 $\boldsymbol{X}^i = (-1, x_1^i, x_2^i, \cdots, x_n^i)$ 为输入样本的属性数据，d^i 为输入样本的属性数据的期望输出（也称监督信号、教师信号），上标 i 代表样本的序号，即第 i 个样本，设样本集中的样本总数为 m，则 $i = 1, 2, \cdots, m$。

3）计算输出神经元的实际输出 $o^i(t) = \mathrm{sgn}(\boldsymbol{W}^{\mathrm{T}}(t)\boldsymbol{X}^i)$。

4）调整输入神经元与输出神经元之间的连接权值，$\boldsymbol{W}(t+1) = \boldsymbol{W}(t) + \eta[d^i - o^i(t)]\boldsymbol{X}$，其中 η 为学习速率，用于控制调整速度。η 值太大会影响训练的稳定性，η 值太小则使训练的收敛速度变慢，一般取 $0 < \eta \leqslant 1$ 的数。

5）返回到步骤2）输入下一对样本。

以上步骤周而复始，直到感知器对所有样本的实际输出与期望输出相等为止。

许多学者已经证明，如果输入样本线性可分，无论感知器的初始权向量如何取值，经过有限次调整后，总能稳定到一个权向量，该权向量确定的超平面能将两类样本正确分开。应能看到，能将样本正确分类的权向量并不是唯一的，一般初始权向量不同，训练过程和所得到的结果也不同，但都能满足期望输出与实际输出之间的误差为零的要求。

【例 9-19】某输出神经元感知器连接 3 个输入神经元，给定 3 对训练样本如下。

$$\boldsymbol{X}^1 = (-1, 1, -2, 0)^{\mathrm{T}} \, d^1 = -1$$
$$\boldsymbol{X}^2 = (-1, 0, 1.5, -0.5)^{\mathrm{T}} \, d^2 = -1$$
$$\boldsymbol{X}^3 = (-1, -1, 1, 0.5)^{\mathrm{T}} \, d^3 = 1$$

设初始权向量 $W(0) = (0.5, 1, 1, 0.5)^{\mathrm{T}}$，$\eta = 0.1$。注意，输入向量中第一个分量 x_0 恒等于 -1，权向量中第一个分量为阈值，试根据以上学习规则训练感知器。

解：

第 1 步输入 $\boldsymbol{X}^1 = (-1, 1, -2, 0)^{\mathrm{T}}$，得

$$\boldsymbol{W}^{\mathrm{T}}(0)\boldsymbol{X}^1 = (0.5, 1, 1, 0.5)(-1, 1, -2, 0)^{\mathrm{T}} = -1.5$$
$$o^1(1) = \mathrm{sgn}(-1.5) = -1$$
$$\boldsymbol{W}(1) = \boldsymbol{W}(0) + \eta[d^1 - o^1(0)]\boldsymbol{X}^1$$
$$= (0.5, 1, 1, 0.5)^{\mathrm{T}} + 0.1[-1 - (-1)](-1, 1, -2, 0)^{\mathrm{T}}$$
$$= (0.5, 1, 1, 0.5)^{\mathrm{T}}$$

$d^1 = o^1(1)$，所以 $W(1) = W(0)$。

第 2 步输入 $X^2 = (-1, 0, 1.5, -0.5)^T$，得

$$W^T(1)X^2 = (0.5, 1, 1, 0.5)(-1, 0, 1.5, -0.5)^T = 0.75$$

$$o^2(2) = \text{sgn}(0.75) = 1$$

$$W(2) = W(1) + \eta[d^2 - o^2(2)]X^2$$
$$= (0.5, 1, 1, 0.5)^T + 0.1[-1-1](-1, 0, 1.5, -0.5)^T$$
$$= (0.7, 1, 0.7, 0.6)^T$$

第 3 步输入 $X^3 = (-1, -1, 1, 0.5)^T$，得

$$W^T(2)X^3 = (0.7, 1, 0.7, 0.6)(-1, -1, 1, 0.5)^T = -0.7$$

$$o^3(3) = \text{sgn}(-0.7) = -1$$

$$W(3) = W(2) + \eta[d^3 - o^3(3)]X^3$$
$$= (0.7, 1, 0.7, 0.6)^T + 0.1[1 - (-1)](-1, -1, 1, 0.5)^T$$
$$= (0.5, 0.8, 0.9, 0.7)^T$$

第 4 步继续输入 X 进行训练，直到 $d^i - o^i = 0$，$i = 1, 2, 3$。

9.7.3　Python 实现感知器学习算法

使用面向对象编程的方式，通过定义一个感知器类来实现感知器的分类功能，使用定义的感知器类实例化一个对象，通过对象调用在感知器类中定义的 fit 方法从数据中学习权重，通过对象调用在感知器类中定义的 predict 方法预测样本的类标。定义的感知器类所在文件命名为 Perceptron.py，其内容如下。

```python
import numpy as np
#eta 是学习速率，n_iter 是迭代次数
#errors_用来记录每次迭代错误分类的样本数
#w_是权重
class Perceptron(object):                        #定义感知器类
    def __init__(self,eta=0.01,n_iter=10):       #初始化方法
        self.eta=eta                             #定义学习速率 eta，为类的对象属性
        self.n_iter= n_iter                      #定义权重向量的训练次数，为类的对象属性


    def fit(self,X,y):
'''定义属性权重并初始化为一个长度为 m+1 的一维 0 向量，m 为特征数量，1
    为增加的 0 权重列（即阈值）
'''
        self.w_=np.zeros(1+X.shape[1])           #X 的列数+1
        self.errors_=[]          #初始化错误列表，用来记录每次迭代错误分类样本数量
        for k in range(self.n_iter):             #迭代次数
            errors=0
```

```
        for xi,target in zip(X,y):
            #计算预测与实际值之间的误差再乘以学习速率
            update=self.eta*(target-self.predict(xi))
            self.w_[1:]+=update*xi          #更新属性权重
            self.w_[0]+=update*1            #更新阈值
            errors += int(update!=0)        #记录这次迭代的错误分类数
        self.errors_.append(errors)
    return self

def input(self,X):          #计算属性、权重的数量积，结合阈值得到激活函数的输入
    X_dot=np.dot(X,self.w_[1:])+self.w_[0]
    return X_dot                             #返回激活函数的输入


#定义预测函数
def predict(self,X):
    #若 self.input(X)>=0.0, target_pred 的值为1，否则为-1
    target_pred=1 if self.input(X)>=0.0 else -1
    return target_pred
```

在使用感知器实现线性分类时，首先通过 Perceptron 类实例化一个对象，在实例化时指定学习速率 eta 的大小和在训练集上进行迭代的最大次数 n_iter 的大小，然后通过调用实例化对象的 fit 方法进行样本数据的学习，即通过样本数据训练模型。

在对模型训练之前，首先给权重一个初始化，然后就可以通过 fit 方法训练模型更新权重。更新权重的过程中使用 predict 方法计算样本属性数据的类标，在完成模型训练后，该方法用来预测未知数据的类标。此外，在每次迭代过程中，记录每轮迭代中错误分类的样本数量，并将其存放在 self.errors_ 列表中，作为后续用于评价感知器性能好坏的判断依据，或用于根据设置的错误分类样本数量的阈值来决定何时终止训练。

9.7.4　使用感知器分类鸢尾花数据

为了测试前面定义的感知器算法的好坏，下面从鸢尾花数据集中挑选山鸢尾（Setosa）和变色鸢尾（Versicolor）两种花的 SepalLength（萼片长度）、PetalLength（花瓣长度）作为特征数据。虽然感知器并不将样本数据的特征数量限定为两个，但出于可视化的原因，这里只考虑数据集中 SepalLength（萼片长度）和 PetalLength（花瓣长度）两个特征。

可以从网络中下载鸢尾花数据集，也可以通过从机器学习库 sklearn.datasets 直接加载 iris 数据集。

```
>>> import matplotlib.pyplot as plt
>>> import matplotlib
>>> matplotlib.rcParams['font.family'] = 'STSong'   #华文宋体
>>> import numpy as np
```

```
>>> from sklearn.datasets import load_iris
>>> iris = load_iris()
>>> data = iris.data                    #特征数据
>>> target = iris.target                #类标数据
>>> data[0:5]                           #显示前 5 行特征数据
array([[5.1, 3.5, 1.4, 0.2],
       [4.9, 3. , 1.4, 0.2],
       [4.7, 3.2, 1.3, 0.2],
       [4.6, 3.1, 1.5, 0.2],
       [5. , 3.6, 1.4, 0.2]])
>>> target[0:5]                         #显示前 5 行类标数据
array([0, 0, 0, 0, 0])
>>> target[95:100]                      #显示后 5 行类标数据
array([1, 1, 1, 1, 1])
```

接下来，从中提取 100 个类标，其中包括 50 个山鸢尾类标和 50 个变色鸢尾类标，并将这些类标分别用-1 和 1 来替代，提取 100 个训练样本的第一个特征列（萼片长度）和第三个特征列（花瓣长度），然后据此绘制散点图。

```
>>> X = data[0:100,[0,2]]               #获取前 100 条数据的第 1 列和第 3 列
>>> y = target[0:100]                   #获取类别属性数据的前 100 条数据
>>> label = np.array(y)
>>> index_0 = np.where(label==0)        #获取 label 中数据值为 0 的索引
>>> plt.scatter(X[index_0,0],X[index_0,1],marker='x',color = 'k',label = '
山鸢尾')
<matplotlib.collections.PathCollection object at 0x0000000019607748>
>>> index_1 = np.where(label==1)        #获取 label 中数据值为 1 的索引
>>> plt.scatter(X[index_1,0],X[index_1,1],marker='o',color = 'k',label = '
变色鸢尾')
<matplotlib.collections.PathCollection object at 0x0000000019607BA8>
>>> plt.xlabel('萼片长度',fontsize=13)
Text(0.5,0,'萼片长度')
>>> plt.ylabel('花瓣长度',fontsize=13)
Text(0,0.5,'花瓣长度')
>>> plt.legend(loc = 'lower right')
<matplotlib.legend.Legend object at 0x0000000019607B38>
>>> plt.show()                          #显示绘制的散点图如图 9-4 所示
```

可以利用抽取出的鸢尾花数据子集来训练前面定义的感知器模型，最后绘制出每次迭代的错误分类样本数量的折线图，以查看算法是否收敛。

```
y=np.where(y==0,-1,1)
```

```
ppn=Perceptron(eta=0.1,n_iter=10)
ppn.fit(X,y)
plt.plot(range(1,len(ppn.errors_)+1),ppn.errors_,marker='o',color = 'k')
plt.xlabel('迭代次数',fontsize=13)
plt.ylabel('错误分类样本数量',fontsize=13)
plt.show()
```

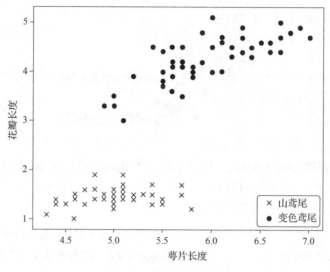

图 9-4　绘制的散点图

运行上述代码得到的输出结果如图 9-5 所示。

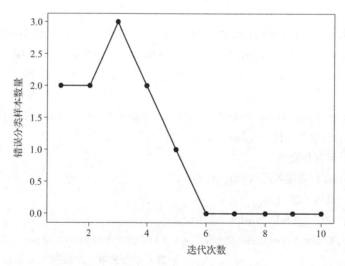

图 9-5　错误分类样本数量的折线图

由图 9-5 可知，线性分类器在第 6 次迭代后就已经收敛，具备了对训练样本进行正确分类的能力。

9.8 习题

1. 简述类与对象的关系。

2. 类中都有哪些属性？

3. 简述对象的引用、浅复制和深复制。

4. 简述@property 装饰器。

5. 定义一个学生类，类属性有姓名、年龄、成绩（高等数学、C 语言、大学英语）。类方法有获取学生的姓名：get_name( )；获取学生的年龄：get_age( )；返回 3 门科目中最高的分数：get_course( )。

6. 设计一个三维向量类，并实现向量的加法、减法以及向量与标量的乘法运算。

第 10 章

模块和包

在设计较复杂的程序时，一般采用自顶向下的方法，将问题划分为几个部分，各个部分再进行细化，直到分解为较好解决的问题为止，这在程序设计中被称为模块化程序设计。所谓模块化程序设计，是指在进行程序设计时将一个大程序按照功能划分为若干小程序模块，每个小程序模块完成一个确定的功能，通过模块的互相协作完成整个功能的程序设计方法。在 Python 中，可以将代码量较大的程序分割为多个有组织的、彼此独立但又能互相交互的代码片段，每个代码片段保存为以".py"结尾的文件，称为一个模块。将有联系的模块放到同一个文件夹下，并在这个文件夹下创建一个名字为"__init__.py"的文件，这样的文件夹称为包。

10.1 模块

在计算机程序的开发过程中，随着程序代码越写越多，一个文件里代码就会越来越长，越来越不容易维护。为了编写容易维护的代码，就需要把程序里的很多代码封装为多个函数或多个类，进而把这些函数或类进行分组，分别放到不同的文件里，这样，每个文件包含的代码就会相对较少。在 Python 中，一个.py 文件就称为一个模块（module）。

使用模块可大大提高代码的可维护性，编写代码不必从零开始。当一个模块编写完毕，就可以被函数、类、模块等通过"import 模块名"导入来使用该模块。在编写程序时，经常引用其他模块，包括 Python 内置的模块和来自第三方的模块。使用模块还可以避免函数名和变量名冲突。相同名字的函数和变量完全可以分别存在不同的模块中，因此在编写模块时不必考虑名字会与其他模块冲突。为了避免模块名冲突，可将一些模块封装成包，不同包中的模块名可以相同，而互不影响。

10.1.1 模块的创建

创建 Python 模块，就是创建一个包含 Python 代码的源文件（扩展名为.py），在这个文件中可以定义变量、函数和类。此外，在模块中还可以包含一般的语句，称为全局语句。当运行该模块或导入该模块时，全局语句将依次执行，全局语句只在模块第一次被导入时执行。例如，创建一个名为 myModule.py 的文件，即定义了一个名为 myModule 的模块，模块名就是文件名去掉.py。myModule.py 文件的内容如下。

```
def func():
```

```
     print( "自定义模块 myModule 下的自定义函数 func()")
class MyClass:
    def myFunc(self):
        print ("自定义模块 myModule 的自定义类 MyClass 的自定义函数 myFunc()")
```

在 myModulc 模块中定义一个函数 func( )和一个类 MyClass。MyClass 类中定义一个方法 myFunc( )。

然后在 myModule.py 所在的目录下创建一个名为 call_myModule.py 的文件，在该文件中调用 myModule 模块的函数和类。call_myModule.py 文件内容如下。

```
import myModule
myModule.func()
myclass = myModule.MyClass()          #实例化一个类对象
myclass.myFunc()                      #调用对象的方法
```

call_myModule.py 在 IDLE 中运行的结果如下。

自定义模块 myModule 下的自定义函数 func( )

自定义模块 myModule 的自定义类 MyClass 的自定义函数 myFunc( )

注意：myModule.py 和 call_myModule.py 必须放在同一个目录下或放在 sys.path 所列出的目录下，否则，Python 解释器找不到自定义的模块。

下面定义一个模块，保存为 add.py。add.py 文件中的代码如下。

```
print("add 模块包含一个求两个数的和的 add 函数")
def add(a,b):
    print("a+b 的和是：")
    return a+b
>>> import add                        #导入 add 模块时，里面的全局语句将执行
add 模块包含一个求两个数的和的 add 函数
>>> import add                        #再次导入 add 模块时，里面的全局语句并没有执行
```

10.1.2　模块的导入和使用

在使用一个模块中的函数或类之前，首先要导入该模块。模块的导入使用 import 语句，模块导入的语法格式如下。

```
import module_name
```

上述语句直接导入一个模块，也可以一次导入多个模块，多个模块名之间用 "," 隔开。调用模块中的函数或类时，需要以模块名作为前缀。

从模块中调用函数和类的格式如下所示。

```
module_name.func_name ()
```

如果不想在程序中使用前缀符，则可以使用 from…import…语句直接导入模块中的函数，其语法格式如下所示。

```
from module_name import function_name
>>> from math import sqrt,cos
>>> sqrt(4)              #返回4的平方根
2.0
>>> cos(1)
0.5403023058681398
```

导入模块下所有的类和函数，可以使用如下格式的 import 语句。

```
from module_name import *
```

可以将导入的模块重新命名，其语法格式如下。

```
import a as b             #导入模块a，并将模块a重命名为b
>>> from math import sqrt as pingfanggen
>>> pingfanggen(4)
2.0
```

10.1.3　模块的主要属性

1. __name__属性

对于任何一个模块，模块的名字都可以通过模块的内置属性__name__得到。

```
>>> import math
>>> s = math.__name__
>>> print(s)
math
```

一个模块既可以导入到其他模块中使用，也可以作为脚本直接运行。不同的是，当导入到其他模块时，内置变量__name__的值是被导入模块的名字；而作为脚本运行时，内置变量__name__的值为"__main__"。下面举例说明。

```
test.py
if __name__ == '__main__':
    print('该模块被作为脚本运行')
elif __name__ == 'test':
    print('该模块被导入其他模块使用')
```

作为脚本在 IDLE 中运行，运行的结果如下。

该模块被作为脚本运行

作为导入模块使用：

```
>>> import test
该模块被导入其他模块使用
```

当运行程序时，__name__这个内置变量值就是__main__。

198

在 test__name__.py 程序文件中只写入下面一行代码。

```
print(__name__)
```

test__name__.py 在 IDLE 中运行的结果如下。

```
__main__
```

2. __all__属性

模块中的__all__属性可用于模块导入时的限制，如：

```
from module import *
```

此时被导入模块若定义了__all__属性，则只有__all__内指定的属性、方法、类可被导入。若没定义，则导入模块内的所有公有属性、方法和类。

```
#定义模块文件 module1.py
class Person():
    def __init__(self,name,age):
        self.name=name
        self.age=age
class Student():
    def __init__(self,name,id):
        self.name=name
        self.id=id
def func1():
    print ('func1()被调用!' )
def func2():
    print( 'func2()被调用!')
```

下面定义一个测试模块 module1 的源程序文件 test_module1.py。

```
#module1.py 中没有__all__属性，导入了 module1.py 中所有的公有属性、方法、类
from module1 import *
person=Person ('张三','24')
print (person.name,person.age )
student=Student ('李明',1801122)
print(student.name, student.id)
func1()
func2()
```

test_ module1.py 在 IDLE 中运行的结果如下。

```
张三 24
李明 1801122
func1()被调用!
func2()被调用!
```

199

若在模块文件 module1.py 中添加 __all__ 属性，则在别的模块中导入该模块时，只有 __all__ 内指定的属性、方法、类可被导入。

```
__all__=('Person','func1')
class Person():
    def __init__(self,name,age):
        self.name=name
        self.age=age
class Student():
    def __init__(self,name,id):
        self.name=name
        self.id=id
def func1():
    print ('func1()被调用!' )
def func2():
    print( 'func2()被调用!' )
```

这时 test_ module1.py 在 IDLE 中运行的结果如下。

```
张三 24
Traceback (most recent call last):
    File "C:\Users\caojie\Desktop\test_ module1.py", line 4, in <module>
        student= Student ('李明',1801122)
NameError: name 'Student' is not defined
```

3. __doc__ 属性

模块中的 __doc__ 属性为模块、类、函数等添加说明性的文字，使程序易读易懂。模块、类、函数等的第一个逻辑行的字符串称为文档字符串。

可以使用 3 种方法抽取文档字符串：①使用内置函数 help( )：help(模块名)；②使用 __doc__ 属性：模块名.__doc__；③使用内置函数 dir( )：获取对象的大部分相关属性。

```
>>> help(sorted)                #查看函数或模块用途的详细说明
Help on built-in function sorted in module builtins:
sorted(iterable, /, *, key=None, reverse=False)
    Return a new list containing all items from the iterable in ascending order.
    A custom key function can be supplied to customize the sort order, and the
    reverse flag can be set to request the result in descending order.
>>> sorted.__doc__              #返回使用说明的文档字符串
'Return a new list containing all items from the iterable in ascending
order.\n\nA custom key function can be supplied to customize the sort order, and
the\nreverse flag can be set to request the result in descending order.'
>>> dir(sorted)
```

```
['__call__', '__class__', '__delattr__', '__dir__', '__doc__', '__eq__',
'__format__', '__ge__', '__getattribute__', '__gt__', '__hash__', '__init__',
'__init_subclass__', '__le__', '__lt__',…,]
>>> def add_x_y(x,y):        #自定义函数
    '''the sum of x and y'''
    return x+y
>>> add_x_y.__doc__
'the sum of x and y'
>>> help(add_x_y)
Help on function add_x_y in module __main__:

add_x_y(x, y)
    the sum of x and y
>>> dir(add_x_y)
['__annotations__', '__call__', '__class__', '__closure__', '__code__',
'__defaults__', '__delattr__', '__dict__', '__dir__', '__doc__', '__eq__',
'__format__', '__ge__', '__get__',…,]
>>> class Student(object):
    "有点类似其他高级语言的构造函数"
    def __init__(self,name,score):
        self.name = name
        self.score = score
    def print_score(self):
        print("%s:%s"%(self.name,self.score))
>>> Student.__doc__
'有点类似其他高级语言的构造函数'
```

10.2 导入模块时搜索目录的顺序与系统目录的添加

10.2.1 导入模块时搜索目录的顺序

使用 import 语句导入模块时，是按照 sys.path 变量的值搜索模块，如果没找到，则程序报错。sys.path 包含当前目录、Python 安装目录、PYTHONPATH 环境变量，搜索顺序按照目录在列表中的顺序（一般当前目录优先级最高）。

```
>>> import sys, pprint
>>> pprint.pprint(sys.path)
['',
 'D:\\Python\\Lib\\idlelib',
 'D:\\Python\\python36.zip',
 'D:\\Python\\DLLs',
```

```
    'D:\\Python\\lib',
    'D:\\Python',
    'D:\\Python\\lib\\site-packages']
```

可以看到第一个为空，代表的是当前目录。Python 标准库 sys 中的 path 对象包含了所有的系统目录，利用 pprint 模块中的 pprint( )方法可以格式化地显示数据，如果用内置语句 print 则只能在一行显示所有内容，查看不方便。

10.2.2　使用 sys. path. append ()临时增添系统目录

除了 Python 默认的一些系统目录外，还可以通过 append( )方法添加系统目录。因为系统目录是存在 sys.path 对象下的，path 对象是个列表，就可以通过 append( )方法向其中插入目录。

```
>>> import sys
>>> sys.path.append("C:/Users/caojie/Desktop/pythoncode")
>>> sys.path
['', 'D:\\Python\\Lib\\idlelib', 'D:\\Python\\python36.zip', 'D:\\Python\\DLLs',
'D:\\Python\\lib', 'D:\\Python', 'D:\\Python\\lib\\site-packages', 'C:/Users/
caojie/Desktop/pythoncode']
```

当重新启动解释器时，这种方法的设置会失效。

```
>>> import sys
>>> sys.path    #重新启动解释器时，'C:/Users/caojie/Desktop/pythoncode'已不存在
['', 'D:\\Python\\Lib\\idlelib', 'D:\\Python\\python36.zip', 'D:\\Python\\DLLs',
'D:\\Python\\lib', 'D:\\Python', 'D:\\Python\\lib\\site-packages']
```

10.2.3　使用 pth 文件永久添加系统目录

如果不想把自己编写的代码文件放在 Python 的系统目录文件夹下，以免和 Python 系统目录中的文件混在一起，增加管理的复杂性，甚至有时因为权限的原因，还不能在 Python 的系统目录下加文件，那么，这时可以在 Python 安装目录或者在 Lib\site-packages 目录下创建"xx.pth"文件。xx 是自定义的名字，在 xx.pth 文件中写入自己的模块所在的目录的路径，一行一个路径。

```
C:\Users\caojie\Desktop
>>> import sys
>>> sys.path
['', 'D:\\Python\\Lib\\idlelib', 'D:\\Python\\python36.zip', 'D:\\Python\\DLLs',
'D:\\Python\\lib', 'D:\\Python', 'C:\\Users\\caojie\\Desktop', 'D:\\Python\\lib\\
site-packages']
```

这时就可以直接使用 import module_name 来导入自定义路径下的模块。

10.2.4　使用 PYTHONPATH 环境变量永久添加系统目录

在 PYTHONPATH 环境变量中输入相关的路径，不同的路径之间用英文的 ";" 分开。如果 PYTHONPATH 变量不存在，则可以创建。这里将 PYTHONPATH 变量的值设置为：D:\;D:\mypython。路径会自动加入到 sys.path 中。

```
>>> import sys
>>> sys.path
['', 'D:\\Python\\Lib\\idlelib', 'D:\\', 'D:\\mypython', 'D:\\Python\\
python36.zip', 'D:\\Python\\DLLs', 'D:\\Python\\lib', 'D:\\Python', 'C:\\Users\\
caojie\\Desktop', 'D:\\Python\\lib\\site-packages']
```

10.3　包

10.3.1　包的创建

在一个系统目录下创建大量模块后，希望将某些功能相近的模块组织在同一文件夹下，以便更好地组织管理模块，当需要某个模块时就从其所在的文件夹导入。这里就需要运用包的概念。

包对应于存放模块的文件夹，使用包的方式与模块类似。唯一需要注意的是，当文件夹作为包使用时，文件夹需要包含__init__.py 文件，__init__.py 的内容可以为空，这时 Python 解释器才会将该文件夹作为包。如果忘记创建__init__.py 文件，就无法从这个文件夹里导出模块了。__init__.py 一般用来进行包的某些初始化工作或者设置__all__ 值，当导入包或该包中的模块时，执行__init__.py。包示例如图 10-1 所示，json 包位于 Python 标准库中（Lib 目录下）。

图 10-1　包示例

包可以包含子包，没有层次限制。包可以有效避免模块命名冲突。

创建一个包的步骤是：

1）建立一个名字为包名字的文件夹。

2）在该文件夹下创建一个__init__.py 文件，该文件内容可以为空。

3）根据需要在该文件夹下创建模块文件。

【例 10-1】在 D:\\mypython 目录中，创建一个包名为 package1 的包，然后在 package1 下创建包名分别为 sub_package1 和 sub_package2 的子包。sub_package1 包含模块 module1_1.py 和 module1_2.py，模块 module1_1.py 下包含 func1_1( )和 func1_2( )函数，模块 module1_2.py 下包含 func1_2( )函数；sub_package2 包含模块 module2_1.py 和 module2_2.py，模块 module2_1.py 下包含 func2_1( )函数。

按例 10-1 的要求创建包和模块后，包和模块所组成的层次结构如图 10-2 所示。

在该目录结构中，package1 是顶级包，包含子包 sub_package1 和 sub_package2。

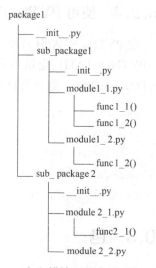

图 10-2　包和模块所组成的层次结构

10.3.2　包的导入与使用

用户可以每次只导入包里的特定模块，例如：import package1.sub_package1.module1_1，这样就导入了 package1.sub_package1.module1_1 子模块。它必须通过完整的名称来引用：

```
package1. sub_package1. module1_1.func1_1()
```

也可以使用 from … import 语句直接导入包中的模块。

```
from package1. sub_package1 import module1_1
```

这样就加载了 module1_1 模块，并且使得它在没有包前缀的情况下也可以使用，所以它可以如下方式调用。

```
module1_1. func1_1()
```

还有另一种变体就是直接导入函数。

```
from package1. sub_package1. module1_1 import func1_1
```

这样就可以直接调用 func1_1( )函数。

需要注意的是，以 from package import item 方式导入包时，这个子项（item）既可以是子包，也可以是其他，如函数、类、变量等。而用类似 import item.subitem.subsubitem 语法格式时，这些子项必须是包，最后的子项可以是包或模块，但不能是类、函数、变量等。

如果希望同时导入一个包中的所有模块，则可以采用下面的形式。

```
from 包名 import *
```

如果是子包内的引用，则可以按相对位置引入子模块。以 module1_1 模块为例，可以引用如下。

```
from . import module1_2            #同级目录，导入 module1_2
from .. import sub_package2        #上级目录，导入 sub_package2
from ..sub_package2 import module2_1   #上级目录的 sub_package2 下导入 module2_1
```

204

10.4　习题

1. 什么是模块？导入模块的方式都有哪些？
2. 简述模块的主要属性。
3. 导入模块时搜索目录的顺序是什么？
4. 什么是包？如何创建包？如何导入包？
5. 包和模块是什么关系？如何导入包中的模块？

第 11 章

错误和异常处理

编写和运行 Python 程序时，不可避免地会产生错误（bug）和异常（exceptions）。Python 程序的错误指代码运行前的语法或者逻辑错误。语法错误是指源代码中的拼写不符合解释器和编译器所要求的语法规则，必须在程序执行前就改正。逻辑错误是程序代码可以执行，但执行结果不正确。异常是指程序的语法是正确的，在运行期间检测到的错误。错误和异常的区别：错误在执行前修改；异常在运行时产生。

11.1 程序的错误

下面介绍常犯的 9 个错误和常见的错误类型。

11.1.1 常犯的 9 个错误

1）忘记在 if, elif, else, for, while, class, def 声明末尾添加"："，导致"SyntaxError：invalid syntax"。

```
>>> if x==1
    print('ok')
SyntaxError: invalid syntax        #语法错误
```

2）使用"="而不是"=="，导致"SyntaxError: invalid syntax"。"="是赋值操作符，而"=="是等于比较操作。该错误发生在如下代码中。

```
>>> if x=1:
    print('ok')
SyntaxError: invalid syntax
```

3）尝试修改 string 的值，导致"TypeError: 'str' object does not support item assignment"。string 是一种不可变的数据类型，该错误发生在如下代码中。

```
>>> lst='beautiful'
>>> lst[6]='g'      #试图将'f'改为'g'
Traceback (most recent call last):
  File "<pyshell#68>", line 1, in <module>
```

```
    lst[6]='g'
TypeError: 'str' object does not support item assignment
```

事实上，可以这样实现此想法。

```
>>> lst = lst[:6] +'g' + lst[7:]
>>> lst
'beautigul'
```

4）引用超过列表 list 索引范围，导致 "IndexError: list index out of range"。

```
>>> lst=[1,2,3,4,5,6]
>>> lst[6]
Traceback (most recent call last):
  File "<pyshell#73>", line 1, in <module>
    lst[6]
IndexError: list index out of range      #列表索引超出范围，实际上最大索引是 5
```

5）使用 Python 关键字作为变量名，导致 "SyntaxError：invalid syntax"。

```
>>> if=[1,2,3,4,5,6]
SyntaxError: invalid syntax             #在 Python 中，关键字不能用作变量名
```

6）使用 range( )创建整数列表，导致 "TypeError: 'range' object does not support item assignment" 错误。

有时想要得到一个有序的整数列表，range( )看上去是生成此列表的不错方式。注意 range( )返回的是 "range object"，而不是 "list" 类型。

```
>>> lst=range(8)
>>> lst[2]=0
Traceback (most recent call last):
  File "<pyshell#87>", line 1, in <module>
    lst[2]=0
TypeError: 'range' object does not support item assignment
```

207

7）错误地使用默认值参数。在 Python 中，可以为函数的某个参数设置默认值，虽然这是一个很好的语言特性，但是当默认值是可变类型时，也会导致一些不想要的结果。比如下面定义的这个函数。

```
>>> def func(lst=[]):        #lst 是默认值参数，如果没有提供实参，则 lst 默认为空表[]
    lst.append("Python")
    return lst
```

很多人会认为：在每次调用函数时，如果没有传入实参，那么 lst 就会被设置为默认的空表[ ]，重复调用 func ( )函数应该会一直返回['Python']。但是，实际运行结果如下所示。

```
>>> func()        #调用函数
```

```
['Python']
>>> func()          #调用函数
['Python', 'Python']
>>> func()          #调用函数
['Python', 'Python', 'Python']
```

出现上述结果，是因为在 Python 中默认值参数只会被执行一次，也就是定义该函数的时候。换句话说，在 Python 中调用带有默认值参数的函数时，如果没有给设置了默认值的形式参数传递实参，这个形参就将使用函数定义时设置的默认值。因此，每次 func( )函数被调用时，都会继续使用 lst 参数在函数定义时设置的默认值空列表，即每次 lst 所引用的列表都是同一个列表。

一个常见的解决办法就是每次调用函数时，都传递一个空列表。

```
>>> func([])
['Python']
```

8）错误地使用类变量。

```
>>> class A:
    x = 1               #定义类变量
>>> class B(A):         #定义类 B，继承 A
    pass
>>> class C(A):         #定义类 C，继承 A
    pass
>>> print(A.x, B.x, C.x)
1 1 1
```

这个输出结果正常。

```
>>> B.x = 2             #B 的属性值设置为 2
>>> print(A.x, B.x, C.x)
1 2 1
```

这个输出结果也正常。

```
>>> A.x = 3
>>> print(A.x, B.x, C.x)
3 2 3
```

B.x 的值是 2，为什么 C.x 的值不是 1？这是因为：在 Python 中，类变量是以字典的形式进行处理的，由于类 C 中并没有设置 x 的值，即 C 中没有属于自己的 x 属性，C 中的 x 还是和 A 中的 x 引用同一个对象。所以，引用 C.x 实际上就是引用了 A.x。

9）错误理解 Python 中的变量名解析。Python 中的变量名解析遵循 LEGB 原则，也就是按顺序查找 "L：本地作用域；E：上一层结构中 def 或 lambda 的本地作用域；G：全局作用域；B：内置作用域"。规则理解起来很简单，但在实际应用中，这个原则的生效方式还是有着一些特殊之处。比如下面的代码。

```
>>> x = 1
>>> def func():
    x=x+2
    return x
>>> func()
Traceback (most recent call last):
  File "<pyshell#63>", line 1, in <module>
    func()
  File "<pyshell#62>", line 2, in func
    x=x+2
UnboundLocalError: local variable 'x' referenced before assignment
```

　　发生局部变量 x 使用之前被引用的错误。当在某个作用域内为变量赋值时，该变量被 Python 解释器自动视为该作用域的本地变量，并会取代任何上一层作用域中相同名称的变量。这里在对 x 进行 x+2 时，x 还没有被声明。

11.1.2　常见的错误类型

1. NameError 变量名错误

```
>>> print(x)
Traceback (most recent call last):
  File "<pyshell#0>", line 1, in <module>
    print(x)
NameError: name 'x' is not defined
```

解决方案：

　　先要给 x 赋值，才能使用它。在实际编写代码过程中，出现 NameError 错误时，查看该变量是否被赋值，或者是否有大小写不一致错误，或者将变量名写错了。

　　注意：在 Python 中，无须提前声明变量，变量在第一次被赋值时自动声明。

```
>>> x=10
>>> print(x)
10
```

2. SyntaxError 语法错误

一般是代码出现错误才会报 SyntaxError 错误。

```
>>> for i in range(5):
print(i)
SyntaxError: expected an indented block          #指出需要缩进
>>> a=1
>>> print a
```

```
SyntaxError: Missing parentheses in call to 'print'        #指出缺失圆括号
>>> if y== 'True'                                          #y=='True'后面忘写冒号
    print('Hello!')
SyntaxError: invalid syntax                                #语法错误，无效的语法
```

3. AttributeError 对象属性错误

```
>>> import sys
>>> sys.Path
Traceback (most recent call last):
  File "<pyshell#11>", line 1, in <module>
    sys.Path
AttributeError: module 'sys' has no attribute 'Path'
```

属性错误的原因：sys 模块没有 Path 属性。

解决方案：Python 对大小写敏感，Path 和 path 代表不同的变量，将 Path 改为 path 即可。

```
>>> sys.path              #不同的计算机，显示的内容可能不一样
['', 'D:\\Python\\Lib\\idlelib', 'D:\\', 'D:\\mypython', 'D:\\Python\\
python36.zip', 'D:\\Python\\DLLs', 'D:\\Python\\lib', 'D:\\Python', 'C:\\Users\\
caojie\\Desktop', 'D:\\Python\\lib\\site-packages']
```

4. TypeError 类型错误

1）所使用的参数的类型不符合要求。试图以下面的方式输出元组 t 的所有元素。

```
>>> for i in range(t):
    print(t[i])


Traceback (most recent call last):
  File "<pyshell#20>", line 1, in <module>
    for i in range(t):
TypeError: 'tuple' object cannot be interpreted as an integer
```

错误的原因：range( )函数要求括号内的数是整型（integer），但这里放入的是元组（tuple），不符合要求。

解决方案：将括号内的 t 改为元组个数 len(t)，即将 range(t)改为 range(len(t))。

2）参数个数错误。

```
>>> import math
>>> math.sqrt()
Traceback (most recent call last):
  File "<pyshell#25>", line 1, in <module>
    math.sqrt()
TypeError: sqrt() takes exactly one argument (0 given)
```

错误的原因：sqrt( )函数要求接收一个参数，但这里没有放入参数。

解决方案：在括号内添加一个数值。

```
>>> math.sqrt(4.4)
2.0976176963403033
```

3）非函数却以函数来调用。

```
>>> t=[1,2,3]
>>> t(1)
Traceback (most recent call last):
  File "<pyshell#1>", line 1, in <module>
    t(1)
TypeError: 'list' object is not callable
```

5. IOError 输入输出错误

1）文件不存在报错。

```
>>> f=open("file1.py")
Traceback (most recent call last):
  File "<pyshell#32>", line 1, in <module>
    f=open("file1.py")
FileNotFoundError: [Errno 2] No such file or directory: 'file1.py'
```

错误的原因：open( )函数没有指明打开方式（mode），默认为只读方式。如果该目录下没有 file1.py 文件，则会报错，可查看是否拼写有错误，或者是否大小写错误，或者根本不存在这个文件。

解决方案：确认文件的正确位置，文件名前书写正确的路径。

2）文件权限问题报错。

```
>>> f=open("C:/Users/caojie/Desktop/file1.py")
>>> f.write('#这是一个打印程序')
Traceback (most recent call last):
  File "<pyshell#38>", line 1, in <module>
    f.write('#这是一个打印程序')
io.UnsupportedOperation: not writable
```

错误的原因：open("C:/Users/caojie/Desktop/file1.py")打开文件时没有加读写模式参数，说明默认打开文件的方式为只读方式，而此时要写入字符，于是给出不可写的报错。

解决方案：更改打开文件的方式。

```
>>> f=open("C:/Users/caojie/Desktop/file1.py", 'w+')
>>> f.write('#这是一个打印程序')
9                    #成功写入的字符个数是 9
```

11.2　异常处理

11.2.1　异常概述

即便 Python 程序的语法是正确的，在运行时也有可能发生错误。运行期间检测到的错误被称为异常，异常是 Python 的一个对象。当 Python 脚本发生异常时，人们需要捕获并处理异常，否则程序就会终止执行。大多数的异常都不会被程序处理，都以错误信息的形式展现出来。示例如下。

```
>>> 1/0
Traceback (most recent call last):
  File "<pyshell#0>", line 1, in <module>
    1/0
ZeroDivisionError: division by zero
>>> a=a+3
Traceback (most recent call last):
  File "<pyshell#1>", line 1, in <module>
    a=a+3
NameError: name 'a' is not defined
>>> '3' + 2
Traceback (most recent call last):
  File "<pyshell#2>", line 1, in <module>
    '3' + 2
TypeError: must be str, not int
```

异常以不同的类型出现，这些类型都作为信息的一部分打印出来，例子中的异常类型有 ZeroDivisionError，NameError 和 TypeError。错误信息的前面部分显示了异常发生的上下文。

11.2.2　异常类型

常见的异常种类如表 11-1 所示。

表 11-1　常见的异常种类

异常名称	描述
Exception	常规错误的基类
FloatingPointError	浮点计算错误
OverflowError	数值运算超出最大限制
ZeroDivisionError	除数为零发生的一个异常
AssertionError	断言语句失败
AttributeError	对象没有这个属性
IOError	输入/输出异常；基本上是无法打开文件
WindowsError	系统调用失败

（续）

异常名称	描述
ImportError	无法引入模块或包；基本上是路径问题或名称错误
IndexError	使用序列中不存在的索引
KeyError	试图访问字典里不存在的键
KeyboardInterrupt	快捷键〈Ctrl+C〉被按下
NameError	试图访问一个没有声明的变量
UnboundLocalError	试图访问一个还未被设置的局部变量
ReferenceError	试图访问已经被垃圾回收了的对象
RuntimeError	一般的运行时错误
NotImplementedError	尚未实现的方法
SyntaxError	语法错误，指源代码中的拼写不符合解释器和编译器所要求的语法规则
IndentationError	缩进错误，代码没有正确对齐
TabError	〈Tab〉键和空格混用
TypeError	传入对象类型与要求的不符合
ValueError	传入一个调用者不期望的值，即使值的类型是正确的

11.2.3　异常处理结构

异常是由程序的错误引起的，语法上的错误跟异常处理无关，必须在程序运行前就修正。在 Python 程序中，有时人们希望一些错误发生时程序仍能够继续运行下去，如存储错误、互联网请求错误。如何处理一个异常以使程序能够捕获错误并提示用户进行正确的操作？可以使用 Python 的异常处理机制来解决。

Python 提供了多种形式的异常处理结构，其基本思路都是一致的：将可能产生（抛出）异常的代码包裹在 try 子句中，然后针对不同的异常给出不同的处理。

1. try…except…异常处理结构

Python 异常处理结构中最基本的结构是 try…except…结构，其语法格式如下。

```
try:
    语句 1
    语句 2
    …
    语句 n
except 异常名称:          }  except 子句
    处理异常的语句块
…
```

try…except…异常处理结构的处理流程如下。

1）执行 try 语句（在关键字 try 和关键字 except 之间的语句）。如果没有异常发生，忽略 except 语句，try 语句执行后结束。

2）except 语句可以有多个，Python 会按 except 语句的顺序依次匹配指定的异常。如果异

213

常的类型和 except 之后的名称相符，那么对应的 except 语句将被执行。如果异常已经处理，则不会再进入后面的 except 语句，然后执行 try 语句之后的代码。

3）except 语句后面如果不指定异常类型，则默认捕获所有异常。可以通过 sys 模块获取当前异常，即通过调用 sys.exc_info( )函数可以返回包含 3 个元素的元组，第一个元素就是引发的异常类，而第二个是实际引发的实例，第三个元素 traceback 对象。如果一切正常，那么会返回 3 个 None。

4）如果一个异常没有与任何的 except 语句匹配，那么这个异常将会传递给外层的 try，并显示错误类型。

注意：

1）一个 try 语句可包含多个 except 语句，分别来处理不同的特定的异常，但最多只有一个分支会被执行。

2）一个 except 语句可以同时处理多个异常，这些异常将被放在一个括号里成为一个元组。例如：

```
x = eval(input('input x:'))
y = eval(input('input y:'))
try:
    print('x/y=', x/y)
except (ZeroDivisionError, TypeError, NameError) as a:   #捕捉多个可能的异常
    print('异常:', a)
```

在 IDLE 中运行的结果如下。

```
input x:1
input y:0
```

异常：division by zero

注意： except * as a 的写法，a 是一个变量，将异常*重命名为 a，可以用 print( )函数把 a 输出。

【例 11-1】异常处理示例 1。（except_test0.py）

```
a=1
b=0
try:
    c=a/b
    print(c)
except ZeroDivisionError:
    print("ZeroDivisionError")
print("程序中发生了异常!")
```

except_test0.py 在 IDLE 中运行的结果如下。

```
ZeroDivisionError
程序中发生了异常!
```

这样程序就不会因为异常而中断，从而 print("程序中发生了异常!")语句正常执行。

【例 11-2】异常处理示例 2。

```
>>> while True:
    try:
        x = int(input("请输入一个数字: "))
        break
    except ValueError:
        print("输入错误! 这不是一个有效的数字,请继续: ")


请输入一个数字: a
输入错误! 这不是一个有效的数字,请继续:
请输入一个数字: s
输入错误! 这不是一个有效的数字,请继续:
请输入一个数字: 6
```

2. try…except…finally…异常处理结构

```
try:
    <code block>
except <ExceptionType_1>:
    <handler_1>
except <ExceptionType_2>:
    <handler_2>
…
except <ExceptionType_n>:
    <handler_n>
except:                 #except 后无任何参数, 则捕获其他所有异常
    <handlerExcept>
finally:
    < process_finally>
```

在上述结构中, 一个 try 语句包含了多个 except 语句, 分别来处理不同的特定的异常。多个 except 语句与 elif 语句类似。当一个异常出现时, 它会被顺序检查是否匹配 try 语句后的 except 语句中的异常。如果找到一个匹配, 那么对应的 except 语句将被执行, 而其他 except 语句将会忽略。如果异常在最后一个 except 语句之前不匹配任何一个异常类型, 最后一个 except 语句的<handlerExcept>才会被执行。

最后的 finally 语句, 无论是否发生异常都会执行这个语句, 主要用来做收尾工作, 如关闭前面打开的文件, 这样就可保证前面打开的文件一定会被关闭。

【例 11-3】使用 try…except…finally…异常处理结构的例子。(except_test.py):

```
def except_test():
    while True:
```

```
    try:
        num1, num2 = eval(input("请输入两个数，并以英文状态下的逗号隔开："))
        result = num1/num2
        print("{0}/{1}={2}".format(num1,num2,result))
        break
    except ZeroDivisionError:
        print("0 不能作除数！")
    except SyntaxError:
        print("逗号可能遗失，逗号可能写成中文状态下的逗号了！")
    except:
        print("输入的内容可能不是数！")
    finally:
        print("finally 子句被执行！")
```

```
except_test()    #调用 except_test 函数
```

except_test.py 在 IDLE 中运行的结果如下。

```
请输入两个数，并以英文状态下的逗号隔开：1, 2
逗号可能遗失，逗号可能写成中文状态下的逗号了！
finally 子句被执行！
请输入两个数，并以英文状态下的逗号隔开：1,0
0 不能作除数！
finally 子句被执行！
请输入两个数，并以英文状态下的逗号隔开：a,s
输入的内容可能不是数！
finally 子句被执行！
请输入两个数，并以英文状态下的逗号隔开：1,2
1/2=0.5
finally 子句被执行！
```

从运行结果可以看出：

当输入"1, 2"时，就会抛出一个 SyntaxError 异常，这个异常就会被 except SyntaxError 子句捕捉并处理，然后执行 finally 子句。

当输入"1, 0"时，就会抛出一个 ZeroDivisionError 异常，这个异常就会被 except ZeroDivisionError 子句捕捉并处理，然后执行 finally 子句。

当输入"a, s"时，就会抛出一个异常，这个异常就会被 except 子句捕捉并处理，然后执行 finally 子句。

当输入"1, 2"时，程序会计算这个除法并显示结果，然后执行 finally 子句。

3. try…except… else… finally…异常处理结构

```
    try:
```

```
<code block>
except <ExceptionType_1>:
<handler_1>
except <ExceptionType_2>:
<handler_2>
...
except <ExceptionType_n>:
<handler_n>
except:
<handlerExcept>
else:
<process_else>
finally:
< process_finally>
```

在上述结构中，正常执行的程序在 try 下面的<code block>语句块中执行。在执行过程中如果发生了异常，则中断当前在<code block>语句块中的执行，跳转到对应的异常处理块中开始执行。Python 从第一个 except <ExceptionType_1>处开始查找，如果找到了对应的 exception 类型，则进入其提供的<handler_>中进行处理；如果没有找到，则直接进入 except 块处进行处理。

如果<code block>语句块执行过程中没有发生任何异常，则在执行完<code block>语句块后会进入 else 的<process_else>语句块中执行。

最后的 finally 子句用来做收尾工作，无论是否发生了异常，都会执行这个子句。

注意：

1）在 try…except…else…finally…异常处理结构中，所出现的顺序必须是 try-->except *-->except-->else-->finally，即所有的 except 必须在 else 和 finally 之前，else（如果有的话）必须在 finally 之前，而 except *必须在 except 之前。否则会出现语法错误。

2）在 try…except…else…finally…异常处理结构中，else 和 finally 都是可选的，而不是必须的，但是如果存在的话，else 必须在 finally 之前，finally（如果存在的话）必须在整个语句的最后位置。

3）在 try…except…else…finally…异常处理结构中，else 语句的存在必须以 except *或者 except 语句为前提，如果在没有 except 语句的异常处理结构中使用 else 语句，会引发语法错误。也就是说 else 不能与 try/finally 配合使用。

【例 11-4】一个带有 else 的异常处理的例子。（else_test.py）

```python
def main():
    s1 =input("请输入一个数: ")
    try:
        int(s1)
    except IndexError:
        print("IndexError")
```

```
        except KeyError:
            print("KeyError")
        except ValueError:
            print("ValueError")
        else:
            print('try 子句没有异常则执行我')
        finally:
            print('无论异常与否,都会执行该模块,通常是进行收尾工作')

main()
```

elsc_test.py 在 IDLE 中运行的结果如下。

请输入一个数:12
try 子句没有异常则执行我
无论异常与否,都会执行该模块,通常是进行收尾工作

11.2.4 主动抛出异常

如果需要主动抛出异常,可以使用 raise 关键字,其语法规则如下。

```
raise NameError([str])
```

raise 后面是异常的类型,括号里面可以指定要抛出的异常示例。

```
>>> raise NameError('试图访问一个没有声明的变量!')
Traceback (most recent call last):
  File "<pyshell#4>", line 1, in <module>
    raise NameError('试图访问一个没有声明的变量!')
NameError: 试图访问一个没有声明的变量!
```

【例 11-5】可以使用 raise 强制抛出一个异常。

```
a = 3
if a!= 2:
    try:
        raise KeyError
    except KeyError:
        print('这是我们主动抛出的一个异常')
else:
    print(a)
```

上述程序代码在 IDLE 中运行的结果如下。

这是我们主动抛出的一个异常

在上面这个例子中,a != 2 并没有执行 else 语句,这是因为 a != 2 时使用了 raise 语句主

动抛出异常终止程序。

raise 如果用在 try / except 语句中，那么会直接抛出异常，并终止程序运行，但不影响 finally 语句的执行。

【例 11-6】raise 在 try / except 语句中的使用举例。（test_raise.py）

```
while True:
    try:
        a = eval(input('请输入一个数：'))
        b = eval(input('请输入一个数：'))
        print("{0}/{1}={2}".format(a,b,a/b))
    except Exception as e:        #捕获异常
            print('发生错误')
print('Exception:',e)
            raise e
    finally:
        print('没有错误发生')
```

test_raise.py 在 IDLE 中运行的结果如下。

```
请输入一个数：1
请输入一个数：2
1/2=0.5
没有错误发生
请输入一个数：1
请输入一个数：0
发生错误
Exception: division by zero
没有错误发生
Traceback (most recent call last):
  File "<pyshell#14>", line 9, in <module>
    raise e
  File "<pyshell#14>", line 5, in <module>
    print("{0}/{1}={2}".format(a,b,a/b))
ZeroDivisionError: division by zero
```

从上述执行结果可以看出：当没有异常发生时，循环输入一直进行下去；当有异常发生时，执行完 finally 子句后抛出异常，并终止程序运行。

11.2.5　自定义异常类

Python 提供了许多异常类，Python 内置异常类之间的层次结构如下所示。

```
BaseException
```

```
+-- SystemExit
+-- KeyboardInterrupt
+-- GeneratorExit
+-- Exception
    +-- StopIteration
    +-- StandardError
    |    +-- BufferError
    |    +-- ArithmeticError
    |    |    +-- FloatingPointError
    |    |    +-- OverflowError
    |    |    +-- ZeroDivisionError
    |    +-- AssertionError
    |    +-- AttributeError
    |    +-- EnvironmentError
    |    |    +-- IOError
    |    |    +-- OSError
    |    |         +-- WindowsError (Windows)
    |    |         +-- VMSError (VMS)
    |    +-- EOFError
    |    +-- ImportError
    |    +-- LookupError
    |    |    +-- IndexError
    |    |    +-- KeyError
    |    +-- MemoryError
    |    +-- NameError
    |    |    +-- UnboundLocalError
    |    +-- ReferenceError
    |    +-- RuntimeError
    |    |    +-- NotImplementedError
    |    +-- SyntaxError
    |    |    +-- IndentationError
    |    |         +-- TabError
    |    +-- SystemError
    |    +-- TypeError
    |    +-- ValueError
    |         +-- UnicodeError
    |              +-- UnicodeDecodeError
    |              +-- UnicodeEncodeError
    |              +-- UnicodeTranslateError
```

```
    +-- Warning
        +-- DeprecationWarning
        +-- PendingDeprecationWarning
        +-- RuntimeWarning
        +-- SyntaxWarning
        +-- UserWarning
        +-- FutureWarning
+-- ImportWarning
+-- UnicodeWarning
+-- BytesWarning
```

从中可以看到 Python 的异常类有个大基类 BaseException：

```
try:
    ...
except Exception:
    ...
```

这个将会捕获除了 SystemExit、KeyboardInterrupt 和 GeneratorExit 之外的所有异常。如果想捕获这 3 个异常，只需将 Exception 改为 BaseException。

在开发应用程序时，有可能需要定义针对应用程序的特定的异常类，表示应用程序的一些错误类型。对此，可以自定义针对特定应用程序的异常类，自定义异常类也必须继承 Exception 或它的子类。自定义异常类的命名规则是：以 Error 或 Exception 为后缀。

【例 11-7】自定义异常类 ScoreException，处理求一个学生的平均分的应用程序中出现成绩为负数的异常。（ScoreException.py）

```
class ScoreException(Exception):
    def __init__(self, score):
        self.score = score
    def __str__(self):
        return str(self.score)+":成绩不能为负数"


def score_average(score):
    length=len(score)
    score_sum = 0
    for k in score:
        if k<0:
            raise ScoreException(k)
        score_sum += k
    return score_sum/length


score1=[78,89,92,80]
```

221

```
print("平均分=",score_average(score1))
score2=[88,80,96,85,91,-87]
print("平均分=",score_average(score2))
```

ScoreException.py 在 IDLE 中运行的结果如下。

```
平均分= 84.75
Traceback (most recent call last):
  File "C:/Users/caojie/Desktop/ ScoreException.py", line 20, in <module>
    print("平均分=",score_average(score2))
  File "C:/Users/caojie/Desktop/ ScoreException.py", line 12, in score_average
    raise ScoreException(k)
ScoreException: -87:成绩不能为负数
```

11.3 断言处理

11.3.1 断言处理概述

编写程序时，在调试阶段往往需要判断代码执行过程中变量的值等信息，比如对象是否为空、数值是否为 0 等。断言的主要功能是帮助程序员调试程序，更改错误，从而保证程序运行的正确性，一般在开发调试阶段使用。

Python 使用关键字 assert 声明断言。assert 声明断言的语法格式如下。

```
assert <布尔表达式>              #简单形式
assert <布尔表达式>, <字符串达式>    #带参数的形式
```

其中，<布尔表达式>的结果是一个布尔值（True 或 False），<字符串达式>是<布尔表达式>结果为 False 时输出的提示信息。在调试时，如果<布尔表达式>的值为 False，就会抛出 AssertionError 异常。发生异常也意味着<布尔表达式>的值为 False。

下面是断言的使用举例。

```
>>> a_str = 'this is a string'
>>> assert type(a_str)== str, "a_str 的值不是字符串类型"    #为真，没有输出
>>> a_str =10
>>> assert type(a_str)== str, "a_str 的值不是字符串类型"    #为假，输出逗号后边的语句
Traceback (most recent call last):
  File "<pyshell#21>", line 1, in <module>
    assert type(a_str)== str, "a_str 的值不是字符串类型"    #为假，输出逗号后边的语句
AssertionError: a_str 的值不是字符串类型
```

【例 11-8】断言示例。（assert_test.py）

```
import math
a=int(input('输入一个数值，求这个数的平方根：'))
assert a>=0,"负数没有平方根"
```

```
b = math.sqrt(a)
print("%a 的平方根是：%f"%(a,b))
```

assert_test.py 在 IDLE 中运行的结果如下。

```
============== RESTART: D:/Python/ assert_test.py ==============
输入一个数值，求这个数的平方根：4
4 的平方根是：2.000000
============== RESTART: D:/Python / assert_test.py ==============
输入一个数值，求这个数的平方根：-4
Traceback (most recent call last):
AssertionError: 负数没有平方根
```

11.3.2　启用/禁用断言

Python 解释器有两种运行模式：调试模式和优化模式。Python 解释器通常运行在调试模式下，在该模式下程序中的断言语句可以帮助调试程序中的错误。在命令行界面调试执行*.py 文件的语法格式是：python *.py。添加-O 选项运行*.py 文件时为优化模式，程序中的断言将不会执行，即在该种模式下断言被禁用。assert_test.py 在两种运行模式下的执行效果如图 11-1 所示。

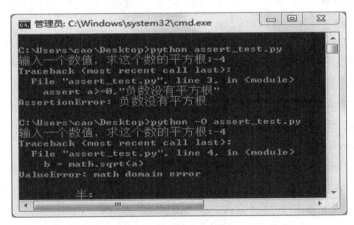

图 11-1　assert_test.py 在两种运行模式下的执行效果

11.3.3　断言使用场景

何时应该使用断言，并没有特定的规则。如果没有特别的目的，断言常用于下述场景：防御性的编程；运行时对程序逻辑的检查；合约性检查（比如前置条件或后置条件）；程序中的常量。

程序中的不变量是一些语句要依赖它为真的情况才执行，除非一个错误导致它为假。如果有错误，最好能够尽早发现，为此就必须对它进行测试。若不想减慢代码运行速度，这时就可以使用断言，因为断言能在开发时打开，在产品阶段关闭。该方面的一个例子如下（assert_test1.py）。

```
pass_total = 0
```

```
fail_total = 0
while True:
    data=int(input('请输入一个考试分数:'))
    assert not(data>100 or data<0),"输入的分数不合法,分数应在0~100之间"
    if data>=60:
        pass_total+= 1
        print("当前及格人数是: ",pass_total)
    else:
        fail_total+= 1
        print("当前不及格人数是: ",fail_total)
```

assert_test1.py 在 IDLE 中运行的结果如下。

```
=========== RESTART: C:\Users\cao\Desktop\assert_test1.py ===========
请输入一个考试分数:89
当前及格人数是:1
请输入一个考试分数:56
当前不及格人数是:1
请输入一个考试分数:101
Traceback (most recent call last):
  File "C:\Users\cao\Desktop\assert_test1.py", line 5, in <module>
    assert not(data>100 or data<0),"输入的分数不合法,分数应在0~100之间"
AssertionError: 输入的分数不合法,分数应在0~100之间
========== RESTART: C:\Users\cao\Desktop\assert_test1.py ============
请输入一个考试分数:-52
Traceback (most recent call last):
  File "C:\Users\cao\Desktop\assert_test1.py", line 5, in <module>
    assert not(data>100 or data<0),"输入的分数不合法,分数应在0~100之间"
AssertionError: 输入的分数不合法,分数应在0~100之间
```

断言是一种防御式编程，它不是让代码防御现在的错误，而是防止在代码修改后可能引发的错误。断言式的内部检查是一种消除错误的方式，尤其是那些不明显的错误。

【例 11-9】使用断言进行防御式编程的例子。

```
assert key in (a, b, c)    #可保证 key 在 a, b, or c 之中取值,否则触发异常
if key == x:
    x_ code_block
elif key == y:
y_ code_block
else:
assert key == z                #保证前两个选择不成功时,else 执行的是 z_ code_block 语句块
z_ code_block
```

11.4 习题

1. Python 异常处理结构有哪几种形式?
2. 异常和错误有什么区别?
3. 如何声明断言? 断言的作用是什么?
4. 简述 IDLE 调试代码的步骤。
5. try 语句一般有哪几种可能的形式?
6. 简述 try...except...finally 中各语句的作用和用法。
7. 返回一个列表包含小于 100 的偶数, 并且用 assert 来断言返回结果和类型。

第 12 章

Tkinter 图形用户界面设计

相对于字符界面的控制台应用程序，基于图形用户界面（Graphical User Interface，GUI，又称图形用户接口）的应用程序可以提供丰富的用户交互界面，更容易实现复杂功能的应用程序。图形用户界面是一种人与计算机通信的界面显示格式，允许用户使用鼠标等输入设备操纵屏幕上的图标或菜单选项，以选择命令、调用文件、启动程序。图形用户界面由窗口、下拉菜单、对话框及其相应的控制机制构成。

12.1　图形界面开发库

Python 提供了多个用于图形界面开发的库，几个常用的开发库如下。

1. Tkinter 图形用户界面库

Tkinter（Tk interface，Tk 接口）是 Tk 图形用户界面工具包标准的 Python 接口。Tkinter 是 Python 的标准 GUI 库，支持跨平台的图形用户界面应用程序开发，支持 Windows、Linux、UNIX 和 MacOS 操作系统。

Tkinter 的优点是简单易用、与 Python 的结合度好；不足之处是缺少合适的可视化界面设计工具，需要通过代码来完成窗口设计和元素布局。

Tkinter 适用于小型图形界面应用程序的快速开发。本书基于 Tkinter 阐述图形用户界面应用程序开发的主要流程。

2. wxPython 图形用户界面库

wxPython 是 Python 语言的一套优秀的 GUI 图形库，适合于大型应用程序开发。wxPython 是优秀的跨平台 GUI 库 wxWidgets 的 Python 封装，并以 Python 模块的方式提供使用。Python 程序员通过 wxPython 可以很方便地创建完整的、功能健全的 GUI 用户界面。

3. PyQt 图形用户界面库

PyQt 模块是 Qt 图形用户界面工具包标准的 Python 接口，适合于大型应用程序开发。PyQt 实现了大约 440 个类和 6000 多种功能和方法，其中包括大量的 GUI 小部件，用于访问 SQL 数据库的类，文本编辑器小部件，XML 解析器，SVG 支持等。

4. Jython 图形用户界面库

Jython 是 Python 的 Java 实现。Jython 不仅提供了 Python 的库，也提供了所有的 Java 类，可使用 Java 的 Swing 技术构建图形用户界面程序。

12.2　Tkinter 图形用户界面库

12.2.1　Tkinter 概述

　　Tkinter 图形用户界面库包含创建各种 GUI 的组件类。Tkinter 提供的核心组件类如表 12-1 所示。

表 12-1　Tkinter 提供的核心组件类

组件	描述
Label	标签，用来显示文本和图片
Button	按钮，类似标签，但提供额外的功能，如鼠标掠过、按下、释放
Canvas	画布，提供绘图功能，可以包含图形或位图
Checkbutton	选择按钮。一组方框，可以选择其中的任意个
Entry	单行文本框
Frame	框架，在屏幕上显示一个矩形区域，多用来作为容器
Listbox	列表框，一个选项列表，用户可以从中选择
Menu	菜单，单击菜单按钮后弹出一个选项列表，用户可以从中选择
Message	消息框，用来显示多行文本，与 Label 比较类似
Radiobutton	单选按钮。一组按钮，其中只有一个可被"按下"
Scale	进度条，线性"滑块"组件，可设定起始值和结束值，会显示当前位置的精确值
Scrollbar	滚动条，对其支持的组件(文本域、画布、列表框、文本框)提供滚动功能
Text	文本域，多行文字区域，可用来收集(或显示)用户输入的文字
Toplevel	一个容器窗口部件，作为一个单独的、最上面的窗口显示

　　表 12-1 中大部分组件所共有的属性如表 12-2 所示。

表 12-2　大部分组件所共有的属性

属性名(别名)	描述
background(bg)	设定组件的背景色
borderwidth(bd)	设定边框宽度
font	设定组件内部文本的字体
foreground(fg)	指定组件的前景色
relief	设定组件 3D 效果，可选值为 RAISED（突起）、SUNKEN（凹陷）、FLAT（平坦的）、RIDGE（脊状）、SOLID（实线）、GROOVE（凹槽）。该值指出组件内部相对于外部的外观样式，比如 RAISED 意味着组件内部相对于外部突出
width	设置组件宽度，如果值小于或等于 0，组件选择一个能够容纳目前字符的宽度

12.2.2　Tkinter 图形用户界面的构成

　　基于 Tkinter 模块创建的图形用户界面主要包括以下几个部分。

　　1）通过 Tk 类的实例化创建图形用户界面的主窗口（也称为根窗口、顶层窗口），用来容纳其他组件类生成的实例，因此也称为容器，即容纳其他组件的父容器。创建窗口的代码如下。

```
from tkinter import *                    #导入 Tkinter 模块中的所有内容
window=Tk()                              #创建一个窗口对象 window
```

通过 Tk 类的实例化创建一个窗口 window，用来容纳通过 Tkinter 中的小组件类生成的小组件实例。窗口生成后，可以通过调用窗口对象的方法来改变窗口。

```
window.title('标题名')                    #修改窗口的名字，也可在创建时使用 className 参数来命名
window.resizable(width=True, height=True)  #默认窗口是 True，即宽可变，高可变
window.geometry('250x150')                #指定主窗口大小
window.quit()                            #退出
window.update()                          #刷新页面
```

2）在创建的主窗口中添加各种可视化组件，如按钮、标签，这些是通过组件类的实例化来实现的。

```
#创建以 window 为父容器的标签，text 指定在标签上要显示的文字
label = Label(window,text="Hello Label")
#创建以 window 为父容器的按钮，text 指定在按钮上要显示的文字
button = Button(window,text = ' Hello Button ')
```

3）组件的放置和排版，即通过 pack、grid 等方法将组件放进窗口中，放进的同时可指定放置的位置。

```
label.pack(side=LEFT)                    #将标签 label 放进窗口的左边
button.pack(side=RIGHT)                  #将按钮 button 放进窗口的右边
```

4）通过将组件与函数绑定，响应用户操作（如单击按钮），进行相应的处理。与组件绑定的函数也称为事件处理函数。

```
#定义单击按钮 Button 的事件处理函数
def helloButton():
    print('hello button')
#通过按钮的 command 属性来指定按钮的事件处理函数，并将创建的按钮放进窗口
Button(window, text='Hello Button', command=helloButton).pack()
```

在执行程序出现的图形界面中单击'Hello Button'按钮，每单击一次，输出一次 hello button。

12.3　常用 Tkinter 组件的使用

12.3.1　标签组件

Label 类是标签组件对应的组件类，在标签上既可以显示文本信息，也可以显示图像。Label 类实例化标签的语法格式如下。

```
Label ( master, option, ... )
```

参数说明如下。

master：指定拟要创建的标签的父窗口。

option：创建标签时的参数选项列表，参数选项以键–值对的形式出现，多个键–值对之间用逗号隔开。Label 类中的主要参数选项如表 12-3 所示。

表 12-3　Label 类中的主要参数选项

选项	描述
background(bg)	设定标签的背景颜色
foreground(fg)	设定标签的前景色，以及文本和位图的颜色
bitmap	指定显示到标签上的位图，如果设置了 image 选项，则忽略该选项
image	指定标签显示的图片。该值应该是 PhotoImage，BitmapImage，或者能兼容的对象；该选项优先于 text 和 bitmap 选项
text	指定标签显示的文本。文本可以包含换行符；如果设置了 bitmap 或 image 选项，则忽略该选项
font	设定标签中文本的字体。如果同时设置字体和大小，应该用元组包起来，如("楷体", 20)；一个 Label 只能设置一种字体
justify	定义如何对齐多行文本。justify 的取值可以是 left（左对齐）、right（右对齐）、center（居中对齐），默认值是 center
anchor	控制文本（或图像）在标签中显示的位置。可用 n, ne, e, se, s, sw, w, nw,或者 center 进行定位，默认值是 center
wraplength	决定标签的文本应该被分成多少行。该选项指定每行的长度，单位是屏幕单元
compound	指定文本与图像如何在标签上显示。默认情况下，如果指定位图或图片，则不显示文本。compound 可设置的值有 left（图像居左）、right（图像居右）、top（图像居上）、bottom（图像居下）、center（文字覆盖在图像上）
width	设置标签的宽度。如果标签显示的是文本，那么单位是文本单元；如果标签显示的是图像，那么单位是像素；如果设置为 0 或者不设置，那么会自动根据标签的内容计算出宽度
height	设置标签的高度。如果标签显示的是文本，那么单位是文本单元；如果标签显示的是图像，那么单位是像素；如果设置为 0 或者不设置，那么会自动根据标签的内容计算出高度
textvariable	标签显示 Tkinter 变量（通常是一个 StringVar 变量）的内容，如果变量被修改，则标签的文本会自动更新

【例 12-1】Label 类实例化标签举例。（12-1.py）

```
from tkinter import *
window=Tk()                      #创建一个窗口，默认的窗口名为"tk"
#创建以 window 为父容器的标签
label1 = Label(window,fg = 'white',bg = 'purple',text="Hello Label",width =
10,height = 2)
label1.pack()                    #将标签 label1 放进 window 窗口中
#compound = 'bottom'，指定图像位居文本下方
label2=Label(window,text = 'bottom',compound = 'bottom',bitmap = 'error').
pack()
```

```
#compound = 'left',指定图像位居文本左方
label3=Label(window,text = 'left',compound = 'left',bitmap = 'error').pack()
#justify = 'left'指定标签中文本多行的对齐方式为左对齐
label4=Label(window,text ='路,是自己走出来的;机会是自己创造出来的。',fg='white',
font=('楷体',15),bg = 'blue',width = 50,height = 5,wraplength = 420,justify =
'left').pack()
'''justify = 'center'指定标签中文本多行的对齐方式为居中对齐, anchor='sw'指定文本
(text)在Label中的显示位置是西南'''
label5=Label(window, text ='路,是自己走出来的;机会是自己创造出来的。', fg='white',
font=('宋体',15),bg = 'orange', width = 50, height = 5, wraplength = 420,
justify='center', anchor='e').pack()
window.mainloop()        #创建事件循环
```

执行 12-1.py 程序文件得到的输出结果如图 12-1 所示。

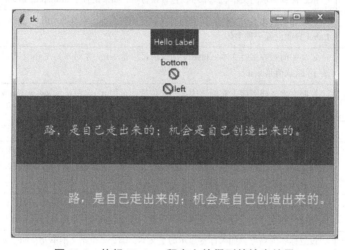

图 12-1 执行 12-1.py 程序文件得到的输出结果

由图 12-1 可知,当执行 12-1.py 程序时,生成的 tk 窗口中就会出现 5 个不同的标签。

label1.pack( )语句的含义是:将标签 label1 放进窗口中,pack( )是一种几何布局管理器。所谓布局,就是设定窗口中各个组件之间的位置关系。在上述例子中,pack( )布局管理器将小组件一行一行地放在窗口中。tkinter GUI 是事件驱动的,在显示图形用户界面之后,图形用户界面等待用户进行交互,比如用鼠标单击组件。

window.mainloop( )语句用来创建事件循环,会让 window 不断刷新,持续处理用户在图形用户界面的交互,直到用户单击"×"按钮关闭窗口。如果没有 window.mainloop( )语句,就是一个静态的 window。

12.3.2 按钮组件

按钮组件类 Button 用来实例化各种按钮。按钮能够包含文本或图像,并且按钮能够与一个 Python 函数相关联。当这个按钮被按下时,Tkinter 自动调用相关联的函数,完成特定的功能,

比如关闭窗口、执行命令等。按钮仅能显示一种字体。Button 类实例化按钮的语法格式如下。

```
Button ( master, option, ... )
```

参数说明如下。

master：指定拟要创建的按钮的父窗口。

option：创建按钮时的参数选项列表，参数选项以键-值对的形式出现，多个键-值对之间用逗号隔开。

Button 类的参数选项和 Label 类的参数选项类似，在 Button 中需要注意的几个参数选项如表 12-4 所示。

表 12-4　Button 类中需要注意的几个参数选项

选项	描述
command	指定 Button 的事件处理函数，单击按钮时所调用的函数名称，可以结合 lambda 表达式
relief	指定外观效果，可以设置的参数：FLAT（平坦的）、RAISED（突起）、SUNKEN（凹陷）、GROOVE（凹槽）、RIDGE（脊状）
state	指定按钮的状态，控制按钮如何显示，包括正常(normal)、激活(active)、禁用(disabled)
bordwidth(bd)	设置 Button 的边框大小，bd(bordwidth)默认为 1 或 2 个像素
textvariable	与按钮相关的 Tk 变量（通常是一个字符串变量）。如果这个变量的值改变，那么按钮上的文本相应更新

【例 12-2】Button 中 command 参数使用举例。（12-2.py）

```
from tkinter import *
def gs():
    global window
    s=Label(window,text='曾伴浮云归晚翠，犹陪落日泛秋声。世间无限丹青手，一片伤心画不
成。', font='楷体', fg='white', bg='grey')
    s.pack()
def sc():
    global window
    s=Label(window,text='怒发冲冠，凭栏处、潇潇雨歇。抬望眼，仰天长啸，壮怀激烈。',
fg='yellow', bg = 'red')
    s.pack()

def changeText():
    if button['text'] == 'text':
        v.set('change')
    else:
        v.set('text')
    print(v.get())

def statePrint():
```

231

```
        print('state')

window=Tk()                    #定义父窗口
v = StringVar()                #创建 tkinter 的 StringVar 型数据对象
v.set('change')
'''command 参数指定 Button 的事件处理函数,通过 textvariable 属性将 Button 与某个变量绑
定,当该变量的值发生变化时,Button 显示的文本也随之变化'''
button = Button(window,textvariable = v,command = changeText)  #创建按钮
#relief 参数指定外观效果
button1=Button(window,command=gs,text='古诗阅读',width=40,height=2,relief=RAISED)
button2=Button(window,command=sc,text='宋词阅读',width=40,height=2,fg='yellow',
bg = 'red',relief=SUNKEN)
button.pack()
button1.pack()
button2.pack()
#state 参数用来指定按钮的状态,有 normal、active、disabled 3 种状态
for r in ['normal','active','disabled']:
    Button(window,text = r,state = r, width = 20,command = statePrint).pack()
window.mainloop()
```

执行 12-2.py 程序文件得到的输出结果如图 12-2 所示。

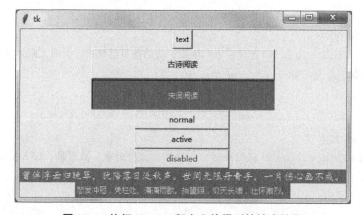

图 12-2　执行 12-2.py 程序文件得到的输出结果

在执行程序出现的图形界面中单击"古诗阅读"按钮,每单击一次,程序就在窗口下方输出"曾伴浮云归晚翠,犹陪落日泛秋声。世间无限丹青手,一片伤心画不成。";单击"宋词阅读"按钮,每单击一次,程序就在窗口下方输出"怒发冲冠,凭栏处、潇潇雨歇。抬望眼,仰天长啸,壮怀激烈。"

在执行程序出现的图形界面中单击 text 按钮,每单击一次,程序向标准输出打印结果如下。

```
text
change
```

```
text
change
```

上述例子中将 3 个按钮 normal、active、disabled 的事件处理函数设置为 statePrint，执行程序只有 normal 和 active 激活了事件处理函数，而 disabled 按钮没有。对于暂时不需要按钮起作用时，可以将它的 state 设置为 disabled。在执行程序出现的图形界面中单击 normal 和 active 按钮，程序向标准输出打印结果如下。

```
state
state
```

12.3.3　单选按钮组件

单选按钮是一种可在多个预先定义的一组选项中选择出一项的 Tkinter 组件。在同一组内只能有一个按钮被选中，用来实现多选一，每当选中组内的一个按钮时，其他的按钮自动改为非选中状态。单选按钮可以包含文字或者图像，可以将一个事件处理函数与单选按钮关联起来，当单选按钮被选择时，该函数将被调用。一组单选按钮组件和同一个 Tkinter 变量联系，每个单选按钮代表这个变量可能取值中的一个。单选按钮组件类 Radiobutton 实例化单选按钮的语法格式如下。

```
Radiobutton ( master, option, ... )
```

参数说明如下。

master：指定拟要创建的单选按钮的父窗口。

option：创建单选按钮时的参数选项列表，参数选项以键-值对的形式出现，多个键-值对之间用逗号隔开。

Radiobutton 类的参数选项和 Button 类的参数选项类似，在 Radiobutton 类中需要注意的参数选项如表 12-5 所示。

表 12-5　Radiobutton 类中需要注意的参数选项

选项	描述
command	单选按钮选中时执行的函数
variable	指定一组单选按钮所关联的变量，变量需要使用 tkinter.IntVar( )或者 tkinter.StringVar( )创建
value	单选按钮选中时变量的值
selectcolor	设置选中区的颜色
selectimage	设置选中区的图像，选中时会出现
textvariable	与按钮相关的 Tk 变量（通常是一个字符串变量）。如果这个变量的值改变，那么按钮上的文本相应更新

可以使用 variable 选项为单选按钮组件指定一个变量，如果将多个单选按钮组件绑定到同一个变量，则这些单选按钮组件属于一个组。分组后需要使用 value 选项设置每个单选按钮选中时变量的值，以表示单选按钮是否被选中。

1. 不绑定变量，每个单选按钮自成一组

【例 12-3】单选按钮不绑定变量，每个单选按钮自成一组举例。

```
from tkinter import *
window = Tk()
#不指定绑定变量，每个 Radiobutton 自成一组
Radiobutton(window,text = 'Python').pack()
Radiobutton(window,text = 'Scala').pack()
Radiobutton(window,text = 'Java').pack()
window.mainloop()
```

上述单选按钮不绑定变量，每个单选按钮自成一组的代码在 IDLE 中执行的结果如图 12-3 所示。

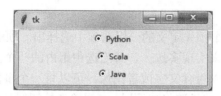

图 12-3　单选按钮不绑定变量，每个单选按钮自成一组

2. 为单选按钮指定组和绑定事件处理函数

【例 12-4】为单选按钮指定组和绑定事件处理函数。（12-4.py）

```
from tkinter import *
Window=Tk(className='单选按钮选择')          #创建'单选按钮'窗口
v=IntVar()                                  #创建 Tkinter 变量
language=[('Python',0),('C',1),('Java',2)]
#定义单选按钮的响应函数
def callRadiobutton():
    for i in range(3):
        if (v.get()==i):
            Window1 = Tk(className='选择的结果')
            Label(Window1,text='你的选择是'+language[i][0]+'语言',font=('楷体',
13), fg='white',
    bg='purple',width=40,height=4).pack()
            Button(Window1,text='确定',width=6,height=2,command=
    Window1.destroy).pack(side='bottom')    #创建确定按钮
Label(Window,text='选择一门你喜欢的编程语言').pack(anchor='center')
#for 循环创建单选按钮
for lan,num in language:
    Radiobutton(Window, text=lan, value=num, command=callRadiobutton,variable=v).
pack(anchor='w')
    v.set(1)                                #将 v 的值设置为 1，即选中 value=1 的按钮
Window.mainloop()
```

234

在 IDLE 中，执行 12-4.py 程序文件得到的输出结果如图 12-4 所示。

图 12-4　执行 12-4.py 程序文件得到的输出结果

在执行程序出现的图形界面中单击按钮，每单击一次按钮就会弹出一个"选择的结果"窗口，如选择 Python 按钮弹出的窗口如图 12-5 所示。

图 12-5　选择 Python 按钮弹出的窗口

注意：variable 选项的功能主要用于绑定变量。variable 是双向绑定的，也就是说如果绑定的变量的值发生变化，随之绑定的组件也会变化。variable 绑定的变量的主要类型如下。

```
x = StringVar()        #创建一个 StringVar 类型的变量 x，默认值为""
x = IntVar()           #创建一个 IntVar 类型的变量 x，默认值为 0
x = BooleanVar()       #创建一个 BooleanVar 类型的变量 x，默认值为 False
```

操作上述不同类型变量的两个方法介绍如下。

```
x.set()：设置变量 x 的值。
x.get()：获取变量 x 的值。
```

12.3.4　单行文本框组件

单行文本框用来接收用户输入的一行文本。如果用户输入的字符串长度比该组件可显示空间更长，那么内容将被滚动，这意味着该字符串将不能被全部看到（但可以用鼠标或键盘的方向键调整文本的可见范围）。如果需要输入多行文本，可以使用多行文本框 Text 组件。如果需要显示一行或多行文本且不允许用户修改，可以使用 Label 组件。

单行文本框组件类 Entry 实例化单行文本框的语法格式如下。

```
Entry ( master, option, ... )
```

参数说明如下。

master：指定拟要创建的单行文本框的父窗口。

option：创建单行文本框时的参数选项列表，参数选项以键-值对的形式出现，多个键-值对之间用逗号隔开。

在 Entry 类中需要注意的几个参数选项如表 12-6 所示。

表 12-6　Entry 类中需要注意的几个参数选项

选项	描述
show	设置输入框如何显示文本的内容。如果该值非空，则输入框会显示指定字符串代替真正的内容，比如 show="*"，则输入文本框内显示为*，这可用于密码输入
selectbackground	指定输入框的文本被选中时的背景颜色
selectforeground	指定输入框的文本被选中时的字体颜色
insertbackground	指定输入光标的颜色，默认为 black
textvariable	指定一个与输入框的内容相关联的 Tkinter 变量（通常是 StringVar），当输入框的内容发生改变时，该变量的值也会相应发生改变

Entry 对象的常用方法如下。

delete(first, last=None)：删除参数 first 到 last 索引值范围内（包含 first 和 last）的所有内容；如果忽略 last 参数，表示删除 first 参数指定的选项；使用 delete(0, END)实现删除输入框的所有内容。

icursor(index)：将光标移动到指定索引位置。

get( )：获得当前输入框的内容。

select_clear( )：清空文本框。

【例 12-5】指定单行文本框显示文本的样式。（12-5.py）

```python
from tkinter import *
window=Tk(className='输入账号密码')  #创建'输入账号密码'窗口
#打印输入框的值
def get_entry_value():
    print("第一个输入框的值为：", entry1.get())
    print("第二个输入框的值为：", entry2.get())
#清空输入框的值
def clear_entry_value():
    entry1.delete(0,END)
    entry2.delete(0,END)
#为输入框填入默认值
def insert_entry_value():
    entry1.insert(0,"游客")
    entry2.insert(0,"123456")
Label(window, text='账号:').grid(row=0,column=0)
Label(window, text='密码:').grid(row=1,column=0)
entry1 = Entry(window,font=('楷体', 14))
entry2 = Entry(window,show='*',font=('楷体', 14))
entry1.grid(row=0,column=1, padx=10, pady=5)
entry2.grid(row=1,column=1, padx=10, pady=5)
```

```
frame2 = Frame()                    #创建一个框架用来盛放 3 个按钮
frame2.grid(row=3,column=1)
btn1 = Button(frame2,text='默认值', width=6,command=insert_entry_value)
btn2 = Button(frame2,text='重置',width=6,command=clear_entry_value)
btn3 = Button(frame2,text='提交',width=6,command=get_entry_value)
btn1.grid(row=0,column=0,sticky=W)
btn2.grid(row=0,column=1,sticky=E)
btn3.grid(row=0,column=2,sticky=E)
window.mainloop()
```

执行 12-5.py 程序文件得到的输出结果如图 12-6 所示。

在图 12-6 中输入密码时，文本框中呈现的字符样式为
*号。单击"重置"按钮，清空两个文本框。单击"提交"
按钮，将输入两个文本框的内容输出到屏幕上。单击"默
认值"按钮，将在最上面的文本框中输入"游客"，在下
面的文本框中输入"123456"。

图 12-6　执行 12-5.py 程序文件
得到的输出结果

12.3.5　多行文本框组件

多行文本框组件用于显示和编辑多行文本，还可以用来显示网页链接、图片、HTML 页
面等，常被当作简单的文本处理器、文本编辑器或者网页浏览器来使用。默认的情况下，多
行文本框组件是可以编辑的，可以使用鼠标或者键盘对多行文本框进行编辑。

Text 类实例化多行文本框的语法格式如下。

```
Text( master, option, ... )
```

参数说明如下。

master：指定拟要创建的多行文本框的父窗口。

option：创建多行文本框时的参数选项列表，参数选项以键-值对的形式出现，多个键-
值对之间用逗号隔开。

Text 类中需要注意的几个参数选项如表 12-7 所示。

表 12-7　Text 类中需要注意的几个参数选项

选项	描述
autoseparators	单词之间的间隔，默认值是 1
background（bg）	设置背景颜色，如 bg='green'
borderwidth（bd）	文本控件的边框宽度，默认是 1 或 2 个像素
exportselection	是否允许复制内容到剪贴板
foreground（fg）	设置前景（文本）颜色
font	设置字体类型与大小
height	文本控件的高度，默认是 24 行
insertbackground	设置文本控件插入光标的颜色
insertborderwidth	插入光标的边框宽度。如果是一个非 0 的数值，光标会使用 RAISED 效果的边框

(续)

选项	描述
insertofftime，insertontime	这两个属性控制插入光标的闪烁效果，即插入光标的出现和消失的时间。单位是毫秒
insertwidth	设置插入光标的宽度
padx	水平边框的内边距
pady	垂直边框的内边距
relief	指定文本控件的边框 3D 效果，默认是 FLAT，可以设置的参数：FLAT、GROOVE、RAISED、RIDGE、SOLID、SUNKEN
selectbackground	设置选中文本的背景颜色
selectborderwidth	设置选中区域边界宽度
selectforeground	设置选中文本的颜色
setgrid	boolean 类型。为 True 时，可以让窗口最大化，并显示整个 Text 控件
tabs	定义按动〈Tab〉键时的移动距离
width	定义文本控件的宽度，单位是字符个数
wrap	定义如何折行显示文本控件的内容

当创建一个多行文本框组件时，它里面是没有内容的。为了给其插入内容，可以利用多行文本框组件的 insert( )方法实现文本的插入。insert( )方法的用法如下。

```
Text 对象.insert(几行.几列,"内容")
```

除了使用"几行.几列"来指定文本的插入位置，还可以使用如下标识符指定文本插入位置。

INSERT：表示在光标位置插入。

CURRENT：用于在当前的光标位置插入，与 INSERT 功能类似。

END：表示在整个文本的末尾插入。

SEL_FIRST：表示在选中文本的开始插入。

SEL_LAST：表示在选中文本的最后插入。

【例 12-6】在指定位置插入文本。（12-6.py）

```
from tkinter import *
window = Tk(className='多行文本框应用')
t = Text(window,width=50, heigh=6, bg='gray',fg='white', font=('kaiti',15))
#font 设置文本的显示字体
    t.insert(3.5, '楼上谁将玉笛吹，山前水阔暝云低。\n 劳劳燕子人千里，落落梨花雨一枝。\n 修
禊近，卖饧时，故乡惟有梦相随。\n 夜来折得江头柳，不是苏堤也皱眉。')
    t.pack()
#定义各个 Button 的事件处理函数
def insertText():
    t.insert(INSERT, '《鹧鸪天》')
def currentText():
    t.insert(CURRENT, '《鹧鸪天》')
```

```
def endText():
    t.insert(END, '《鹧鸪天》')
def sel_FirstText():
    t.insert(SEL_FIRST, '《鹧鸪天》')
def sel_LastText():
    t.insert(SEL_LAST, '《鹧鸪天》')
#创建按钮实现在光标位置插入《鹧鸪天》
Button(window,text='在光标位置插入',anchor = 'w',width=15,command=insertText).
pack(side="left")
#创建按钮实现在当前的光标位置插入《鹧鸪天》
Button(window,text='在当前光标位置插入',anchor = 'w', width=15, command=
insertText).pack(side="left")
#创建按钮实现在整个文本的末尾插入《鹧鸪天》
Button(window,text='在文本末尾插入',anchor = 'w',width=15,command=endText).
pack(side="left")
#创建按钮实现在选中文本的开始插入《鹧鸪天》，如果没有选中区域则会引发异常
Button(window,text='在选中文本开始插入',anchor = 'w', width=15, command=
sel_FirstText).pack(side="left")
#创建按钮实现在选中文本的最后插入《鹧鸪天》，如果没有选中区域则会引发异常
Button(window,text='在选中文本最后插入',anchor = 'w', width=15, command=
sel_LastText).pack(side="left")
window.mainloop()
```

执行 12-6.py 程序文件得到的输出结果如图 12-7 所示。

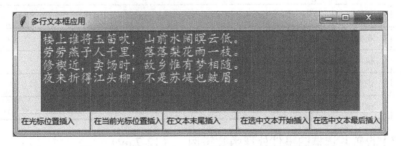

图 12-7　执行 12-6.py 程序文件得到的输出结果

在执行程序出现的图形界面中单击下方左边的 3 个按钮，就会在上面的文本框中插入《鹧鸪天》；最右边的两个按钮需要先用鼠标选中一段文本，若单击"在选中文本开始插入"按钮，则在选中的文本之前插入《鹧鸪天》；若单击"在选中文本最后插入"按钮，则在选中的文本之后插入《鹧鸪天》。

12.3.6　复选框组件

复选框组件用来选取人们需要的选项，它前面有一个小正方形的方框，如果选中，则方

框中会出现一个对号，也可以通过再次单击来取消选中。复选框组件类 Checkbutton 实例化复选框组件的语法格式如下。

```
Checkbutton ( master, option, ... )
```

参数说明如下。

master：指定拟要创建的复选框的父窗口。

option：创建复选框时的参数选项列表，参数选项以键-值对的形式出现，多个键-值对之间用逗号隔开。

Checkbutton 类的参数选项和 Radiobutton 类的参数选项类似，在 Checkbutton 类中需要注意的参数选项如表 12-8 所示。

表 12-8　Checkbutton 类中需要注意的参数选项

选项	描述
command	指定复选框的事件处理函数，当复选框被选中时，执行该函数
variable	为复选框绑定 Tk 变量，变量的值为 1 或 0，代表着选中或不选中
onvalue	复选框选中时变量的值。Checkbutton 的值不仅仅是 1 或 0，可以是其他类型的数值，可以通过 onvalue 和 offvalue 属性设置复选框的状态值
offvalue	复选框未选中时变量的值
textvariable	与复选框相关的 Tk 变量通常是一个 StringVar 型变量，如果这个变量的值改变，那么复选框上的文本相应更新

复选框组件对象常用的方法如表 12-9 所示。

表 12-9　复选框组件对象常用的方法

方法	描述
deselect( )	清除复选框选中选项
flash( )	在激活状态颜色和正常颜色之间闪烁几次单选按钮，但保持它开始时的状态
invoke( )	执行 command 属性所定义的函数
select( )	设置按钮为选中
toggle( )	选中与没有选中的选项互相切换

【例 12-7】设置复选框的事件处理函数举例。（12-7.py）

```
from tkinter import *
window=Tk(className='你最喜欢的城市') #创建'你最喜欢的城市'窗口
window.geometry("300x200")                #设定窗口大小
#添加标签
Label(window,text='请选择自己喜欢的城市（多选）：',fg='blue').pack()
#定义复选框的事件处理函数
def callCheckbutton():
    msg = ''
```

```
    if var1.get() == 1:                          #因为 var1 是 IntVar 型变量，选中为 1，不选为 0
        msg += "西安\n"
    if var2.get() == 1:
        msg += "洛阳\n"
    if var3.get() == 1:
        msg += "北京\n"
    if var4.get() == 1:
        msg += "南京\n"
    '''清除 text 中的内容，0.0 表示从第一行第一个字开始清除，END 表示清除到最后结束'''
    text.delete(0.0,END)
    text.insert('insert',msg)                    #INSERT 表示在光标位置插入 msg 所指代的文本
#创建 4 个复选框
var1 = IntVar()                                   #创建 IntVar 型数据对象
Checkbutton(window,text='西安',variable=var1,command=callCheckbutton).pack()
var2 = IntVar()
Checkbutton(window,text='洛阳',variable=var2,command=callCheckbutton).pack()
var3 = IntVar()
Checkbutton(window,text='北京',variable=var3,command=callCheckbutton).pack()
var4 = IntVar()
Checkbutton(window,text='南京',variable=var4,command=callCheckbutton).pack()
#创建一个文本框
text = Text(window,width=30,height=10)
text.pack()
window.mainloop()
```

执行 12-7.py 程序文件得到的输出结果如图 12-8 所示。

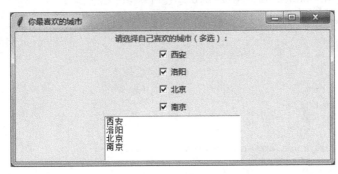

图 12-8　执行 12-7.py 程序文件得到的输出结果

在执行程序出现的图形界面中勾选各个城市复选框，每勾选一次，程序向下面的文本框中输出该城市，取消勾选则在下面的文本框中删除该城市。

可以将变量与复选框绑定来改变显示的文本。示例如下。

【例 12-8】复选框操作。（12-8.py）

```
from tkinter import *
window = Tk(className='最喜欢的编程语言问卷调查')
window.geometry('300x100')                        #设置窗口大小
flag_1 = False
flag_2 = False
flag_3 = False
list_language = ['你最喜欢的编程语言是：']
language_list = ['Python', 'C', 'Java']
#定义事件处理函数
def click_1():
    global flag_1
    flag_1 = not flag_1
    if flag_1:
        list_language.append(language_list[0])    #添加语言
    else:
        list_language.remove(language_list[0])    #去除语言
    lab_content['text'] = list_language


def click_2():
    global flag_2
    flag_2 = not flag_2
    if flag_2:
        list_language.append(language_list[1])
    else:
        list_language.remove(language_list[1])
    lab_content['text'] = list_language


def click_3():
    global flag_3
    flag_3 = not flag_3
    if flag_3:
        list_language.append(language_list[2])
    else:
        list_language.remove(language_list[2])
    lab_content['text'] = list_language


'''窗体控件'''
#定义标签
```

```
lab = Label(window, text='请选择你最喜欢的编程语言: ',font=('kaiti',12))
lab.grid(row=0, columnspan=3, sticky=W)
#多选框
frm = Frame(window)
ck1 = Checkbutton(frm, text='Python', command=click_1,font=('kaiti',12))
ck2 = Checkbutton(frm, text= 'C', command=click_2,font=('kaiti',12))
ck3 = Checkbutton(frm, text='Java', command=click_3,font=('kaiti',12))
ck1.grid(row=0)
ck2.grid(row=0, column=1)
ck3.grid(row=0, column=2)
frm.grid(row=1)
lab_content = Label(window, text='')
lab_content.grid(row=2, columnspan=3, sticky=W)
window.mainloop()
```

执行 12-8.py 程序文件得到的输出结果如图 12-9 所示。

在执行程序出现的图形界面中勾选各个编程语言复选框，每勾选一次，最下面的标签中就会显示勾选的编程语言，取消勾选则在下面的标签中删除该编程语言。

图 12-9　执行 12-8.py 程序文件
得到的输出结果

12.3.7　列表框组件

列表框组件用于显示一个选择列表，即用于显示一组文本选项，用户可以从列表中选择一个或多个选项。Listbox 类实例化列表框组件的语法格式如下。

```
Listbox ( master, option, ... )
```

参数说明如下。

master：指定拟要创建的列表框的父窗口。

option：创建列表框时的参数选项列表，参数选项以键-值对的形式出现，多个键-值对之间用逗号隔开。Listbox 类中需要注意的几个参数选项如表 12-10 所示。

表 12-10　Listbox 类中需要注意的几个参数选项

选项	描述
setgrid	指定一个布尔值，决定是否启用网格控制，默认值是 False
selectmode	选择模式：single（单选）、browse（也是单选，但拖动鼠标或通过方向键可以直接改变选项），multiple（多选）和 extended（也是多选，但需要同时按住〈Shift〉键、〈Ctrl〉键或拖拽鼠标实现）；默认是 browse
listvariable	指向一个 StringVar 类型的变量，该变量存放 Listbox 中所有的文本选项；在 StringVar 类型的变量中，用空格分隔每个项目，比如 var.set("文本选项 1 文本选项 2 文本选项 3")

令 lb 表示一个 Listbox 组件对象，表 12-11 列出了 Listbox 组件对象常用的方法。

表 12-11　Listbox 组件对象常用的方法

方法	描述
insert(index, item)	添加一个或多个项目 item 到 Listbox 中，index 指定插入文本项的位置。若为 END，在尾部插入文本项；若为 ACTIVE，在当前选中处插入文本项
delete(first,last)	删除参数 first 到 last 范围内（包含 first 和 last）的所有选项。如果忽略 last 参数，表示删除 first 参数指定的选项
get(first, last)	返回一个元组，包含参数 first 到 last 范围内（包含 first 和 last）的所有选项的文本。如果忽略 last 参数，表示返回 first 参数指定的选项的文本
size( )	返回 Listbox 组件中选项的数量
curselection( )	返回当前选中项目的索引，结果为元组

【例 12-9】创建一个获取 Listbox 组件内容的程序。（12-9.py）

```
from tkinter import *
window=Tk(className='Listbox 使用举例')          #创建'Listbox 使用举例'窗口
Str=StringVar()
lb = Listbox(window, selectmode = MULTIPLE, font=('楷体', 14),listvariable=Str)
#属性 MULTIPLE 允许多选，依次单击 3 个 item，均显示为选中状态
for item in ['Python','Java','C 语言']:
    lb.insert(END, item)
def callButton1():
    print(Str.get())
def callButton2():
    for i in lb.curselection():
        print(lb.get(i))
lb.pack()
Button(window,text='获取 Listbox 的所有内容',command=callButton1,width=20).pack()
Button(window,text='获取 Listbox 的选中内容',command=callButton2,width=20).pack()
window.mainloop()
```

执行 12-9.py 程序文件得到的输出结果如图 12-10 所示。

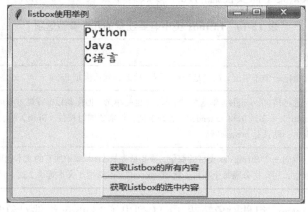

图 12-10　执行 12-9.py 程序文件得到的输出结果

单击"获取 Listbox 的所有内容"按钮，输出：

```
('Python', 'Java', 'C 语言')
```

选中 Python 后，单击"获取 Listbox 的选中内容"按钮，输出：

```
Python
```

再选中 Java 后，单击"获取 Listbox 的选中内容"按钮，输出：

```
Python
Java
```

12.3.8　菜单组件

菜单组件是 GUI 非常重要的一个组成部分，几乎所有的应用都会用到菜单组件。Tkinter 也有菜单组件，菜单组件是通过使用 Menu 类来创建的，菜单可用来展示可用的命令和功能。菜单以图标和文字的方式展示可用选项，用鼠标选择一个选项，程序的某个行为就会被触发。Tkinter 的菜单分为 3 种。

1. 顶层菜单

这种菜单是直接位于窗口标题下面的固定菜单，通过单击可下拉出子菜单，选择下拉菜单中的子菜单可触发相关的操作。顶层菜单也称为主菜单。

2. 下拉菜单

窗口的大小是有限的，不能把所有的菜单项都做成顶层菜单，此时就需要下拉菜单。

3. 弹出菜单

最常见的是通过鼠标右击某对象而弹出的菜单，一般为与该对象相关的常用菜单命令，如剪切、复制、粘贴等。

Menu 类实例化菜单的语法格式如下。

```
Menu ( master, option, ... )
```

参数说明如下。

master：指定拟要创建的菜单的父窗口。

option：创建菜单时的参数选项列表，参数选项以键-值对的形式出现，多个键-值对之间用逗号隔开。

Menu 类中需要注意的几个参数选项如表 12-12 所示。

表 12-12　Menu 类中需要注意的几个参数选项

选项	描述
postcommand	将此选项与一个方法相关联，当菜单被打开该方法将自动被调用
font	指定 Menu 中文本的字体
foreground(fg)	设置 Menu 的前景色

在创建菜单之后可通过调用菜单的如下方法添加菜单项。

1）add_command( )：添加菜单项。

2）add_checkbutton( )：添加复选框菜单项。

3）add_radiobutton( )：添加一个单选按钮的菜单项。

4）add_separator( )：添加菜单分隔线。

5）add_cascade( )：添加一个父菜单。

【**例 12-10**】添加下拉菜单。（12-10.py）

```
from tkinter import *
window = Tk(className='下拉菜单使用举例')
menubar = Menu(window)          #窗口下创建一个主菜单
submenu1 = Menu(menubar)        #在主菜单下创建子菜单 submenu1
#在子菜单 submenu1 下创建添加菜单项
for item in ['新建文件','打开文件','保存文件']:
    submenu1.add_command(label=item)
submenu1.add_separator()        #给菜单项添加分割线
#继续在子菜单 submenu1 下创建菜单项
for item in ['关闭文件','退出文件']:
    submenu1.add_command(label=item)
submenu2 = Menu(menubar)          #在主菜单下创建子菜单 submenu2
#在子菜单 submenu2 下创建添加菜单项
for item in [ '复制' , '粘贴' , '剪切']:
    submenu2.add_command(label=item)
submenu3 = Menu(menubar)          #在主菜单下创建子菜单 submenu3
for item in ['版权信息' , '联系我们']:
    submenu3.add_command(label=item)
#为主菜单 menubar 添加 3 个下拉菜单'File'、'Edit'、'Run'
menubar.add_cascade(label='文件',menu=submenu1) #submenu1 成为'文件'的下拉菜单
menubar.add_cascade(label='编辑',menu=submenu2)
menubar.add_cascade(label='关于',menu=submenu3)
window['menu']= menubar        #为窗口添加主菜单 menubar
window.mainloop()
```

执行 12-10.py 程序文件得到的输出结果如图 12-11 所示。

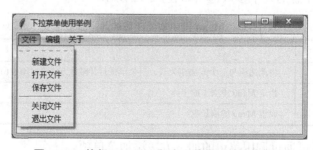

图 12-11 执行 12-10.py 程序文件得到的输出结果

在执行程序出现的图形界面中单击"文件""编辑""关于"菜单，就会在这些菜单下

出现下拉菜单。

12.3.9　消息组件

消息组件类 Message 用来实例化各种消息组件，消息组件用于显示多行文本信息。消息组件能够自动换行，并调整文本的尺寸，适应整个窗口的布局。

Message 类实例化消息组件的语法格式如下。

```
Message(master, options)
```

参数说明如下。

master：指定拟要创建的消息组件的父窗口。

option：创建消息组件时的参数选项列表，参数选项以键–值对的形式出现，多个键–值对之间用逗号隔开。

Message 类的用法与 Label 类基本一样。

【例 12-11】使用消息组件显示多行文本。（12-11.py）

```
from tkinter import *
window = Tk()
text = "优秀的人总能看到比自己更好的\n而平庸的人却总看到比自己更差的\n青春的奔跑不在于瞬间的爆发\n而在于不断的坚持"
message = Message(window, bg="Gold", fg="white", text=text, font="KaiTi 15", width=300)
message.pack(padx=10, pady=10)
window.mainloop()
```

执行 12-11.py 程序文件得到的输出结果如图 12-12 所示。

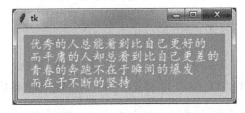

图 12-12　执行 12-11.py 程序文件得到的输出结果

12.3.10　对话框

对话框（也称消息框）是很多 GUI 程序都会用到的与用户交互的消息对话框。对话框出现后，对应的线程会阻塞，直到用户回应。

对话框包括多种类型，常用的有 showinfo、showwarning、showerror、askyesno、askyesnocancel、askretrycancel 等，包含不同的图标、按钮以及弹出提示音。它们有相同的语法格式。

```
tkinter.messagebox.消息窗口类型(title, message [, options])
```

参数说明如下。

title：设置对话框所在窗口的标题。

message：在对话框体中显示的消息。

options：调整外观的选项。

1. showinfo( )显示简单的信息

【例 12-12】消息框使用举例。（12-12.py）

```
from tkinter import *
import tkinter.messagebox
def info():
    tkinter.messagebox.showinfo("平凡的世界经典对白","这就是生命！没有什么力量能扼
杀生命。下一句，单击确定！")
    tkinter.messagebox.showinfo("平凡的世界经典对白","生命是这样顽强，它对抗的是整
整一个严寒的冬天。下一句，单击确定！")
    tkinter.messagebox.showinfo("平凡的世界经典对白", "冬天退却了，生命之花却蓬勃地
怒放。下一句，单击确定！")
    tkinter.messagebox.showinfo("平凡的世界经典对白", "你，为了这瞬间的辉煌，忍耐了
多少暗淡无光的日月?下一句，单击确定！")
    tkinter.messagebox.showwarning("平凡的世界经典对白", "只要春天不死，就会有迎春
的花朵年年岁岁开放。这是最后一句对白，单击确定退出！")
window=Tk()
window.title("平凡的世界")
Button(window,text="经典对白", command= info ).pack()
window.mainloop()
```

执行 12-12.py 程序文件得到的输出结果如图 12-13 所示。

图 12-13　执行 12-12.py 程序文件得到的输出结果

在图 12-13 所示的界面中单击"经典对白"按钮，就会弹出消息框。

此外，showwarning( )消息框用来向用户显示警告，showerror( )消息框用来向用户显示
错误。

【例 12-13】显示警告与显示错误消息框使用举例。（12-13.py）

```
from tkinter import *
import tkinter.messagebox as messagebox
def info_warn():
    messagebox.showwarning('警告','明日有大雨')      #向用户显示警告
    messagebox.showerror('错误','出错了')          #向用户显示错误消息
window=Tk()
```

```
window.title("警告与错误消息框")
Button(window,text="警告与错误", command= info_warn ).pack()
window.mainloop()
```

执行 12-13.py 程序文件得到的输出结果如图 12-14 所示。

图 12-14　执行 12-13.py 程序文件得到的输出结果

在图 12-14 所示的界面中单击"警告与错误"按钮，就会弹出消息框。

2. askquestion( )问题二选一对话框

【例 12-14】二选一对话框举例。（12-14.py）

```
from tkinter import *
import tkinter.messagebox as messagebox
def func():
    if messagebox.askyesno("是否对话框","今年是星期一吗?"):
        print("你单击了是按钮")
    else:
        print("你单击了否按钮")
window=Tk()
Button(window,text="是否消息框",command=func).pack()
window.mainloop()
```

执行 12-14.py 程序文件得到的输出结果如图 12-15 所示。

在图 12-15 中，单击"是否消息框"按钮，弹出如图 12-16 所示的是否对话框，单击"是(Y)"按钮返回 True，在屏幕上输出"你单击了是按钮"；单击"否(N)"按钮返回 False，在屏幕上输出"你单击了否按钮"。

图 12-15　执行 12-14.py 程序文件得到的输出结果

图 12-16　是否对话框

此外，askyesno( )弹出的对话框有两种选择按钮，单击"是(Y)"按钮返回 True，单击"否(N)"按钮返回 False。askyesnocancel( )弹出的对话框有 3 种选择按钮，单击"是(Y)"按钮返回 True，单击"否(N)"按钮返回 False，单击"取消"按钮返回 None。askretrycancel( )弹出的对话框有两种选择按钮，单击"重试(R)"按钮返回 True，单击"取消"按钮返回 False。

12.3.11 框架组件

Frame 类生成的框架组件实例在屏幕上表现为一块矩形区域，多用来作为容器。

Frame 类实例化框架组件的语法格式如下。

```
Frame ( master, option, ... )
```

参数说明如下。

master：指定拟要创建的框架组件的父窗口。

option：创建框架组件时的参数选项列表，参数选项以键–值对的形式出现，多个键–值对之间用逗号隔开。

【例 12-15】Frame 框架组件使用举例。（12-15.py）

```
from tkinter import *
root = Tk()
#以不同的颜色区别各个frame
for fm in ['red','blue','yellow','green','white','grey']:
    Frame(root,height = 20,width = 100,bg = fm).pack()
    Label(root,text=fm,fg='purple').pack()
root.mainloop()
```

执行 12-15.py 程序文件得到的输出结果如图 12-17 所示。

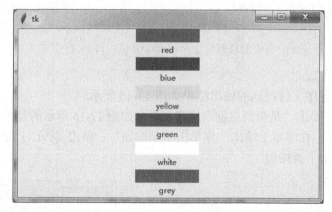

图 12-17　执行 12-15.py 程序文件得到的输出结果

12.4　Tkinter 主要的几何布局管理器

所谓布局，就是设定窗口容器中各个组件之间的位置关系。Tkinter 提供了截然不同的 3 种几何布局管理器：pack、grid 和 place。

12.4.1　pack 布局管理器

pack 是 3 种布局管理中最常用的，另外 2 种布局需要精确指定组件具体的放置位置，而 pack 布局可以指定相对位置，精确的位置会由 pack 系统自动完成。pack 是简单应用的首选布局管理器。pack 采用块的方式组织组件，根据生成组件的顺序将组件添加到父容器中。通过设置相同的锚点（anchor）可以将一组组件紧挨一个地方放置，如果不指定任何选项，默认在父容器中自顶向下添加组件，它会给组件一个自认为合适的位置和大小。

pack 语法格式如下。

```
WidgetObject.pack(option, …)
```

参数说明如下。

WidgetObject：为拟要放置的组件对象。

option：放置 WidgetObject 时的参数选项列表，参数选项以键–值对的形式出现，多个键–值对之间用逗号隔开。pack 提供的属性参数如表 12-13 所示。

表 12-13　pack 提供的属性参数

属性参数名	属性参数简析	取值及说明
fill	指定放置的组件是否随父组件的延伸而延伸	X(水平方向延伸)、Y(垂直方向延伸)、BOTH(水平和垂直方向延伸)、NONE（不延伸）。实际上不与 expand 搭配使用时，fill 只有取值为 Y 时有效果
expand	指定放置的组件是否随父组件的尺寸扩展而扩展，默认值是 False	expand=True 表示放置的组件随父组件的尺寸扩展而扩展，False 表示不随父组件的扩展而扩展。与 fill 搭配使用
side	指定组件的放置位置，默认值是 TOP	取值 LEFT、TOP、RIGHT、BOTTOM 时分别表示左、上、右、下
ipadx	设置放置的组件水平方向上的内边距	默认单位为像素，可选单位为 c（厘米）、m（毫米），用法是在值后加上一个后缀既可
ipady	设置放置的组件垂直方向上的内边距	
padx	设置放置的组件之间水平方向的间距	默认单位为像素，可选单位为 c（厘米）、m（毫米），用法是在值后加上一个后缀
pady	设置放置的组件之间垂直方向的间距	
anchor	锚选项，用于指定组件在父组件中的停靠位置	N、E、S、W、NW、NE、SW、SE、CENTER，默认值为 CENTER

注：从以上选项中可以看出 expand、fill 和 side 是相互影响的。

【例 12-16】pack 布局管理器应用示例。（12-16.py）

```
from tkinter import *
window=Tk()
window.title("Pack 举例")                #设置窗口标题
frame1 = Frame(window)
Button(frame1, text='Top', fg='white',bg='blue').pack(side=TOP, anchor=E,
fill=X, expand=YES)
Button(frame1, text='Center',fg='white',bg='black').pack(side=TOP, anchor=E,
fill=X, expand=YES)
Button(frame1, text='Bottom').pack(side=TOP, anchor=E, fill=X, expand=YES)
frame1.pack(side=RIGHT, fill=BOTH, expand=YES)
frame12 = Frame(window)
```

```
Button(frame12, text='Left').pack(side=LEFT)
Button(frame12, text='This is the Center button').pack(side=LEFT)
Button(frame12, text='Right').pack(side=LEFT)
frame12.pack(side=LEFT, padx=10)
window.mainloop()
```

执行 12-16.py 程序文件得到的输出结果如图 12-18 所示。

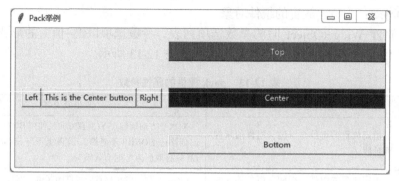

图 12-18　执行 **12-16.py** 程序文件得到的输出结果

12.4.2　grid 布局管理器

grid（网格）布局管理器采用表格结构组织组件，父容器组件被分割成一系列的行和列，表格中的每个单元（cell）都可以放置一个子组件，子组件可以跨越多行或列。组件位置由其所在的行号和列号决定，行号相同而列号不同的几个组件会被彼此左右排列，列号相同而行号不同的几个控件会被彼此上下排列。使用 grid 布局的过程就是为各个组件指定行号和列号的过程，不需要为每个格子指定大小，grid 布局管理器会自动设置一个合适的大小。

grid 语法格式如下。

```
WidgetObject. grid(option, …)
```

参数说明如下。

WidgetObject：为拟要放置的组件对象。

option：放置 WidgetObject 时的参数选项列表，参数选项以键-值对的形式出现，多个键-值对之间用逗号隔开。option 的主要参数选项如下。

1. row 和 column

row=x，column=y：将组件放在 x 行 y 列的位置。如果不指定 row 或 column 参数，则默认从 0 开始。此处的行号和列号只是代表一个上下左右的关系，并不像数学的坐标轴平面上一样严格。

2. columnspan 和 rowspan

columnspan：设置组件占据的列数（宽度），取值为正整数。

rowspan：设置组件占据的行数（高度），取值为正整数。

3. ipadx 和 ipady，padx 和 pady

ipadx：设置组件内部在 x 方向上填充的空间大小；ipady：设置组件内部在 y 方向上填充的空间大小。

padx：设置组件外部在 x 方向上填充的空间大小；pady：设置组件外部在 y 方向上填充的空间大小。

4. sticky

sticky：设置组件从所在单元格的哪个位置开始布置并对齐。sticky 可以选择的值有 N, S, E, W, NW, NE, SW, SE。

【例 12-17】grid 几何布局示例。（12-17.py）

```
from tkinter import *
window =Tk()
window.title("登录")
frame1 = Frame()
frame1.pack()
# 用 row 表示行，用 column 表示列，row 和 column 的编号都从 0 开始
Label(frame1,text="账号：").grid(row=0,column=0)
# Entry 表示"输入框
Entry(frame1).grid(row=0,column=1,columnspan=2,sticky=E)
Label(frame1,text="密码：").grid(row=1,column=0,sticky=W)
Entry(frame1).grid(row=1,column=1,columnspan=2,sticky=E)
frame2 = Frame()
frame2.pack()
Button(frame2,text="登录").grid(row=3,column=1,sticky=W)
Button(frame2,text="取消").grid(row=3,column=2,sticky=E)
window.mainloop()
```

执行 12-17.py 程序文件得到的输出结果如图 12-19 所示。

12.4.3　place 布局管理器

place 布局管理器允许指定组件的大小与位置。place 布局管理器可以显式地指定组件地绝对位置或相对于其他控件的位置。

图 12-19　执行 12-17.py 程序文件
得到的输出结果

place 的语法格式与 pack 和 grid 类似。place 提供的属性参数如表 12-14 所示。

表 12-14　place 提供的属性参数

属性参数名	属性参数简析
anchor	锚选项，用于指定组件的停靠位置，同 pack 布局
x、y	组件左上角的 x、y 坐标，为绝对坐标
relx、rely	组件相对于父容器的 x、y 坐标，为相对坐标
width、height	组件的宽度、高度
relwidth、relheight	组件相对于父容器的宽度、高度

253

【例 12-18】place 几何布局示例。（12-18.py）

```
from tkinter import *
window = Tk()                          #创建窗口
window.title("中庸")                    #窗口标题
window['background']='Salmon'          #窗口的背景颜色
#窗口大小及位置：宽200 高200 距离屏幕左上角横纵为30、30 像素
window.geometry("200x200+30+30")
Supper=["博学之","审问之","慎思之","明辨之","笃行之"]
for i in range(5):
    Label(window,text=Supper[i],fg="White",bg='pink',font=('kaiti',15)).
place(x =25,y =30+i*30, width=180,height=25)
window.mainloop()
```

执行 12-18.py 程序文件得到的输出结果如图 12-20 所示。

图 12-20　执行 12-18.py 程序文件得到的输出结果

12.5　习题

1. 基于 Tkinter 模块创建的图形用户界面主要包括几部分？
2. Tkinter 提供了几种几何布局管理器？简述其特点。
3. 利用 Label 和 Button 组件，创建简易图片浏览器程序。
4. 创建主菜单示例程序。
5. 创建简单文本编辑器程序。
6. 设计一个窗体，并放置一个按钮，按钮默认文本为"开始"，单击按钮后文本变为"结束"，再次单击后变为"开始"，循环切换。
7. 设计一个窗体，模拟 QQ 登录界面，当用户输入号码 123456 和密码 654321 时提示成功登录，否则提示错误。

第 13 章

数据可视化

通过对数据集进行可视化，不仅能让数据更加生动、形象，也便于用户发现数据中隐含的规律与知识，有助于帮助用户理解大数据技术的价值。本章讲解使用 PyeCharts 类库绘制各种类型的图表，使用 wordcloud 库的 WordCloud( )函数绘制词云图。

13.1 PyeCharts 数据可视化

PyeCharts 是一个用于生成 Echarts 图表的 Python 扩展库。PyeCharts 库支持的绘图种类如表 13-1 所示。

表 13-1　PyeCharts 库支持的绘图种类

PyeCharts 支持的绘图种类	说明
Bar	柱状图/条形图
Bar3D	3D 柱状图
Boxplot	箱形图
EffectScatter	带有涟漪特效动画的散点图
Funnel	漏斗图
Gauge	仪表盘
Geo	地理坐标系
Graph	关系图
HeatMap	热力图
Kline	K 线图
Line	折线/面积图
Line3D	3D 折线图
Liquid	水球图
Map	地图
Parallel	平行坐标系
Pie	饼图
Polar	极坐标系
Radar	雷达图

（续）

PyeCharts 支持的绘图种类	说明
Sankey	桑基图
Scatter	散点图
Scatter3D	3D 散点图
ThemeRiver	主题河流图
WordCloud	词云图

使用 PyeCharts 库之前，先通过 "pip install pyecharts==0.1.9.4" 进行库的安装。因为用 "pip install pyecharts" 语句安装 PyeCharts 时，默认会安装最新版本的 PyeCharts。

13.1.1　绘制柱状图

【例 13-1】使用 PyeCharts 库绘制柱状图，代码如下。

```
from pyecharts import Bar
phoneName = ["荣耀 8X","iPhone XR","iPhone8 Plus","iPhone8","荣耀 10","Redmi
Note7","vivo Z3"]
phoneReviews = [203, 195, 195, 147, 104, 100, 63]
bar = Bar(title="评论数前十的手机", subtitle="这是一个子标题")  #柱状图类实例化
#为柱状图添加数据，或者配置信息，"评论手机的评论条数"为添加的图例名称
bar.add("评论手机的评论条数", phoneName, phoneReviews)
''' bar.render()默认在程序文件所在的目录下生成一个 render.html 绘图文件，可通过 bar.
render("bar.html")指定生成文件名为 bar.html 的绘图文件'''
bar.render()
```

运行上述程序代码会在程序文件所在的目录下生成一个 render.html 绘图文件，双击 render.html 文件打开后得到绘制的柱状图，如图 13-1 所示。

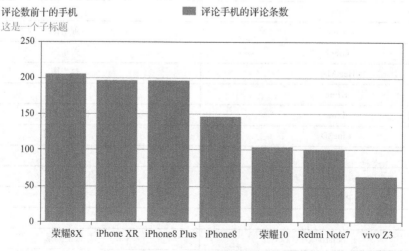

图 13-1　绘制的柱状图

说明:

1)add( )方法用于添加图表的数据和设置各种配置项。数据一般为两个列表(长度一致)。如果数据是字典或者带元组的字典,则可利用 cast( )方法转换。

2)可通过 bar.print_echarts_options( )打印输出图表的所有配置项,方便调试时使用。

【例 13-2】使用 PyeCharts 库绘制堆叠柱状图,代码如下。

```
from pyecharts import Bar
phoneName = ["荣耀 8X", "iPhone XR", "iPhone8 Plus", "iPhone8", "荣耀 10", "Redmi
Note7", "vivo Z3"]
phoneReviews1 = [203, 195, 195, 147, 104, 100, 63]
phoneReviews2 = [153, 135, 130, 117, 100, 90, 53]
bar = Bar(title="评论数前十的手机", subtitle="这是一个子标题")  #柱状图类实例化
#为柱状图添加数据
bar.add("网站 A 的评论条数", phoneName, phoneReviews1, is_stack=True)
bar.add("网站 B 的评论条数", phoneName, phoneReviews2, is_stack=True)
bar.render()
```

运行上述程序代码绘制的堆叠柱状图如图 13-2 所示。

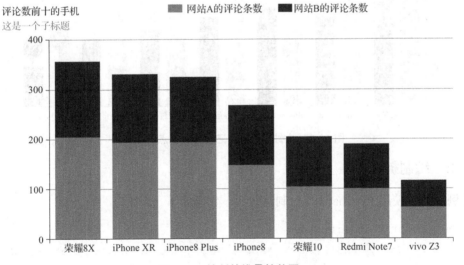

图 13-2　绘制的堆叠柱状图

通过单击图 13-2 右上角的"网站 A 的评论条数"或"网站 B 的评论条数"选项可使该类数据是否在图中显示。

【例 13-3】使用 PyeCharts 库绘制显示标记线和标记点的柱状图,代码如下。

```
from pyecharts import Bar
phoneName = ["荣耀 8X","iPhone XR","iPhone8 Plus","iPhone8","荣耀 10","Redmi
Note7","vivo Z3"]
phoneReviews1 = [203, 195, 195, 147, 104, 100, 63]
```

```
phoneReviews2 = [153, 135, 130, 117, 100, 90, 53]
bar = Bar("显示标记线和标记点")          #柱状图类实例化
# mark_line 用来设置标记线，mark_point 用来设置标记点
# is_label_show 是设置上方数据是否显示
bar.add('网站 A 的评论条数', phoneName, phoneReviews1, mark_line=['average'],
mark_point=['min', 'max'], is_label_show=True)
    bar.add('网站 B 的评论条数', phoneName, phoneReviews2, mark_line=['average'],
mark_point=['min', 'max'], is_label_show=True)
    # path 用来设置保存文件的路径
bar.render(path='D:\mypython\标记线和标记点柱形图.html')
```

运行上述程序代码绘制的显示标记线和标记点柱状图如图 13-3 所示。

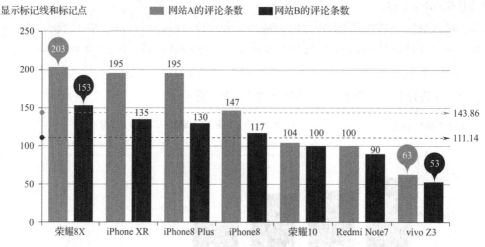

图 13-3　绘制的显示标记线和标记点的柱状图

13.1.2　绘制折线图

【例 13-4】使用 PyeCharts 库绘制折线图，代码如下。

```
from pyecharts import Line
months = ["Jan", "Feb", "Mar", "Apr", "May", "Jun", "Jul", "Aug", "Sep", "Oct",
"Nov", "Dec"]
rainfall = [2.0, 4.9, 7.0, 23.2, 25.6, 70.7, 135.6, 162.2, 32.6, 18.0, 6.4, 1.3]
evaporation = [17.6, 21.9, 25.0, 39.4, 42.7, 84.7, 175.6, 182.2, 48.7, 32.8, 23.0, 15.3]
line = Line(title="折线图",subtitle="一年的降水量与蒸发量")   #折线图类实例化
# line_type 用来设置线的类型，有'solid', 'dashed', 'dotted'可选
line.add("降水量", months, rainfall, line_type='dashed',is_label_show=True)
line.add("蒸发量", months, evaporation, is_label_show=True)
line.render()
```

运行上述程序代码绘制的折线图如图 13-4 所示。

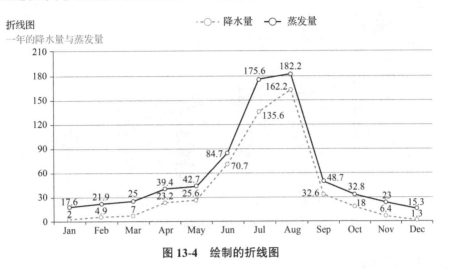

图 13-4　绘制的折线图

【例 13-5】使用 PyeCharts 库绘制柱状图–折线图合并的图，代码如下。

```
from pyecharts import Bar,Line
from pyecharts import Overlap
overlap = Overlap()
phoneName = ["荣耀 8X","iPhone XR","iPhone8 Plus","iPhone8","荣耀 10","Redmi
Note7","vivo Z3"]
phoneReviews1 = [203, 195, 195, 147, 104, 100, 63]
phoneReviews2 = [153, 135, 130, 117, 100, 90, 53]
bar = Bar(title="柱状图-折线图合并")  #柱状图类实例化
bar.add('网站 A 的评论条数', phoneName, phoneReviews1, mark_point=['min', 'max'],
is_label_show=True)
bar.add('网站 B 的评论条数', phoneName, phoneReviews2, mark_point=['min', 'max'],
is_label_show=True)
line = Line()                        #折线图类实例化
# line_type 用来设置线的类型，有'solid', 'dashed', 'dotted'可选
line.add("网站 A 的评论条数", phoneName, phoneReviews1, line_type='dashed',
is_label_show=True)
line.add("网站 B 的评论条数", phoneName, phoneReviews2, is_label_show=True)
overlap.add(bar)
overlap.add(line)
overlap.render("柱状图-折线图合并.html")
```

运行上述程序代码绘制的柱状图–折线图合并的图如图 13-5 所示，注意需要安装 PyeCharts 0.5.5 版本，否则会报错 mportError: cannot import name 'Overlap'。

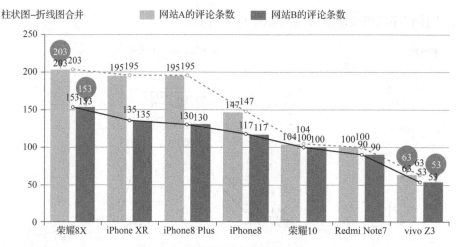

图 13-5　柱状图-折线图合并的图

13.1.3　绘制饼图

【例 13-6】使用 PyeCharts 库绘制饼图，代码如下。

```
from pyecharts import Pie
phoneName = ["荣耀8X","iPhone XR","iPhone8","荣耀10","Redmi Note7","vivo Z3"]
phoneReviews = [203, 195, 147, 104, 100, 63]
pie = Pie('评论条数饼图')                                    #饼图类实例化
pie.add('', phoneName, phoneReviews,is_label_show=True)      #为饼图添加数据
pie.render(path='D:\mypython\饼图.html')
```

运行上述程序代码绘制的饼图如图 13-6 所示。

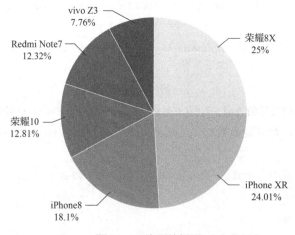

图 13-6　绘制的饼图

13.1.4　绘制雷达图

雷达图（Radar Chart）又称为蜘蛛网图，适用于显示 3 个或更多的维度的变量。雷达图

是以在同一点开始的轴上显示的 3 个或更多个变量的二维图表的形式来显示多元数据的方法。通常，雷达图的每个变量都有一个从中心向外发射的轴线，所有的轴之间的夹角相等，同时每个轴有相同的刻度，将轴到轴的刻度用网格线链接作为辅助元素，连接每个变量在其各自的轴线的数据点成一条多边形。

【例 13-7】使用 PyeCharts 库绘制幼儿园的预算与开销的雷达图，代码如下。

```
from pyecharts import Radar
radar = Radar("雷达图", "幼儿园的预算与开销")
#由于雷达图传入的数据为多维数据，所以这里需要进行处理
budget = [[430, 400, 490, 300, 500, 350]]
expenditure = [[300, 260, 410, 300, 160, 430]]
#设置 column 的最大值，为了雷达图更为直观，这里的 6 个方面最大值设置有所不同
schema = [ ("食品", 450), ("门票",450), ("医疗", 500), ("绘本", 400), ("服饰", 500), ("玩具", 500) ]
#传入坐标
radar.config(schema)
radar.add("预算",budget)
#一般默认为同一种颜色，这里为了便于区分，需要设置 item 的颜色
radar.add("开销",expenditure,item_color="#1C86EE")
radar.render()
```

运行上述程序代码绘制的幼儿园的预算与开销的雷达图如图 13-7 所示。

从图 13-7 可以看出：参与比较的 6 个方面是食品、玩具、绘本、医疗、门票、服饰，每个变量都是通过 0～500 之间的金额来比较的；只有玩具一项的支出超出了预算；而服饰花费远低于预算。使用雷达图，哪些方面超出或不足变得一目了然。

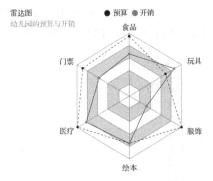

图 13-7　幼儿园的预算与开销的雷达图

13.1.5　绘制漏斗图

漏斗图又称为倒三角图，漏斗图将数据呈现为几个阶段，每个阶段的数据都是整体的一部分，从一个阶段到另一个阶段数据自上而下逐渐下降，所有阶段的占比总计 100%。与饼图一样，漏斗图呈现的也不是具体的数据，而是该数据相对于总数的占比，漏斗图不需要使用任何数据轴。

【例 13-8】使用 PyeCharts 库绘制郑州市 2019 年前 11 个月 PM2.5 指数的漏斗图，代码如下。

```
from pyecharts import Funnel, Page
def create_charts():
    page = Page()
    attr = ["1月","2月","3月","4月","5月","6月","7月","8月","9月","10月","11月"]
    value = [163, 158, 92, 93, 104, 118, 114, 91, 102, 80,109]
```

```
    chart = Funnel("郑州市 2019 年前 11 个月 PM2.5 指数情况")
    chart.add("PM2.5指数", attr, value, is_label_show=True, label_pos="inside",
is_legend_show=False, label_text_color="#fff")
    page.add(chart)
    return page
create_charts().render(path='E:\echarts\漏斗图.html')
```

运行上述程序代码绘制的郑州市 2019 年前 11 个月 PM2.5 指数的漏斗图如图 13-8 所示。

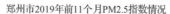

郑州市2019年前11个月PM2.5指数情况

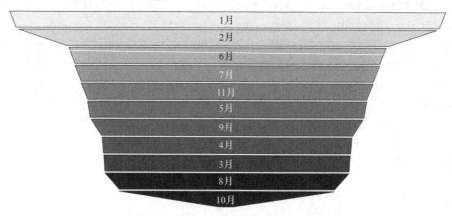

图 13-8　郑州市 2019 年前 11 个月 PM2.5 指数的漏斗图

在图 13-8 的右侧单击⬛数据视图可打开漏斗图对应的数据如图 13-9 所示,更新里面的数据,然后刷新可得到新的漏斗图。

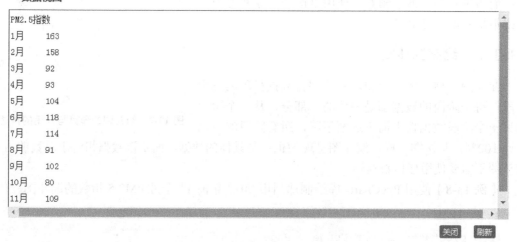

图 13-9　漏斗图对应的数据

13.1.6　绘制 3D 立体图

【例 13-9】使用 PyeCharts 库绘制 3 个城市在第一季度的某一商品销售的 3D 立体图,代码如下。

```
from pyecharts import Bar3D
bar3d = Bar3D("3D 柱状图示例", width=1200, height=600)
x_name=['上海', '北京','广州']
y_name=['1月', '2月', '3月']
#将 x_name、y_name 数据转换成了数值数据，便于在 x、y、z 轴绘制出图形
data_xyz=[[0, 0, 420], [0, 1, 460],[0, 2, 550],
[1, 0, 400], [1, 1, 430],[1, 2, 450],
        [2, 0, 400], [2, 1, 450],[2, 2, 500]]
#初始化图形
bar3d=Bar3D("1-3 月各城市销量","单位：万件",title_pos="center",width=1000,
height=800)
#添加数据，并配置图形参数
bar3d.add('',x_name,y_name,data_xyz,is_label_show=True,is_visualmap=True,
        visual_range=[0, 500],grid3d_width=100, grid3d_depth=100)
bar3d.render("sales.html")             #保存图形
```

运行上述程序代码绘制的 3 个城市在第一季度的某一商品销售的 3D 立体图如图 13-10 所示。

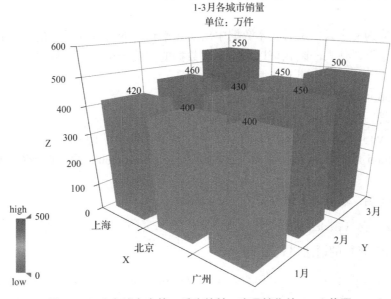

图 13-10 3 个城市在第一季度的某一商品销售的 3D 立体图

13.1.7 绘制词云图

词云图是一种用来展现高频关键词的可视化表达，通过文字、色彩、图形的搭配，产生有冲击力的视觉效果，而且能够传达有价值的信息。

【例 13-10】使用 PyeCharts 库绘制词云图，代码如下。

```
from pyecharts import WordCloud
name = ['国泰民安', '繁荣昌盛', '欢声雷动', '繁荣富强', '国运昌隆', '举国同庆', '歌
舞升平', '太平盛世', '火树银花', '张灯结彩', '欢庆']
value = [19,16,6,17,16,22,8,15,3,4,25]
wordcloud = WordCloud(width=1300, height=620)
wordcloud.add("", name, value, word_size_range=[20, 100])
wordcloud.render("wordcloud.html")
```

运行上述程序代码绘制的词云图如图 13-11 所示。

图 13-11　绘制的词云图

13.2　WordCloud()函数绘制词云图

词云图又称为文字云，是对文本数据中出现频率较高的关键词予以视觉上的突出，形成"关键词的渲染"，使人一眼就可以领略文本数据的主要表达意思。从技术上来看，词云是一种数据可视化方法，互联网上有很多现成的工具。

1）Tagxedo 可以在线制作个性化词云。

2）Tagul 是一个 Web 服务，同样可以创建华丽的词云。

3）Tagcrowd 可以输入 Web 的 URL，直接生成某个网页的词云。

4）wordcloud 是 Python 的一个第三方模块，使用 wordcloud 下的 WordCloud( )函数生成词云。

打开一个终端，输入如下命令安装 wordcloud。

```
$ pip install wordcloud
```

WordCloud( )函数的语法格式如下。

```
WordCloud(font_path=None, width=400, height=200, margin=2, ranks_only=None,
prefer_horizontal=0.9, mask=None, scale=1, color_func=None, max_words=200,
min_font_size=4, stopwords=None, random_state=None, background_color='black',
max_font_size=None, font_step=1, mode='RGB', relative_scaling=0.5, regexp=None,
collocations=True, colormap=None)
```

作用：WordCloud( )函数用来生成一个词云模型。

各参数的含义如下。

font_path：string，字体路径，需要展现什么字体就把该字体路径+扩展名写上，如 font_path = "/home/hadoop/jupyternotebook/simhei.ttf"。

width：int (default=400)，输出的画布宽度，默认为 400 像素。

height：int (default=200)，输出的画布高度，默认为 200 像素。

prefer_horizontal：词语水平方向排版出现的频率，默认值是 0.9。

mask：设置背景图片。

scale：float(default=1)，按照比例放大画布，如设置为 1.5，则长和宽都是原来画布的 1.5 倍。

color_func：获取颜色函数，用户可以实现从图像中获取颜色，默认为 None。为 None 时使用内部默认颜色，即使用 self.color_func。

max_words：默认为 200，设置显示单词或者汉字的最大个数。

min_font_size：int(default=4)，默认值为 4，设置最小的字体大小。

stopwords：为字符串集或者 None，设置需要屏蔽的词。如果为空，则使用内置的词集 STOPWORDS。

background_color：color value (default="black")，设置画布背景颜色，默认为黑色。

max_font_size：int or None (default=None)，设置最大的字体大小。

font_step：int (default=1)，字体步长。如果步长大于 1，则会加快运算，但是可能导致结果出现较大的误差。

mode：默认为 RGB，当参数值为 RGBA，并且 background_color 不为空时，将生成透明背景。

relative_scaling：float (default=0.5)，文字出现的频率与字体大小的关系，设置为 1 时词语出现的频率越高，其字体越大。默认为 0.5。

regexp：string or None (optional)，使用正则表达式分隔输入的文本。

collocations：bool, default=True，是否包括两个词的搭配。

colormap：string or matplotlib colormap，默认为 viridis，给每个单词随机分配颜色。若指定 color_func，则忽略该参数。

WordCloud 模型的方法如下。

fit_words(frequencies)：根据词频生成词云。

generate(text)：根据文本生成词云。

generate_from_frequencies(frequencies[, ...])：根据词频生成词云。

generate_from_text(text)：根据文本生成词云。

recolor([random_state, color_func, colormap])：对现有输出重新着色，重新上色会比重新生成整个词云快很多。

to_array( )：转化为 numpy array。

to_file(filename)：输出到文件。

下面给出词云图的代码实现实例。

【例 13-11】绘制简单的词云图。

在 Jupyter Notebook 的 Python 编程界面中输入如下代码。

```
from wordcloud import WordCloud
```

```
import matplotlib.pyplot as plt
f = open('shijing.txt', 'r').read()
wordcloud = WordCloud(background_color="white", width=1000, height=860,
margin=2).generate(f)
plt.imshow(wordcloud)
plt.axis("off")
plt.show()
wordcloud.to_file('shijing.png')
```

运行上述程序代码绘制的词云图如图 13-12 所示。

图 13-12   绘制的词云图

【例 13-12】绘制以图片为背景的词云图。

```
from os import path
from PIL import Image
import numpy as np
import matplotlib.pyplot as plt
from wordcloud import WordCloud, STOPWORDS, ImageColorGenerator
# 读取需要词云的文本
text = open('China.txt').read()
# 自定义词云背景图片
s_coloring = np.array(Image.open("s.jpg"))
stopwords = set(STOPWORDS)
#构建词云模型
wc = WordCloud(background_color = "white", mask = s_coloring, stopwords =
stopwords, max_font_size = 200)
#根据文本生成词云
wc.generate(text)
#从背景图片生成词云图中文字的颜色
image_colors = ImageColorGenerator(s_coloring)
plt.figure()                              #创建一个画布
```

```
plt.axis("off")                         #关闭图像坐标系
#对词云图进行热图绘制
plt.imshow(wc, interpolation="bilinear")
wc.to_file('s_colored1.png')            #保存绘制好的词云图，比直接程序显示的图片更清晰
plt.figure()
plt.imshow(wc.recolor(color_func=image_colors), interpolation="bilinear")
wc.to_file('s_colored2.png')
plt.axis("off")
plt.show()                              #显示绘制的图像
```

运行上述程序代码生成的 s_colored1.png 和 s_colored2.png 图片分别如图 13-13 和图 13-14 所示。

图 13-13　s_colored1.png　　　　　　　图 13-14　s_colored2.png

【例 13-13】绘制以图片为背景的中文词云图。

要想让 wordcloud 支持中文，需要下载中文字体。这里下载的是 simhei.ttf，将其放在 /home/hadoop/jupyternotebook 目录下。中文词云需要使用 jieba 分词先预处理，使用如下命令安装 jieba 库。

```
$ pip install jieba
```

下面绘制《为人民服务》中的一段话的词云图，这段话的内容如下。

"我们都是来自五湖四海，为了一个共同的革命目标，走到一起来了。我们还要和全国大多数人民走这一条路。我们今天已经领导着有九千一百万人口的根据地，但是还不够，还要更大些，才能取得全民族的解放。我们的同志在困难的时候，要看到成绩，要看到光明，要提高我们的勇气。中国人民正在受难，我们有责任解救他们，我们要努力奋斗。要奋斗就会有牺牲，死人的事是经常发生的。但是我们想到人民的利益，想到大多数人民的痛苦，我们为人民而死，就是死得其所。"

将上面一段话保存在 service.txt 文件中，下面给出绘制其中文词云的代码。

```python
from wordcloud import WordCloud
from scipy.misc import imread
import matplotlib.pyplot as plt
import jieba

def deal_text():
    with open('service.txt',"r") as f:
        text = f.read()
    re_move=["，","、","。"]
    #去除无效数据
    for i in re_move:
        text = text.replace(i," ")
    words = jieba.lcut(text)       #对文本进行分词
    with open("words_save.txt",'w') as file:
        for i in words:
            file.write(str(i)+' ')


def grearte_WordCloud():
    mask=imread("yang.jpg")
    with open("words_save.txt","r") as file:
        txt = file.read()
    word=WordCloud(background_color="white",width=800,height=800,
                   font_path='simhei.ttf',
                   mask=mask,
                   ).generate(txt)
    word.to_file('yang.png')



    plt.imshow(word)                        #使用 plt 库显示图片
    plt.axis("off")
    plt.show()

if __name__ == '__main__':
    deal_text()
    grearte_WordCloud()
```

运行上述程序代码生成的词云图如图 13-15 所示。

图 13-15 生成的词云图

13.3 习题

1. 一个班的及格、中、良好、优秀的学生人数分别为 20、26、30、24，据此绘制饼图，并设置图例。

2. 广东、江苏、山东省 2021 年 GDP 分别达 12.43 万亿、11.63 万亿、8.3 万亿。对于这样一组数据，使用条形图来展示各自的 GDP 水平。

3. PyeCharts 库支持的绘图种类都有哪些？

第 14 章

数据库编程

应用程序往往使用数据库来存储大量的数据。Python 支持多种数据库,如 SQLite3、Access、MySQL 等。使用 Python 中相应的模块可以连接到相应的数据库,进行数据库表的查询、插入、更新和删除等操作。

14.1 数据库基础

数据库是长期存储在计算机内的、有组织的、可共享的大量数据的集合。数据库中的数据按一定的数据模型组织、描述和存储。数据库管理系统是位于用户与操作系统之间的一层数据管理软件,主要完成对数据库的管理和控制功能。

14.1.1 关系型数据库

关系型数据库以行和列的形式存储数据,与常见的表格相似,存储的格式可以直观地反映实体间的关系。关系模型可以简单理解为二维表格模型,而一个关系型数据库就是由二维表及其之间的关系所组成的一个数据组织。关系型数据库主要有 Oracle 数据库、DB2、Microsoft SQL Server、Microsoft Office Access、MySQL 等。

虽然关系型数据库有很多,但大多数都遵循结构化查询语言(Structured Query Language,SQL)标准。常见的操作有查询、新增、更新、删除等,其相应的标准 SQL 如下。

1)查询语句:SELECT param FROM table WHERE condition。该语句可以理解为从 table 中查询出满足 condition 条件的字段 param。

2)去重查询:SELECT DISTINCT param FROM table WHERE condition。该语句可以理解为从 table 中查询出满足 condition 条件的字段 param,但是 param 中重复的值只能出现一次。

3)排序查询:SELECT param FROM table WHERE condition ORDER BY param1。该语句可以理解为从 table 中查询出满足 condition 条件的字段 param,并且要按照字段 param1 升序的顺序进行排序。

4)新增语句:INSERT INTO table (param1, param2, param3) VALUES (value1, value2, value3)。该语句可以理解为向 table 中的字段 param1、param2、param3 中分别插入值 value1、value2、value3。

5)更新语句:UPDATE table SET param=new_value WHERE condition。该语句可以理解为将满足 condition 条件的字段 param 更新为值 new_value。

6）删除语句：DELETE FROM table WHERE condition。该语句可以理解为将满足 condition 条件的数据全部删除。

14.1.2 通用数据库访问模块

开放数据库连接（Open Database Connectivity，ODBC）是为解决异构数据库间的数据共享而产生的，现已成为 Windows 开放式系统体系结构(The Windows Open System Architecture，WOSA)的主要部分和基于 Windows 环境的一种数据库访问接口标准。ODBC 为异构数据库访问提供统一接口，允许应用程序以 SQL 为数据存取标准，存取不同数据库管理系统（Database Management System，DBMS）管理的数据；使应用程序直接操纵数据库中的数据。用 ODBC 可以访问各类计算机上的数据库文件，甚至访问如 Excel 和 ASCII 数据文件这类非数据库对象。

数据库管理系统（DBMS）是一种操纵和管理数据库的大型软件，用于建立、使用和维护数据库。它对数据库进行统一的管理和控制，以保证数据库的安全性和完整性。用户通过 DBMS 访问数据库中的数据，数据库管理员也通过 DBMS 进行数据库的维护工作。它可使多个应用程序和用户用不同的方法同时或不同时刻去建立、修改和询问数据库。大部分 DBMS 提供数据定义语言（Data Definition Language，DDL）和数据操作语言（Data Manipulation Language，DML）。

DDL 主要用于建立、修改数据库的库结构。DDL 所描述的库结构仅仅给出了数据库的框架，数据库的框架信息被存放在数据字典中。

DML 供用户实现对数据库的追加、删除、更新、查询数据等操作。

Python 针对各种流行的数据库，提供的各种专用的数据库访问模块如表 14-1 所示。

表 14-1　Python 提供的数据库访问模块

数据库	Python 数据库访问模块
MySQL	pymysql
MongoDB	pymongo
Oracle	cx_Oracle
SQL Server	pymssql
SQLite3	sqlite3

MySQL 是最流行的关系型数据库，其数据库访问模块 pymysql 适用于 Python 3 版本。

MongoDB 是一个介于关系数据库和非关系数据库之间的产品，是非关系数据库中功能最丰富、最像关系数据库的。MongoDB 最大的特点是支持的查询语言非常强大，其语法有点类似于面向对象的查询语言，几乎可以实现类似关系数据库单表查询的绝大部分功能。MongoDB 数据库将数据存储为一个文档，其为键-值对的有序集。

14.2 SQLite3 数据库

SQLite3 是内嵌在 Python 中的轻量级、基于磁盘文件的关系型数据库，不需要服务器进程，支持使用 SQL 语句来操作数据库。SQLite3 数据库就是一个文件，它使用一个文件存储整个数据库。Python 使用 sqlite3 数据库访问模块与 SQLite3 数据库进行交互。

表是数据库中存放关系数据的集合，一个数据库里面通常都包含多个表，比如学生的表、班级的表、学校的表等。表和表之间通过外键关联。

271

要操作数据库，首先需要连接到数据库，一个数据库连接称为 Connection；连接到数据库后，需要打开游标，称为 cursor，通过 cursor 执行 SQL 语句，并获得执行结果。

Python 定义了一套操作数据库的应用程序编程接口（API），Python 要想操作数据库，只需调用相应数据的 API 即可。

Python 的数据库操作都有统一的模式，假设数据库模块名为 db，统一的操作流程如下：

1）首先用 db.connect( )创建数据库连接对象，假设用 conn 表示。

2）如果该数据库操作不需要返回查询结果，就直接使用 conn.execute( )查询。

3）如果需要返回查询结果，则先用 conn.cursor( )创建游标对象 cur，然后通过 cur.execute( )进行数据库查询。若是修改了数据库，则需要执行 conn.commit( )才能将修改真正地保存到数据库中。

4）最后用 conn.close( )关闭数据库连接。

14.2.1 Connection 对象

访问和操作 SQLite3 数据库时，需要先导入 sqlite3 模块，然后使用其中的功能来操作数据库。使用数据库之前，需要先创建一个数据库的连接对象，即 Connection 对象，语法如下。

```
conn = sqlite3.connect(databasename , timeout, 其他可选参数)
```

函数功能：打开到 SQLite3 数据库文件的连接。如果成功打开数据库，则返回一个连接对象给 conn。调用 connect( )函数时，指定库名称 databasename，如果指定的数据库存在，就直接打开这个数据库；如果不存在，则新创建一个以 databasename 命名的数据库再打开。当一个数据库被多个连接访问，且其中一个修改了数据库，此时 SQLite3 数据库被锁定，直到事务提交后解锁，即执行 conn.commit( )后解锁。

参数说明如下。

databasename：数据库文件的路径，或 ":memory:"，后者表示在随机存取存储器（RAM）中创建临时数据库。

timeout：指定连接在引发异常之前等待锁定消失的时间，默认为 5.0（秒）。

数据库连接 Connection 对象的主要方法如表 14-2 所示，其中 connection 是一个具体的数据库连接对象。

表 14-2 数据库连接 Connection 对象的主要方法

方法	说明
connection.cursor( )	创建一个游标
connection.execute(sql)	执行一条 sql 语句
connection.executemany(sql)	执行多条 sql 语句
connection.total_changes( )	返回自数据库连接打开以来被修改、插入或删除的数据库总行数
connection.commit( )	提交当前事务。如果不提交，上次调用 commit( )方法之后的所有修改都不会真正保存到数据库中
connection.rollback( )	该方法回滚自上一次调用 commit( )以来对数据库所做的更改
connection.close( )	该方法关闭数据库连接。注意，这不会自动调用 commit( )。如果之前未调用 commit( )方法，就直接关闭数据库连接，之前所做的所有更改将全部丢失

数据库的使用流程如图 14-1 所示。

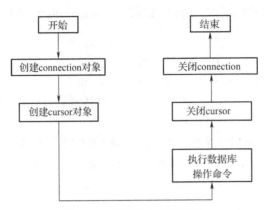

图 14-1 数据库的使用流程

下面的 Python 代码展示了如何连接到一个现有的数据库 sudent.db。如果数据库 sudent.db 不存在，那么它就会被创建，最后将一个连接数据库 sudent.db 的连接对象返回给 conn。

```
>>> import sqlite3
#连接到 SQLite3 数据库文件 sudent.db，如果该文件不存在，则自动在当前目录创建
#为数据库 sudent.db 创建一个连接对象 conn
>>> conn = sqlite3.connect(r'D:\Python\sudent.db')
```

14.2.2　Cursor 对象

有了数据库连接对象 conn，就能创建游标对象了。

```
Cursor = conn.cursor()
```

函数功能：创建一个游标对象，返回游标对象给 Cursor，该游标将在整个数据库编程中使用。游标对象 Cursor 提供了一些操作数据库的方法，如表 14-3 所示。

表 14-3　游标对象 Cursor 提供的操作数据库的方法

方法	说明
Cursor.execute(sql [, parameters])	在数据库上执行 sql 语句，parameters 是一个序列或映射，用于为 sql 语句中的变量赋值。sqlite3 模块支持两种类型的占位符：问号和命名占位符。比如 Cursor.execute("insert into people values (?, ?)", (who, age))
Cursor.executemany(sql, seq_of_parameters)	对 seq_of_parameters 中的所有参数或映射执行 sql 语句
Cursor.executescript(sql_script)	以脚本的形式一次执行多个 sql 命令。脚本中的所有 sql 语句之间用分号 ";" 分隔
Cursor.fetchall( )	获取查询结果集中所有（剩余）的记录，返回一个列表，其每个元素都是一个元组，对应一条记录。当没有可用的记录时，返回一个空的列表
Cursor.fetchone( )	该方法获取查询结果集中的下一条记录，当没有更多可用的数据时，返回 None
Cursor.fetchmany([size=cursor.arraysize])	获取查询结果集中的下一记录组，返回一个列表。当没有更多的可用的记录时，返回一个空的列表。size 指定要获取的记录数。该方法尝试获取由 size 参数指定的尽可能多的记录

1. 创建表并插入记录

下面的 Python 代码段将用于在之前创建的数据库 sudent.db 中创建一个表并插入一些记录。

```
import sqlite3
#为数据库 sudent.db 创建一个连接对象 conn
conn = sqlite3.connect(r'D:\Python\sudent.db')
cu = conn.cursor()                              #创建游标对象，用来操作数据库
#在数据库中创建 user 表
# id 数据类型为 integer 型，主键自增，这样在插入数据时 id 可填 NULL
# name 数据类型为 varchar 型，最大长度 20，不能为空
cu.execute('''create table user (id integer primary key autoincrement, name
varchar(20) not null)''')
#插入一条 id=1、name='LiLi'的记录
cu.execute('''insert into user(id,name) values (1,'LiLi')''')
#插入一条 id=2、name='LiMing'的记录
cu.execute('''insert into user(id,name) values (2,'LiMing')''')
#调用 executemany()方法把同一条 SQL 语句执行多次
cu.executemany('insert into user values (?, ?)', ((3, '张龙'), (4, '赵虎'), (5,
'王朝'), (6, '马汉')))
#通过 rowcount 获取被修改的记录条数
print('修改的记录条数: ', cu.rowcount)
'''前面的修改只是将数据缓存在内存中，并没有真正地写入数据库，需要提交事务才能将数据写入数
据库，操作完后要确保打开的 Connection 对象和 Cursor 对象都正确地被关闭'''
conn.commit()                                   #提交事务
cu.close()                                      #关闭游标
conn.close()                                    #关闭连接
```

运行上述代码得到的输出结果如下。

```
修改的记录条数: 4
```

2. select 查询操作

```
import sqlite3
#为数据库 sudent.db 创建一个连接对象 conn
conn = sqlite3.connect(r'D:\Python\sudent.db')
cur = conn.cursor()                             #创建游标对象 cur
cur.execute('select * from user')               #执行 select 语句查询数据
#通过游标的 description 属性获取列信息
for col in (cur.description):
    print(col[0], end='\t')
print('\n--------------------')
while True:
```

```
    #获取一行记录，每行数据都是一个元组
    row = cur.fetchone()
    #如果抓取的 row 为 None，退出循环
    if not row :
        break
    print(row)
cur.execute('select * from user')                    #执行查询
#获取查询结果
print('cur.fetchall()获取的查询结果：\n',cur.fetchall())
#关闭游标
cur.close()
#关闭连接
conn.close()
```

运行上述代码得到的输出结果如下。

```
Id    name
--------------------
(1, 'LiLi')
(2, 'LiMing')
(3, '张龙')
(4, '赵虎')
(5, '王朝')
(6, '马汉')
cur.fetchall()获取的查询结果：
[(1, 'LiLi'), (2, 'LiMing'), (3, '张龙'), (4, '赵虎'), (5, '王朝'), (6, '马汉')]
```

3. 更新（update）和删除（delete）操作

```
import sqlite3
#为数据库 sudent.db 创建一个连接对象 conn
conn = sqlite3.connect(r'D:\Python\sudent.db')
cur = conn.cursor()                                  #创建游标对象 cur
#修改 id=1 记录中的 name 为 LiHua
cur.execute('''update user set name='LiHua' where id=1''')
cur.execute('''delete from user where id=1''') #删除 id=1 的记录
# 通过 rowcount 获得影响的行数:
print("影响的行数: ",cur.rowcount)
cur.execute('select * from user')                    #执行查询
#获取查询结果
print('cur.fetchall()获取的查询结果：\n',cur.fetchall())
conn.commit()                                        #提交事务
```

```
cur.close()                                          #关闭游标
conn.close()                                         #关闭连接
```

运行上述代码得到的输出结果如下。

```
影响的行数: 1
cur.fetchall()获取的查询结果:
[(2, 'LiMing'), (3, '张龙'), (4, '赵虎'), (5, '王朝'), (6, '马汉')]
```

14.3 Access 数据库

Microsoft Office Access 是微软公司把数据库引擎的图形用户界面和软件开发工具结合在一起的一个数据库管理系统。Access 在很多地方得到广泛使用，其用途主要体现在两个方面。

1）用来进行数据分析。Access 有强大的数据处理、统计分析能力，利用 Access 的查询功能，可以方便地进行各类汇总、平均等统计，并可灵活设置统计的条件。比如在统计分析上万条记录、十几万条记录及以上的数据时速度快且操作方便，这一点是 Excel 无法与之相比的。

2）用来开发软件。Access 用来开发软件，比如生产管理、销售管理、库存管理等各类企业管理软件。

14.3.1 用 Access 2010 创建 Access 数据库

1）单击"开始"→"所有程序"→Microsoft Office，选择 Microsoft Access 2010。Access 软件打开后的界面如图 14-2 所示。

图 14-2 Access 软件打开后的界面

2）在图 14-2 打开的窗口中，双击"新建"右面的"空数据库"进入数据表的编辑界面，如图 14-3 所示。

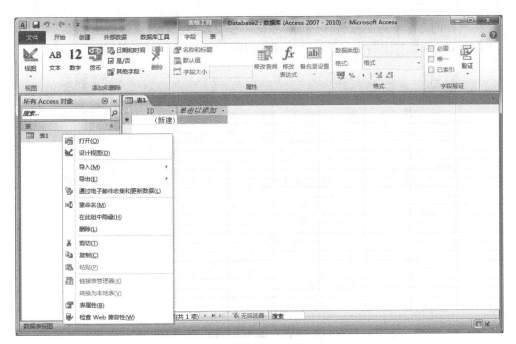

图 14-3 数据表的编辑界面

3）在打开的"表 1"上右击，选择"设计视图"，在出现的"另存为"对话框中，将"表名称"改为 students。

4）在"字段名称"的第一行，输入"学号"，然后选中"数据类型"，在"自动编号"后的倒三角下选择"数字"选项。在第二行输入"姓名"，"数据类型"为"文本"，其字段编辑界面如图 14-4 所示。

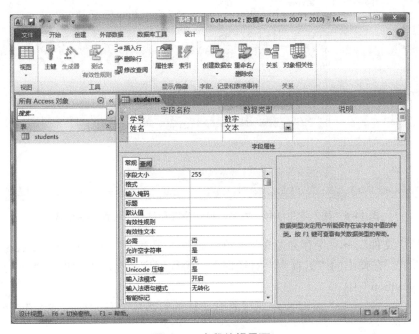

图 14-4 字段编辑界面

5）用同样的方法输入字段名称"操作系统"和"软件工程"，"数据类型"设为数字。

6）在 students 标签上右击，选择"数据表视图"，如图 14-5 所示。

图 14-5　选择"数据表视图"的界面

7）打开数据表后，输入学生学号、姓名、操作系统和软件工程两门课的成绩，如图 14-6 所示。

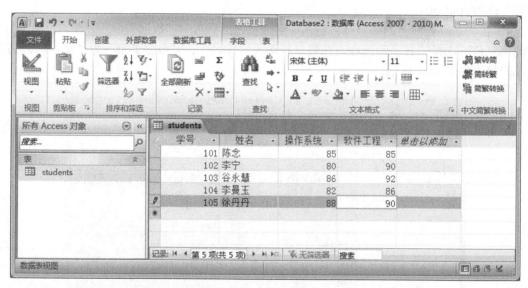

图 14-6　输入学生学号、姓名、操作系统和软件工程两门课的成绩

8）选择"文件"→"保存并发布"，在"数据库另存为"中，双击"Access 数据库"，如图 14-7 所示。在弹出的"另存为"对话框中，给数据库命名，本例设为"学生成绩"，保存在"D:\mypython"中。

9）在"D:\mypython"文件夹中可以看到新建的数据库文件"学生成绩"，即"学生成绩.accdb"文件。

图 14-7　"数据库另存为"界面

14.3.2　操作 Access 数据库

在使用 Python 操作 Access 数据库时，一定要注意位的匹配，32 位的 Python 要和 32 位的 Access 文件相对应，64 位的要和 64 位的 Access 文件相对应。如果不对应，就会出错。

用 Python 操作 Access 数据库之前，需要先安装 pyodbc 模块。

```
>>> import pyodbc
>>> DBfile = r"D:\Python\studentgrade.accdb"    #数据库文件
#为数据库创建连接对象
>>> conn = pyodbc.connect(r"Driver={Microsoft  Access  Driver  (*.mdb,
*.accdb)};DBQ=" + DBfile + ";Uid=;Pwd=;charset='utf-8';")
>>> cursor=conn.cursor()      #创建游标对象
#SQL 语句
>>> SQL = '''insert into students (学号,姓名,操作系统,软件工程) values (106,'李
明',89,85)'''
>>> cursor.execute(SQL)        #执行 SQL 语句，向数据表 students 插入记录
<pyodbc.Cursor object at 0x02976B60>
>>> cursor.commit()            #提交事务
>>> cursor.close()             #关闭游标
>>> conn.close()               #关闭数据库连接，插入记录后的数据库如图 14-8 所示
```

students

学号	姓名	操作系统	软件工程	单击以添加
101	陈念	85	85	
102	李宁	80	90	
103	谷永慧	86	92	
104	李曼玉	82	86	
105	徐丹丹	88	90	
106	李明	89	85	
*				

图 14-8　插入记录后的数据库

14.4　MySQL 数据库

MySQL 是一个使用非常广泛的数据库，很多网站都在用。MySQL 由于性能高、成本低、可靠性好，已经成为最流行的开源数据库，因此被广泛应用在 Internet 上的中小型网站中。随着 MySQL 不断成熟，它被逐渐用于更多大规模网站和应用，比如 Google 和 Facebook 等网站。

用 Python 操作 MySQL 数据库之前，需要先安装 pymysql 库。

14.4.1　连接 MySQL 数据库

代码如下。

```
import pymysql
#为数据库创建连接对象
conn = pymysql.connect(host='localhost',user = "root",passwd = "root",db = "school")
print (conn)
print (type(conn))
```

执行上述代码得到的输出结果如下。

```
<pymysql.connections.Connection object at 0x0000000004E29E48>
<class 'pymysql.connections.Connection'>
```

pymysql.connect(host='localhost',user = "root",passwd = "root",db = "school")语句括号里的参数的含义如下。

host：指定 MySQL 数据库服务器的地址，学习时通常将数据库安装在本地（本机）上，所以使用 localhost 或者 127.0.0.1。如果在其他服务器上，则应填写服务器的 IP 地址。

user：指定登录数据库的用户名。

passwd：user 账户登录 MySQL 的密码。

db：MySQL 数据库系统里存在的具体数据库。

14.4.2　创建游标对象

要想操作数据库，只连接数据库是不够的，必须建立操作数据库的游标，才能进行后续的数据处理操作，比如读取数据、添加数据。通过调用数据库连接对象 conn 的 cursor( )方法来创建数据库的游标对象。

```
import pymysql
#为数据库创建连接对象
conn = pymysql.connect(host='localhost',user = "root",passwd = "root", db = "school")
cursor=conn.cursor()            #创建游标对象
print(cursor)
```

执行上述代码得到的输出结果如下。

```
<pymysql.cursors.Cursor object at 0x0000000004E29B00>
```

说明：conn.cursor( )返回一个游标对象，游标对象具有很多操作数据库的方法。

14.4.3　执行 sql 语句

游标对象的执行 sql 语句的方法有两个：一个为 execute(sql, args=None)；另一个为 executemany(sql, args=None)。

1）execute(sql, args=None)。

函数作用：执行单条的 sql 语句，执行成功后返回受影响的行数。

参数说明如下。

sql：要执行的 sql 语句，字符串类型。

args：可选的序列或映射，用于 sql 的参数值。如果 args 为序列，则 sql 中必须使用%s 占位符；如果 args 为映射，则 sql 中必须使用%(key)s 占位符。

2）executemany(sql, args=None)。

函数作用：批量执行 sql 语句，比如批量插入数据，执行成功后返回受影响的行数。

参数说明如下。

sql：要执行的 sql 语句，字符串类型。

args：嵌套的序列或映射，用于 sql 的参数值。

14.4.4　创建数据库

代码如下。

```
import pymysql
#创建连接mysql数据库的连接对象，但不连接到具体的数据库
conn = pymysql.connect('localhost',user = "root", passwd = "root")
cursor=conn.cursor()            #创建游标对象
#创建数据库students
cursor.execute('create database if not exists students')
cursor.close()                  #关闭游标
conn.close()                    #关闭数据库连接
print('创建students数据库成功！')
```

执行上述代码得到的输出结果如下。

创建 students 数据库成功!

这样在数据库系统里就成功创建了 students 数据库,如图 14-9 所示。

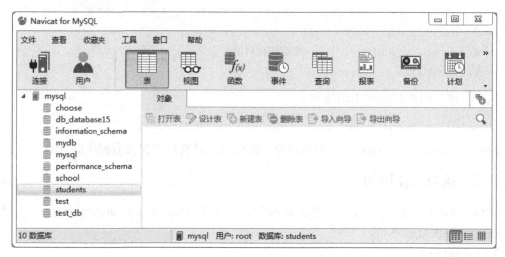

图 14-9　创建的 students 数据库

14.4.5　创建数据表

代码如下。

```
import pymysql
#创建数据库连接对象
conn = pymysql.connect('localhost',user = "root", passwd = "root", db =
"students")
cursor=conn.cursor()              #创建游标对象
#创建 user 表,如果该表存在先将其删除
cursor.execute('drop table if exists user')
#创建表的 sql 语句
sql = """create table 'user' ( 'ID' int(11),'name' varchar(255)) ENGINE=InnoDB
DEFAULT CHARSET=utf8 AUTO_INCREMENT=0"""
cursor.execute(sql)              #执行创建表的 sql 语句
cursor.close()                   #关闭游标
conn.close()                     #关闭数据库连接
print('创建 user 数据表成功! ')
```

执行上述代码得到的输出结果如下。

创建 user 数据表成功!

这样就在 students 数据库里创建了 user 数据表,如图 14-10 所示。

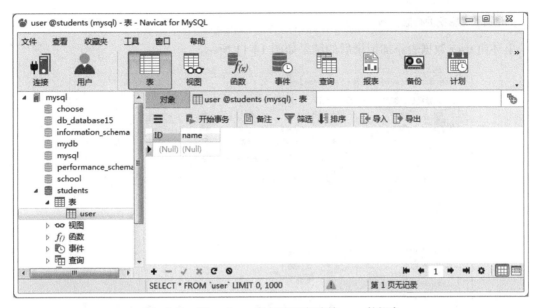

图 14-10　在 students 数据库里创建的 user 数据表

14.4.6　插入数据

代码如下。

```
import pymysql
conn = pymysql.connect('localhost',user = "root",passwd = "root",db =
"students")
cursor=conn.cursor()
#插入一条 id=1、name='LiLi'的记录
insert=cursor.execute('''insert into user(id,name) values (1,'LiLi')''')
print('添加语句受影响的行数：', insert)
#另一种插入记录的方式
sql="insert into user values (%s,%s)"
cursor.execute(sql,('2','LiMing'))
#调用 executemany()方法把同一条 SQL 语句执行多次
cursor.executemany('insert into user values (%s,%s)', ((3, '张龙'), (4, '赵
虎'), (5, '王朝'), (6, '马汉')))
#通过 rowcount 获取被修改的记录条数
print('批量插入受影响的行数:', cursor.rowcount)
conn.commit()            #提交事务，必须要执行，否则数据不会被真正插入
cursor.close()           #关闭游标
conn.close()             #关闭数据库连接
```

执行上述代码得到的输出结果如下。

添加语句受影响的行数：1

批量插入受影响的行数： 4

上述向 user 数据表添加记录后的结果如图 14-11 所示。

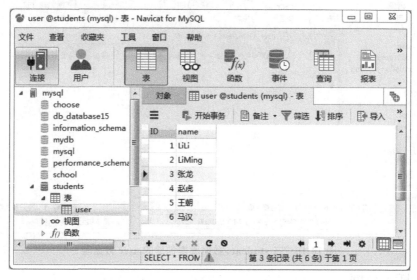

图 14-11　向 user 数据表添加记录后的结果

14.4.7　查询数据

cursor 对象还提供了 3 种提取查询数据的方法：fetchone、fetchmany、fetchall，每个方法都会导致游标移动，所以必须注意游标的位置。

```
#使用 fetchone 获取查询数据
import pymysql
#创建连接 mysql 数据库的连接对象，但不连接到具体的数据库
conn=pymysql.connect('localhost','root', "root")
conn.select_db('students')          #连接到具体的数据库
cursor=conn.cursor()                #创建游标对象
cursor.execute("select * from user")
while 1:
    res=cursor.fetchone()
    if res is None:
        #表示已经取完数据集
        break
    print(res)
conn.commit()
cursor.close()
conn.close()
```

运行上述代码得到的输出结果如下。

```
(1, 'LiLi')
(2, 'LiMing')
(3, '张龙')
(4, '赵虎')
(5, '王朝')
(6, '马汉')
```

14.4.8　更新和删除数据

代码如下。

```
import pymysql
#创建数据库连接对象
conn = pymysql.connect('localhost',user = "root",passwd = "123456",db =
"students")
cursor=conn.cursor()              #创建游标对象
#更新一条数据
update=cursor.execute("update user set name='LiXiaoLi' where ID=1")
print('更新一条数据受影响的行数：', update)
#查询一条数据
cursor.execute("select * from user where ID=1")
print(cursor.fetchone())
#更新两条数据
sql="update user set name=%s where ID=%s"
update=cursor.executemany(sql,[('ZhangLong',3),('ZhaoHu',4)])
#查询更新的两条数据
cursor.execute("select * from user where name in ('ZhangLong','ZhaoHu')")
print('两条更新的数据为：')
for res in cursor.fetchall():
        print (res)
#删除一条数据
cursor.execute("delete from user where id=1")
conn.commit()
cursor.close()
conn.close()
```

运行上述代码得到的输出结果如下。

```
更新一条数据受影响的行数： 1
(1, 'LiXiaoLi')
```

两条更新的数据为：

```
(3, 'ZhangLong')
(4, 'ZhaoHu')
```

运行上述更新和删除数据的代码后，所得到 user 数据表如图 14-12 所示。

图 14-12　更新和删除数据后的 user 数据表

14.5　JSON 数据

Java Script 对象符号（Java Script Object Notation，JSON）是一种轻量级、跨平台、跨语言的数据交换格式。JSON 格式被广泛应用于各种语言的数据交换中，如 C、C++、C#、Java、JavaScript、Perl、Python 等。

14.5.1　JSON 数据格式

JSON 是 JavaScript 语言的数据交换格式，后来慢慢发展成一种与语言无关的数据交换格式。

JSON 有两种数据结构：对象和数组。

1）对象（object）：用大括号表示，由键−值对（key-value 对）组成，每个键−值对用逗号隔开。其中 key 必须为字符串且是双引号，value 可以是多种数据类型，如{"firstName": "Brett", "lastName": "McLaughlin"}。

2）数组（array）：用中括号表示，每个元素之间用逗号隔开。

JSON 数据可以嵌套表示出结构更加复杂的数据。特别注意 JSON 字符串用双引号，而非单引号。用 JSON 表示中国部分省市数据如下。

```
{
    "name": "中国",
    "province": [{"name": "湖北", "cities": {"city": ["武汉", "黄冈"]}},
                 {"name": "广东", "cities": {"city": ["广州", "深圳"]}},
                 {"name": "河南", "cities": {"city": ["郑州", "洛阳"]}},
```

```
            {"name": "江苏", "cities": {"city": ["南京", "苏州"]}}
        ]
}
```

14.5.2 Python 编码和解码 JSON 数据

Python 3 使用 json 模块的两个函数来对 JSON 数据进行编码和解码。

1）json.dumps( )：对数据进行编码，把一个 Python 对象编码转换成 JSON 格式字符串。

2）json.loads( )：对数据进行解码，把 JSON 格式字符串解码转换成 Python 对象。

在 JSON 的编解码过程中，Python 数据类型与 JSON 数据类型会相互转换。Python 数据类型编码为 JSON 数据类型的转换对应表如表 14-4 所示，JSON 数据类型解码为 Python 数据类型的转换对应表如表 14-5 所示。

表 14-4　Python 数据类型编码为 JSON 数据类型的转换对应表

Python	JSON
dict	object
list, tuple	array
str	string
int, float	number
True	true
False	false
None	null

表 14-5　JSON 数据类型解码为 Python 数据类型的转换对应表

JSON	Python
object	dict
array	list
string	str
number (int)	int
number (real)	float
true	True
false	False
null	None

```
>>> import json
>>> #将 Python 对象转 JSON 字符串
>>> s = json.dumps(['ZhangSan', {'favorite': ('coding', None, 'game')}])
>>> print(s)   #注意观察输出结果
["ZhangSan", {"favorite": ["coding", null, "game"]}]
>>> #简单的 Python 字符串转 JSON
>>> s2 = json.dumps("\"Python\Java")
```

287

```
>>> print(s2)
"\"Python\\Java"
>>> # Python 的 dict 对象转换成 JSON,并对 key 排序
>>> s3 = json.dumps({"c": 3, "b": 2, "a": 1}, sort_keys=True)
>>> print(s3)
{"a": 1, "b": 2, "c": 3}
>>> #将 Python 列表转 JSON,并指定 JSON 分隔符:逗号和冒号之后没有空格(默认有空格)
>>> s4 = json.dumps([1, 2, 3, {'x': 5, 'y': 7}], separators=(',', ':'))
>>> print(s4)
[1,2,3,{"x":5,"y":7}]
```

【例 14-1】Python 数据类型和 JSON 数据类型之间的转换。

```
>>> import json
>>> data1 = {'name':'jack','age':20,'like':('sing','dance')}
                                        #定义 Python 字典类型数据
>>> json_str = json.dumps(data1)        #Python 字典类型转换为 JSON 对象
>>> type(json_str)
<class 'str'>
>>> print ("Python 原始数据: ", data1)
Python 原始数据: {'name': 'jack', 'age': 20, 'like': ('sing', 'dance')}
>>> print ("转换成 json 格式: ", json_str)
转换成 json 格式: {"name": "jack", "age": 20, "like": ["sing", "dance"]}
# 将 JSON 对象转换为 Python 字典
>>> data2 = json.loads(json_str)
>>> print("再转换成 Python 格式: ",data2)
再转换成 Python 格式: {'name': 'jack', 'age': 20, 'like': ['sing', 'dance']}
```

14.5.3 Python 操作 JSON 文件

创建一个 JSON 文件,其过程是:在某个位置新建一个文本文件,然后右击新建的文本文件进行重命名,将文本文件后面的.txt 修改成.json。

1)把一个 Python 类型数据直接写入 JSON 文件的语法格式如下。

```
json.dump(data1, open('xxx.json', "w"))
```

函数将 data1 转换得到的 JSON 字符串输出到 xxx.json 文件中。

2)直接从 JSON 文件中读取数据返回 Python 对象的语法格式如下。

```
json.load(open('xxx.json'))
```

函数从 JSON 文件 xxx.json 中读取数据转换成 Python 对象返回。

【例 14-2】使用 dump( )函数将转换得到的 JSON 字符串输出到文件。

```
>>> import json
```

```
>>> f = open(r'D:\Python\a.json', 'w')   #以写的方式打开 a.json 文件
#将转换得到的字符串输出到 a.json 文件中，写入后以文本方式打开，如图 14-13 所示
>>> json.dump(['course', {'Python': 'excellent'}], f)
>>> data = json.load(open('a.json '))   #从 JSON 文件中读取数据返回 Python 对象
>>> print(data)                          #输出 Python 对象 data
['course', {'Python': 'excellent'}]
```

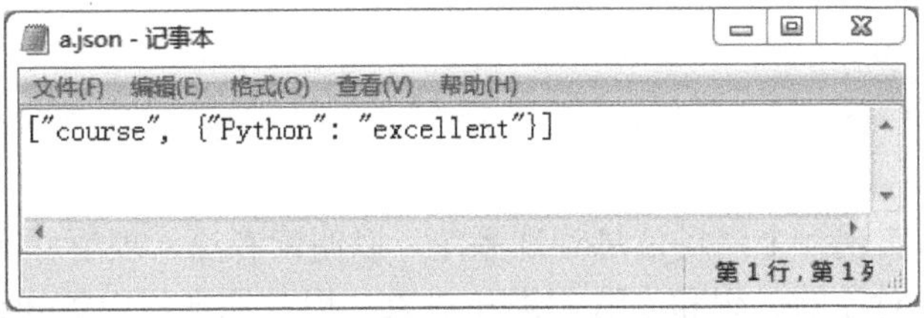

图 14-13　文本方式打开 a.json 文件

14.6　习题

1. 列举 Python 提供的常用的数据库访问模块。
2. 简单介绍 SQLite3 数据库。
3. 叙述使用 Python 操作 Access 数据库的步骤。
4. 叙述使用 Python 操作 MySQL 数据库的步骤。

## 第 15 章

商场信息管理系统设计与实现

本章通过设计与实现一个商场信息管理系统，以便读者深入理解并实践在 Python 程序设计课程中所学的面向对象的思想和方法、类和对象、用户图形界面等知识，强化利用面向对象的方法对系统进行需求分析和设计的能力，能够使用 Python 语言进行系统实现，能够用报告的形式准确体现设计思路、算法实现过程和项目实现结果。

15.1 系统分析

本项目主要采用图形用户界面设计。图形用户界面的最大优点是人机交互功能良好。因此，在设计程序时，必须做到对用户友好，操作方便，简单易懂。

15.1.1 需求分析

商场信息管理系统采用 PyCharm 集成开发环境进行项目开发。该系统涉及的主要 Python 知识点有函数、类、图形用户界面等。商场信息管理系统是对商场商品信息、商品销售情况、商场人员信息、顾客信息进行管理的管理系统。

本系统具体实现以下功能。

1）登录功能：实现用户通过登录界面进入信息管理系统，确保系统被合法用户使用。

2）主界面功能：主要实现良好的人机交互界面，具体包括注销用户、退出系统、备份、帮助以及具备与其他相关功能互联的功能。

3）商品信息管理功能：包括商品信息录入、商品信息查询、新进商品、新增商品和更新商品的功能。

4）VIP 管理功能：包括查看会员、购物记录，注册用户，查看、修改和注销用户功能。

5）商场人事管理功能：包括浏览员工、查询员工信息、注册员工、修改员工和注销员工信息功能。

15.1.2 系统架构

系统采用模型-视图-控制器（Model-View-Controller，MVC）架构实现，用一种业务逻辑、数据、界面显示分离的方法组织代码，将业务逻辑聚集到一个部件里面，在改进和个性化定制界面及用户交互的同时，不需要重新编写业务逻辑。MVC 被独特地发展起来用于在一个逻辑的图形化用户界面的结构中映射传统的输入、处理和输出功能。MVC 把软件系统分为

3 个基本部分。

　　1）模型（Model）：负责存储系统的中心数据。

　　2）视图（View）：将信息显示给用户（可以定义多个视图）。

　　3）控制器（Controller）：处理用户输入的信息。负责从视图读取数据，控制用户输入，并向模型发送数据，是应用程序中处理用户交互的部分。

15.2　系统设计

本系统使用 PyCharm 集成开发环境进行开发。

15.2.1　概要设计

　　主界面的信息量大，因此要精心划分主界面，设计好每个面板。本系统容器采用边界布局管理器。主界面的上部区域用来放置注销用户、退出系统、系统备份、帮助、当前登录的账号和姓名等小组件，下部区域放置 3 个选项卡面板。系统各模块间的关系如图 15-1 所示。

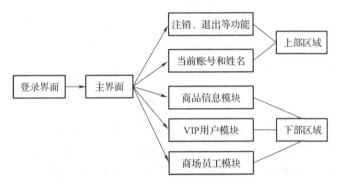

图 15-1　系统各模块间的关系

15.2.2　数据表设计

　　为了通过图形用户界面更加直观地访问相关数据，可以通过建立数据库表来存放相关数据。本商品信息管理系统一共用到 4 张表。存放系统管理员账号、密码的 user 表，如图 15-2 所示，包括 id、name、pwd 3 个字段，分别表示管理员 id、管理员姓名、管理员密码。

名	类型	长度	小数点	不是 null	虚拟	键
id	int	20	0	☑	☐	🔑 1
name	varchar	255	0	☑	☐	
pwd	varchar	255	0	☐	☐	

图 15-2　user 表

　　存放商品信息的 shangpin 表，如图 15-3 所示。各个字段名分别代表商品编号 bh、商品 sp、商品厂商 cs、商品类别 lb、商品进价 jj、商品数量 sl、商品售价 sj、商品进货时间 jhsj 和商品总进价 zjj。

名	类型	长度	小数点	允许空值 (	
bh	varchar	10	0	☐	🔑1
sp	varchar	10	0	☑	
cs	varchar	10	0	☑	
lb	varchar	10	0	☑	
jj	double	10	0	☑	
sl	int	10	0	☑	
sj	double	10	0	☑	
jhsj	varchar	10	0	☑	
zjj	varchar	10	0	☑	

图 15-3 shangpin 表

存放 VIP 客户信息的 vip 表，如图 15-4 所示。各字段分别代表 VIP 客户 id、VIP 客户姓名 name、VIP 客户性别 sex、VIP 客户住址 address、VIP 客户电话 phone、VIP 客户享受的折扣率 discount 和 VIP 客户注册时间 day。

名	类型	长度	小数点	允许空值 (	
id	varchar	10	0	☐	🔑1
name	varchar	10	0	☑	
sex	varchar	10	0	☑	
address	varchar	10	0	☑	
phone	varchar	10	0	☑	
discount	double	10	0	☑	
day	varchar	10	0	☑	

图 15-4 vip 表

存放商场员工信息的 worker 表，如图 15-5 所示。各字段分别代表员工工号 id、员工姓名 name、员工性别 sex、员工年龄 age、员工部门 bumen、员工职务 job、员工电话 phone、员工月薪 money、员工住址 address、员工状态 state 和员工注册时间 day。

名	类型	长度	小数点	允许空值 (	
id	varchar	10	0	☐	🔑1
name	varchar	10	0	☑	
sex	varchar	10	0	☑	
age	int	10	0	☑	
bumen	varchar	10	0	☑	
job	varchar	10	0	☑	
phone	varchar	10	0	☑	
money	varchar	10	0	☑	
address	varchar	10	0	☑	
state	varchar	10	0	☑	
day	varchar	10	0	☑	

图 15-5 worker 表

15.2.3 模块设计

本系统分为 View（视图层）和 Action（业务逻辑层）两层架构，系统架构如图 15-6 所示。View 层中有 login.py 和 main.py 两个文件，分别对应登录界面和主界面。Action 用来处理数据库的增删改查操作，shangpinAction.py、vipAction.py 和 workerAction.py 分别对应商品信息、VIP 信息和员工信息的业务处理。

图 15-6　系统架构

15.3　系统实现

本系统名为商场信息管理系统，主要包含登录界面和主界面两个界面。

15.3.1　登录界面

登录界面比较简单，只需采用流式布局管理器，分别设置标签、文本框以及"登录""重置"和"退出"按钮即可。登录成功时，先弹出"提示登录成功"对话框，在对话框中单击"确定"按钮后，再弹出主界面，这样可增强人机交互能力。用户登录界面如图 15-7 所示。

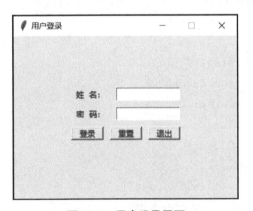

图 15-7　用户登录界面

实现登录界面的 login.py 程序文件的代码如下。

```
import tkinter as tk
from tkinter import messagebox
import pymysql
from View.main import zhujiemian
root = tk.Tk()                                          #创建窗口
root.title("用户登录")
root.geometry("350x250")                                #设置窗口大小
root.resizable(0, 0)                                    #禁止调整宽高
sw=root.winfo_screenwidth()                             #得到屏幕宽度
```

293

```
sh=root.winfo_screenheight()
ww=350
wh=250
x=(sw-ww)/2
y=(sh-wh)/2
root.geometry("%dx%d+%d+%d" %(ww, wh, x, y))     #指定窗口大小及在屏幕上的位置
#--------功能块代码开始-------
#功能函数设计
varName = tk.StringVar()
varName.set('')
varPwd = tk.StringVar()
varPwd.set('')


def login():
    #连接数据库，获取存放在数据库中的用户名和密码
    db = pymysql.connect(host="localhost", user="root", password="root",
database="test")
    cursor = db.cursor()
    sql = "select * from user"
    try:
        cursor.execute(sql)
        results = cursor.fetchall()
        for row in results:
            id = row[0]
            name = row[1]
            pwd = row[2]
            if name == entryName.get():
                if pwd == entryPwd.get():
                    a = 1
                    messagebox.showinfo("提示", "登录成功！")
                    root.quit()
                    root.destroy()
                    zhujiemian(id,name).jiemian()
                else:
                    messagebox.showinfo("提示", "登录失败！")
    except:
        print("Error:unable to fecth data")
    db.close()
```

```
def cancel():
    # 清空用户输入的用户名和密码
    varName.set('')
    varPwd.set('')

def _quit():
    root.quit()
    root.destroy()


#登录界面中的各个组件设计
labelName = tk.Label(root, text='姓  名: ', justify=tk.RIGHT, width=80)
labelPwd = tk.Label(root, text='密  码: ', justify=tk.RIGHT, width=80)
entryName = tk.Entry(root, width=80, textvariable=varName)
entryPwd = tk.Entry(root, show='*', width=80, textvariable=varPwd)
buttonOk = tk.Button(root, text='登录', relief=tk.RAISED, command=login)
buttonCancel = tk.Button(root, text='重置', relief=tk.RAISED, command=cancel)
buttonquit = tk.Button(root, text='退出', relief=tk.RAISED, command=_quit)


#设定登录界面中各个组件的排放位置
labelName.place(x=80, y=80, width=80, height=20)
labelPwd.place(x=80, y=110, width=80, height=20)
entryName.place(x=160, y=80, width=100, height=20)
entryPwd.place(x=160, y=110, width=100, height=20)
buttonOk.place(x=90, y=140, width=50, height=20)
buttonCancel.place(x=150, y=140, width=50, height=20)
buttonquit.place(x=210, y=140, width=50, height=20)
# --------功能块代码结束------
root.mainloop()                        #创建事件循环
```

15.3.2　主界面

　　主界面采用边界布局管理器进行设计。首先规划上部区域，由于上部区域较小而功能较多，所以可在此面板把每个功能组件按顺序排列进去，这样既整洁又美观。在主界面中，上部区域包括注销用户、退出系统、系统备份、帮助等功能。创建一个窗口对象 root，设计窗口对象 root 的上部为框架 frame1，将框架 frame1 声明为 1 行 4 列的格式布局。在框架 frame1 的第 1 行中依次添加"注销用户""退出系统""系统备份""帮助"按钮，其中单击"注销用户"按钮会退出到登录界面，单击"退出系统"按钮会直接关闭本系统。暂时没有实现系统备份和帮助的功能，留作将来补充，当单击这两个按钮时会弹出一个提示框显示暂无此功能。

　　再创建一个框架 frame2，用来展示标签和文本框，同样占据 1 行 4 列，该行用来显示登

295

录系统的账号和姓名,并显示在主界面上。至此上部区域布局完成。

下部区域,即选项卡框架区域。创建框架 frame3,该框架占据整个下部区域,可采用选项卡框架功能进行设计,设置 3 个选项卡,分别是商品信息管理模块、VIP 信息管理模块、商场人事管理模块。然后设置下部左边的功能按钮和对应的框架。3 个框架分别实现各自的特有的功能,简单易懂且互不干扰。3 个框架的左边区域添加实现其相应功能的按钮,右边区域用来显示单击按钮后相应的信息。商品信息管理模块对应的功能组件如图 15-8所示。

图 15-8 商品信息管理模块

VIP 信息管理模块对应的功能组件如图 15-9 所示。

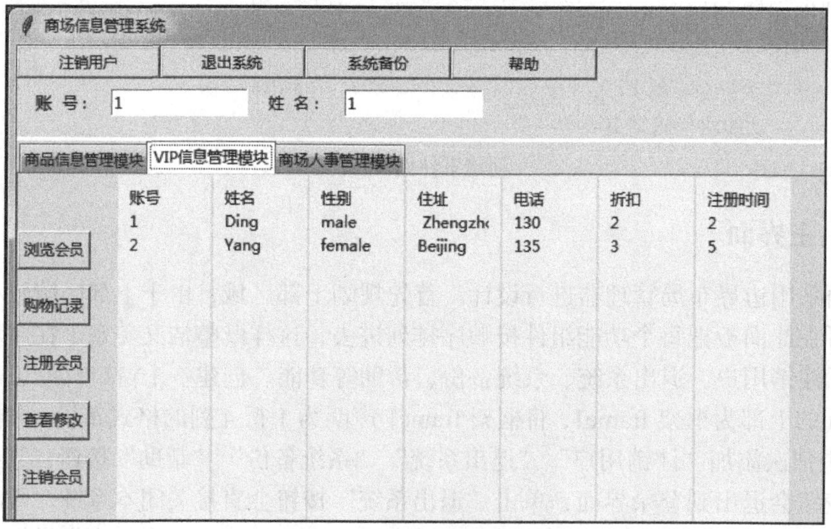

账号	姓名	性别	住址	电话	折扣	注册时间
1	Ding	male	Zhengzho	130	2	2
2	Yang	female	Beijing	135	3	5

浏览会员 / 购物记录 / 注册会员 / 查看修改 / 注销会员

图 15-9 VIP 信息管理模块

商场人事管理模块对应的功能组件如图 15-10 所示。

图 15-10　商场人事管理模块

实现主界面的 main.py 程序文件的代码，可从二维码【main 例程】下载。

【main 例程】

15.3.3　shangpinAction 类

在主界面的 main.py 程序文件中用到的 shangpinAction 类的程序文件 shangpinAction.py 的代码如下。

【shangpinAction】例程

```python
import pymysql
import tkinter as tk
from tkinter import messagebox
class shangpinAction:
    def chaxun(shangpinname):
        db = pymysql.connect(host="localhost", user="root", password="root",
database="test")
        cursor = db.cursor()
        print(shangpinname)
        if len(shangpinname)==0:
            sql = "select * from shangpin"
        else:
            sql = "select * from shangpin where sp='"+shangpinname+"'"
        cursor.execute(sql)
        shangpin_info = cursor.fetchall()
```

```
                cursor.close()
                db.close()
                return shangpin_info
        def update(sp,sl,x):
                db = pymysql.connect(host="localhost", user="root", password="root",
database="test")
                cursor = db.cursor()
                sl=str(int(sl)+int(x))
                print("商品名: ",sp,"数量",sl)
                sql="update shangpin set sl='"+sl+"' where sp='"+sp+"'"
                cursor.execute(sql)
                db.commit()
                cursor.close()
                db.close()
        def insert(bh,sp,cs,lb,jj,sl,sj):
                db = pymysql.connect(host="localhost", user="root", password="root",
database="test")
                cursor = db.cursor()
                zjj=str(int(sl)*int(jj))

                print("进价: ",jj,"数量",sl,"总进价",zjj)
                sql="insert into shangpin"+"(bh,sp,cs,lb,jj,sl,sj,zjj)"+"values('"+bh+"',
'"+sp+"','"+cs+"',
                '"+lb+"','"+jj+"','"+sl+"','"+sj+"','"+zjj+"'"+")"
                cursor.execute(sql)
                db.commit()
                cursor.close()
                db.close()
        def chaxunID(id):
                db = pymysql.connect(host="localhost", user="root", password="root",
database="test")
                cursor = db.cursor()
                print(id)

                sql = "select * from shangpin where bh='"+id+"'"
                cursor.execute(sql)
                shangpin_info = cursor.fetchall()
                cursor.close()
                db.close()
                return shangpin_info
```

15.3.4　vipAction 类

在主界面的 main.py 程序文件中用到的 vipAction 类的程序文件 vipAction.py 的代码如下。

```python
import pymysql
import tkinter as tk
from tkinter import messagebox
class vipAction:
    def chaxun(id):
        db = pymysql.connect(host="localhost", user="root", password="root",
database="test")
        cursor = db.cursor()
        print(id)
        if len(id)==0:
            sql = "select * from vip"
        else:
            sql = "select * from vip where id='"+id+"'"
        cursor.execute(sql)
        vip_info = cursor.fetchall()
        cursor.close()
        db.close()
        return vip_info


    def insert(id,name,sex,address,phone,discount,day):
        db = pymysql.connect(host="localhost", user="root", password="root",
database="test")
        cursor = db.cursor()

        sql = "insert into vip" + "(id,name,sex,address,phone,discount,day)"
+ "values('" + id + "','" + name + "','" + sex + "','" + address + "','" + phone
+ "','" + discount + "','" + day + "'" + ")"
        cursor.execute(sql)
        db.commit()
        cursor.close()
        db.close()
    def update(a,b,c,d,e,f,g):
        db = pymysql.connect(host="localhost", user="root", password="root",
database="test")
        cursor = db.cursor()
```

```
    sql="update vip set name='"+b+"',sex='"+c+"',address='"+d+"',phone='"+e+"',
    discount='"+f+"',day='"+g+"'"+"where id='"+a+"'"
    cursor.execute(sql)
    db.commit()
    cursor.close()
    db.close()
def delete(a):
    db = pymysql.connect(host="localhost", user="root", password="root",
database="test")
    cursor = db.cursor()
    sql="delete from vip where id='"+a+"'"
    cursor.execute(sql)
    db.commit()
    cursor.close()
    db.close()
```

15.3.5 workerAction 类

在主界面的 main.py 程序文件中用到的 workerAction 类的程序文件 workerAction 的代码如下。

```
import pymysql
import tkinter as tk
from tkinter import messagebox
class workerAction:
    def chaxun(id):
        db = pymysql.connect(host="localhost", user="root", password="root",
database="test")
        cursor = db.cursor()
        print(id)
        if len(id)==0:
            sql = "select * from worker"
        else:
            sql = "select * from worker where id='"+id+"'"
        cursor.execute(sql)
        worker_info = cursor.fetchall()
        cursor.close()
        db.close()
        return worker_info
    def insert(a,b,c,d,e,f,g,h,i,j,k):
```

```
        db = pymysql.connect(host="localhost", user="root", password="root",
database="test")
        cursor = db.cursor()
        sql = "insert into worker (id,name,sex,age,bumen,job,phone,money,
address,state,day)" + "values('" + a + "','" + b + "','" + c + "','" + d + "','" +
e + "','" + f + "','" + g + "','" + h + "','" + i + "','" + j + "','" + k + "'" + ")"
        cursor.execute(sql)
        db.commit()
        cursor.close()
        db.close()
    def update(a,b,c,d,e,f,g,h,i,j,k):
        db = pymysql.connect(host="localhost", user="root", password="root",
database="test")
        cursor = db.cursor()
        sql="update worker set name='"+b+"',sex='"+c+"',age='"+d+"',bumen=
'"+e+"',job='"+f+"', phone='"+g+"',money='"+h+"',address='"+i+"',state='"+j+"',
day='"+k+"'"+"where id='"+a+"'"
        cursor.execute(sql)
        db.commit()
        cursor.close()
        db.close()
    def delete(a):
        db = pymysql.connect(host="localhost", user="root", password="root",
database="test")
        cursor = db.cursor()
        sql="delete from worker where id='"+a+"'"
        cursor.execute(sql)
        db.commit()
        cursor.close()
        db.close()
```

参考文献

[1] 梁勇. Python 语言程序设计[M]. 李娜, 译. 北京: 机械工业出版社, 2016.

[2] 董付国. Python 可以这样学[M]. 北京: 清华大学出版社, 2017.

[3] 江红, 余青松. Python 程序设计与算法基础教程[M]. 北京: 清华大学出版社, 2017.

[4] 严蔚敏, 李冬梅, 吴伟民. 数据结构: C 语言版[M]. 北京: 人民邮电出版社, 2015.

[5] 曹洁, 张志锋, 孙玉胜, 等. Python 语言程序设计[M]. 北京: 清华大学出版社, 2019.

[6] 曹洁, 崔霄. Python 数据分析[M]. 北京: 清华大学出版社, 2020.

[7] 曹洁, 邓璐娟. Python 数据挖掘技术及应用[M]. 北京: 清华大学出版社, 2021.